U0272391

高等职业教育教学用书

信息技术基础及应用

XINXI JISHU JICHU JI YINGYONG

主　审　陈国靖
主　编　曹　俊　詹跃明　斯芸芸
副主编　景琴琴　汪春燕　刘浩泽
　　　　邓志东　镇鑫羽　余云龙

中国教育出版传媒集团
高等教育出版社·北京

内容提要

本书是高等职业教育教学用书，依据《高等职业教育专科信息技术课程标准（2021 年版）》的要求编写而成。

本书共 7 个模块，主要内容包括：信息技术和计算机基础知识、操作系统基础及应用、WPS 文档处理、WPS 表格数据处理、WPS 演示文稿制作、计算机网络技术及应用、新一代信息技术。

本书从教学和实用的角度出发，内容详尽、结构清晰，可作为高等职业院校信息技术课程的教材。

图书在版编目(CIP)数据

信息技术基础及应用/曹俊，詹跃明，斯芸芸主编
. —北京：高等教育出版社，2022.9
ISBN 978 - 7 - 04 - 059320 - 4

Ⅰ. ①信… Ⅱ. ①曹… ②詹… ③斯… Ⅲ. ①电子计算机-高等职业教育-教材 Ⅳ. ①TP3

中国版本图书馆 CIP 数据核字(2022)第 160083 号

策划编辑 张尕琳 责任编辑 张尕琳 万宝春 封面设计 张文豪 责任印制 高忠富

出版发行	高等教育出版社	网　　址	http://www.hep.edu.cn
社　　址	北京市西城区德外大街 4 号		http://www.hep.com.cn
邮政编码	100120	网上订购	http://www.hepmall.com.cn
印　　刷	江苏德埔印务有限公司		http://www.hepmall.com
开　　本	787 mm×1092 mm 1/16		http://www.hepmall.cn
印　　张	18		
字　　数	448 千字	版　　次	2022 年 9 月第 1 版
购书热线	010 - 58581118	印　　次	2022 年 9 月第 1 次印刷
咨询电话	400 - 810 - 0598	定　　价	43.00 元

本书如有缺页、倒页、脱页等质量问题，请到所购图书销售部门联系调换

物 料 号 59320-00

配套学习资源及教学服务指南

二维码链接资源

本教材配有微课讲解，在书中以二维码链接形式呈现。手机扫描书中的二维码进行查看，随时随地获取学习内容，享受学习新体验。

教师教学资源索取

本教材配有课程相关的教学资源，例如，教学课件、习题及参考答案、应用案例等。选用教材的教师，可扫描下方二维码，关注微信公众号“高职智能制造教学研究”；或联系教学服务人员（021-56961310/56718921，800078148@b.qq.com）索取相关资源。

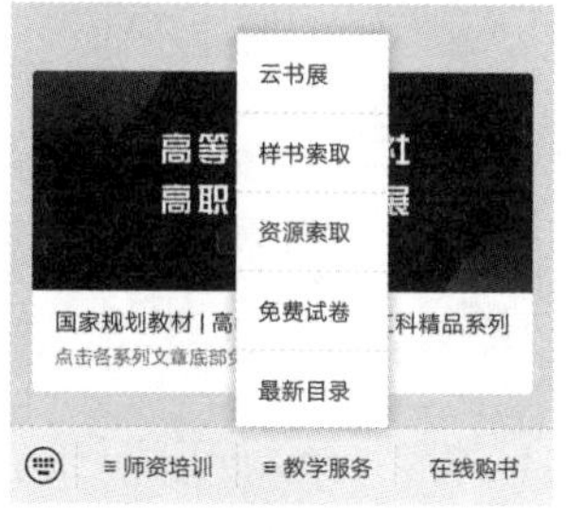

前言

信息技术涵盖信息的获取、表示、传输、存储、加工、应用等各方面，已成为经济社会转型发展的主要驱动力。信息技术课程是高等职业院校各专业学生必修或限定选修的公共基础课程。学生通过信息技术课程的学习，能够增强信息意识、提升计算思维、促进数字化创新能力发展、树立正确的信息社会价值观和责任感，为其职业发展、终身学习和服务社会奠定基础。

本书依据《高等职业教育专科信息技术课程标准（2021年版）》和《全国计算机等级考试一级WPS Office考试大纲（2021年版）》进行内容选编，全面讲解了计算机基础、操作系统基础、办公软件应用、网络技术基础和新一代信息技术、信息素养与职业文化等基本内容，并吸纳信息技术领域的前沿技术，可以作为高等职业院校信息技术课程的教材，也可以作为学生备考计算机等级考试一级WPS Office的参考用书。

本书采用“项目导向、任务驱动”的理实一体化教学组织模式，包括项目概况、项目分析、项目必知、项目实施、项目评价等教学环节，通过完成一个个的完整项目培养学生理解能力、分析能力、学习能力、实操能力和评价能力，即使用信息技术解决实际问题的综合能力。

本书的项目案例均与学生的学习和生活密切相关，同时吸纳国家科技文化最新成果，在激发学生的学习兴趣、开阔学生视野的同时增强学生民族意识，将知识技能学习和思政教育有机融合，落实立德树人的根本教育任务。

本书通过项目实践重点培养学生信息技术应用能力，主要分为基本项目和项目提升两个部分，基本项目用于初学，教师可演示操作步骤，或者学生根据书中的演示步骤完成基础练习；项目提升是同类知识的应用，要求学生自主完成，教师可根据自己的教学安排组织学生练习或者学有余力同学单独完成。在模块后设置技能测试和理论测试部分，配套计算机等级考试内容，使学生熟悉一级考试试题内容并自测相关知识，检验技能的掌握程度。自主创新综合实践项目为开放性题目，要求学生针对主题进行自主实践，培养学生的项目策划和实践能力。

本书编写融入“互联网＋”思维，学生可以通过扫描二维码获取相关内容的微课视频资源，更方便理解和掌握本书内容；此外本书配有习题及答案、优质课件等教学资源。

本书的编写团队由在高职多年执教信息技术课程的骨干教师组成，熟悉高职学生学习特点，深刻理解信息技术教育教学规律，并诚邀企业参与对教材提出修改意见。本书由陈国靖担任主审，曹俊、詹跃明、斯芸芸担任主编，景琴琴、汪春燕、刘浩泽、邓志东、镇鑫羽、余云龙担任副主编。全书的统稿由曹俊、斯芸芸、景琴琴、汪春燕负责。

本书在编写过程中，参考了较多的文献资料，在此对这些文献的作者一并表示感谢。由于能力和水平尚有不足，本书编写如有不妥之处，恳请批评指正。

编者

2022 年 7 月

Contents

目 录

模块一 信息技术和计算机基础知识

模块二 操作系统基础及应用

模块三 WPS 文档处理

模块四 WPS 表格数据处理

模块五 WPS 演示文稿制作

模块六 计算机网络技术及应用

模块七 新一代信息技术

模块一

信息技术和计算机基础知识

模块概要

信息技术的发展使得世界变成一个地球村，从而减少地域不同和经济发展造成的差异，人们能够及时分享社会进步带来的成果，促进了不同国家、不同民族之间的文化交流与学习。

计算机技术的应用，帮助人们攻克了一个又一个科学难题，原本用人工需要花几十年甚至上百年才能解决的复杂计算，用计算机可能几分钟就能完成。随着计算机应用的不断拓展，计算机技术在工业生产、教育以及医疗等众多领域都发挥着不可替代的重要作用。

本模块通过 3 个项目带领学生了解信息社会和信息素养的相关知识、计算机的组成及其应用领域，帮助学生理解计算思维的核心理念并掌握其应用。

学习目标

知识目标	职业技能目标	思政目标
1. 理解信息、信息社会的基本概念； 2. 了解数据与信息的关系，掌握信息的常用表达方式和处理方法； 3. 认识信息系统在人们生活、学习和工作中的重要作用、优势及局限性； 4. 了解信息技术及新一代信息技术，对信息技术促进经济社会现代化发展有一定认识； 5. 了解信息素养的内涵； 6. 理解信息素养在职业发展中的意义； 7. 熟悉计算机的发展、类型及其应用领域； 8. 了解微型计算机系统的组成和各部分的功能； 9. 掌握计算机基础知识，了解计算机进行信息处理的基本过程； 10. 能理解计算思维的基本概念，初步掌握用计算思维求解问题的基本思想	1. 针对简单任务需求，能确定所需信息的形式和内容，知道信息获取渠道； 2. 能针对具体问题选择恰当的信息表达方式和处理方法； 3. 能关注信息技术的创新； 4. 能够做一个有信息素养的人； 5. 能够遵守信息道德和信息法律； 6. 能够设计个人职业发展路径； 7. 能正确使用计算机，能用计算机进行文字、字符的录入； 8. 能对数值进行不同的数制转换； 9. 能对非数值信息进行存储和表示； 10. 能针对简单任务需求，初步掌握运用计算思维解决问题的能力，并能运用流程图的方式进行描述	1. 了解我国计算机在全球的发展水平，结合科技强国的国家战略，培养民族自信心，激发学生爱国情怀； 2. 增强信息技术应用意识； 3. 了解信息社会中信息素养的重要性； 4. 增强学生的科学自信、民族自信； 5. 培养学生分辨是非的能力，不能人云亦云； 6. 培养学生主动探索前沿科学和技术的能力，具备格物致知精神； 7. 具备信息责任，遵守法律法规； 8. 具备与他人合作、信息共享能力； 9. 培养思考探究的学习精神和做笔记的学习习惯

项目 1　信息社会和信息素养

项目概况

20 世纪 40 年代出生的爷爷看到 00 后的孙子明明正在使用手机，明明时而眉头紧锁、时而面容舒展、时而眼带泪花、时而仰头大笑。爷爷有些担心，问："明明在做什么哟？"明明答："爷爷，我在看消息呢。"爷爷又问："看到什么了？怎么心情起伏那么大？"明明答："爷爷，有很多消息，一言难尽。比如俄罗斯与乌克兰正在打仗、国内新冠疫情得到有效控制、医护人员在救护工作后累了，席地而睡、还有许多搞笑的视频，等等。"爷爷蹒跚地坐到明明旁边，感叹道："现在的消息传递得真快哟！几十年前，我去给你 40 里外县城的姑奶奶送信儿，一个来回得走上大半天呢，现在时代进步了，俄罗斯与乌克兰那么远的地方的新闻一下就传过来啦，也不知道怎么这么快！明明真是赶上好时代了哟。"明明将目光从手机屏幕移向爷爷……他和爷爷的生活到底有多大区别呢？

项目分析

从前，信息的传递靠车马邮政，人们的生活节奏很慢；如今，在信息社会中，信息技术的发展改变了人们获取信息的方式，改变了信息的传递速度和渠道。信息是什么？它有哪些特征？信息与数据有何关系？信息技术有哪些？对促进经济社会现代化发展有何帮助？新一代信息技术是什么？信息社会有什么特点？带着这些问题，我们来了解下信息和信息社会的基本概念、信息技术的基本概念和发展、信息素养和职业发展。

项目必知

任务 1.1　了解信息和信息社会的基本概念

1. 信息的含义

1948 年，数学家香农在题为"通讯的数学理论"的论文中指出"信息是用来消除随机不定性的东西"；我国著名的信息学专家钟义信教授认为"信息是事物运动的状态和状态改变的方式"；美国信息管理专家霍顿给信息下的定义是"信息是为了满足用户决策的需要而经过加工处理的数据"。

科学的信息的基本概念可以概括为：信息是对客观世界中各种事物的运动状态和变化的反映，是客观事物之间相互联系和相互作用的表征，表现的是客观事物运动状态和变化的实质内容。学习强国首页信息显示如图 1-1 所示。

图 1-1　学习强国首页信息显示

2. 数据与信息的关系

数据是反映客观事物属性的记录，是信息的具体表现形式。数据经过加工处理之后才能成为信息，而信息需要经过数字化转变成数据才能存储和传输。

接收者对信息识别后表示的符号称为数据。数据的作用是反映信息内容并为接收者识别。人类传播信息的主要数据形式为：声音、符号、图像、数字。因此，数据和信息之间是相互联系的，信息是数据的含义，数据是信息的载体。简单地说，信息是经过加工的数据，或者说，信息是数据处理的结果。

3. 信息的特点

（1）依附性：信息必须依附一定的媒体介质表现出来。

（2）价值性：信息能够满足人们某些方面的需要。

（3）时效性：信息会随着客观事物的变化而变化。

（4）共享性：信息具有扩散性，一条信息可由多人分享。

（5）传递性：信息的传递是与物质和能量的传递同时进行的。语言、表情、动作、报刊、书籍、广播、电视、电话等是人类常用的信息传递方式。信息的传递性打破了时间和空间的限制。

除以上特点外，信息还具有可量度、可识别、可转换、可存储、可处理、可再生、可压缩、可利用等特征。

4. 信息社会的含义

信息社会也称信息化社会，指以电子信息技术为基础，以信息资源为基本发展资源，以信息服务性产业为基本社会产业，以数字化和网络化为基本社会交往方式的新型社会。信息社会中，信息已成为具有重要价值的资源，例如，一条有价值的经济信息可以帮助工厂获得巨额利润，一条准确的气象预报可以使人民的生命财产免遭重大损失，一项重要的军事情报可以使己方以少胜多。

任务 1.2　了解信息技术的基本概念和发展

1.2.1　信息技术的基本概念

信息技术（information technology，IT），是主要用于管理和处理信息所采用的各种技术的总称，它主要是应用计算机科学和通信技术来设计、开发、安装和实施信息系统及应用软件，因此信息技术也常被称为信息与通信技术（information and communications technology，ICT），主要包括传感技术、计算机与智能技术、通信技术和控制技术等。

1.2.2　信息技术的发展

1. 信息技术的发展历程

信息技术发展至今共经历了五个阶段，见表 1-1。

表 1-1　信息技术发展的五个阶段

阶　段	时　间	特　征	体　现
第一阶段	后巴别塔时代	语言	思想交流、信息传播
第二阶段	铁器时代，约公元前 14 世纪	文字	信息可保存、传递，超越了时间和地域的局限
第三阶段	公元 6 世纪	印刷术	书籍、报刊成为重要的信息储存和传播的媒体
第四阶段	公元 19 世纪	电话、广播、电视	电磁波传播信息
第五阶段	现代，以 1946 年电子计算机的问世为标志	计算机与现代通信技术的有机结合	计算机与互连网的使用，即网际网络的出现

2. 信息技术对社会发展的影响

信息技术对社会发展的影响包括信息产业、社会生产力、劳动力等方面。

（1）信息技术对信息产业的影响

随着信息化在全球的快速进展，世界对信息的需求快速增长，信息产品和信息服务对于各个国家、地区、企业、单位、家庭、个人都是不可或缺的。信息技术已成为支撑当今经济活动和社会生活的基石。在这种情况下，信息产业成为世界各国，特别是发达国家竞相投资、重点发展的战略性产业。

（2）信息技术对社会生产力的影响

信息技术代表着当今先进生产力的发展方向，信息技术的广泛应用使信息的重要生产要素和战略资源的作用得以发挥，使人们能更高效地进行资源优化配置，从而推动传统产业不断升级，提高社会劳动生产率和社会运行效率。

（3）信息技术对劳动力的影响

随着信息资源的开发利用，人们的就业结构正从农业人口为主、工业人口为主向从事信息产业相关工作为主的方向转变。

任务 1.3　了解信息素养和职业发展

当前，信息化浪潮席卷全球，人工智能发展进入新阶段，技术更新持续加速，人才需求不断变化，信息素养的提升受到空前重视，信息素养是现代人才核心职业素养不可或缺的部分，对个人的职业发展起着至关重要的作用。

“信息素养”是一种基本能力，是一种对信息社会的适应能力。信息素养也是一种综合能力，它涉及各方面的知识，是一种特殊的、涵盖面很宽的能力，它包含人文的、技术的、经济的、法律的等诸多因素，和许多学科有着紧密的联系。

1.3.1　信息素养内涵

“信息素养（information literacy）”的本质是全球信息化需要人们具备的一种基本能力。信息素养这一概念是由美国信息产业协会主席保罗·泽考斯基于 1974 年提出的。信息素养的定义随着时代的进步而不断变化，其简单的定义来自 1989 年美国图书协会，它包括：文化素养、信息意识和信息技能三个层面。信息素养要求人们能够判断什么时候需要信息，并且懂得如何去获取信息，如何去评价和有效利用所需的信息。

我国学界一般认为信息素养是信息意识、信息知识、信息能力和信息道德等多方面的总和。信息意识主要指以信息伦理为约束边界，具有提高自身信息能力、去粗存精沉淀信息文化及保证信息安全的意识；信息知识是指与信息有关的理论、知识和方法，包括信息理论知识与信息技术知识。信息理论包括信息的基本概念、信息处理的方法与原则、信息的社会文化特征等；信息能力主要包括信息技术使用能力，获取所需信息的能力，信息管理能力，信息分析能力，依托信息的决策能力，维护信息安全的能力；信息道德主要指与信息相关的法律法规和道德规范，是信息产生和传播的约束条件，是保证信息安全的重要行为规范。

信息素养的四个要素共同构成一个不可分割的统一整体，其中信息意识是先导，信息知识是基础，信息能力是核心，信息道德是保证。

在国内外有关信息素养内涵和标准研究的基础上，结合信息技术的发展走势、终身学习和学会学习的现实需求，一个有信息素养的人必须具备如下十大能力。

（1）知信息需求：能以问题或目的为导向，定义、描述和确认信息需求；

（2）能信息定位：能根据需求分析，确定所需信息的性质和范围；

（3）会获取信息：能选用或构建合适的搜寻策略，权衡成本和效益关系，有效获取信息；

（4）会评价信息：能对所获取的信息进行客观公正的评价；

（5）善使用信息：能有效地使用信息实现特定的目的，产生信息效益；

（6）善整合信息：能有意义地整合新信息，并使新信息与自身的认知结构产生联系或融合；

（7）会信息创造：能在充分整合已有信息的基础上创造新信息；

（8）懂信息规范：能合理合法地获取、评价、整合和使用信息；

（9）有个人风格：具有个性化的信息风格；

（10）有信息意识：对信息素养的意义具有明确的认识。

信息素养从纵向来看，可包括基础信息素养、专业信息素养和综合信息素养三个层面。

（1）基础信息素养包括学生对信息重要性的认识程度和吸收信息的自觉程度；具有

一定的信息科学技术知识；具备获取、评价、分析所需信息和一定程度应用信息的能力；了解信息获取、加工、传输、表达过程中遵守的道德准则等。基础信息素养是信息时代大学生应该具有的基本素质和核心职业素养，是养成良好学习习惯和培养自主学习能力的有效前提。

（2）专业信息素养是指学生在专业学习过程中自觉地利用信息技术创造性解决专业问题，有效地利用信息技术提升自身的专业实践水平的能力。专业信息素养具有明显的专业指向性，是专业人才专业能力的重要构成。

（3）综合信息素养是建立在基础信息素养和专业信息素养基础之上，为了适应社会和技术的发展，关乎持续学习和终身学习，以实现专业发展与个人可持续发展的综合能力素质。学生信息素养的发展要超越对信息技术工具操作技能的掌握，转而致力于促进与学习这一核心任务相关的信息素养的发展，如信息化支撑下的协作学习能力、意义建构能力、融合创新能力等，以有效推动学习者学习方式转变和学习绩效提升。

1.3.2 大学生职业规划

1. 大学生职业规划的意义

随着经济的不断发展以及科学技术的不断进步，在日新月异的今天，对于人才的要求也越来越高。大学生是社会中一个比较特殊的群体，接受了先进的科学文化知识教育和良好的思想道德熏陶，无论是正在接受教育的大学生，还是已经接受了教育的群体，都以自己所拥有的知识和智慧，甚至是阅历，走在了社会的前沿，而如何根据自身所拥有的优势和特点去选择合适的职业或者自主去创业，就需要大学生进行职业规划。

大学生进行职业规划有助于提升认清自我的能力，有利于帮助自己确定职业发展的目标，使学生在充分了解自己和认识自我的基础上，根据自身的能力和智慧，或者说特点，找出自己独特具有的优势来选择合适的职业。

大学生职业规划可以成为鞭策自己的动力。职业发展规划本身就会带有一定的目的性和计划性，为了某个目标去不断奋斗，或者说按照自己的计划去一步一步发展，将会不断提升我们成功的机会。

大学生职业规划有利于为踏入职场作好充分的准备。21 世纪的中国，在各行各业中都充满着竞争，“物竞天择，适者生存”是我们每个人都懂得的道理。在踏入职场前充分的准备更有利于达到自己的目标，而不去制定发展的规划，不去作充分的准备，那必然会走向失败，所以作为大学生必须设计好自己的职业发展的规划。

2. 大学生职业规划的方法

“设计思维（design thinking）”本质上是一种以人为本的问题解决方法，是以探索人的需要为出发点，创造出符合其需要的解决方案。

“设计思维”强调，要对这个问题有更深入的理解，抑或重新定义问题，再着手解决问题。当我们最终确定了问题后，去探索各种可能的答案。穷尽各种可能之后，再确定一个最优的方案，并且不断的迭代和改进这个最优方案。

通过低成本试错和快速调整，就能推导出适合自己的职业发展路径。这样设计出来的职业发展路径是最具创新性的，也是最容易实操的。

职业发展的“原型设计”是指亲身参与到所感兴趣的领域，通过体验的方法把未来的生活具体化。因为关于未来的有益数据只存在于真实世界中，需要通过“原型设计”获得职业规划的“基础数据”，以帮助做出判断和决策。

综上所述，寻找自己理想职业的路上要不断去做一些低成本、轻投入的尝试，在一次次实践中摸索出最适合自己的职业发展路径。通过跟不同行业和背景的人对话，你可以增加获得有益信息的概率，增加找到适合工作的概率。甚至可以直接亲自体验一下想要未来从事的工作，获得一个与未来生活直接接触的机会。例如，花一天的时间在自己喜欢的行业进行观摩；或者自己创建一个探索项目，然后义务试验一周；或者制订一个历时三个月的实习计划。

1.3.3　信息素养在职业发展中的意义

1. 信息素养是现代核心职业素养的重要组成部分

众所周知，知识更新周期缩短、产品换代加速是知识经济社会的显著特征之一。与此相适应的是职业更迭频繁，劳动岗位全面流动，仅靠学校教育已不足以应付生存与发展的长期需要。学会学习是现代人类生存与发展的手段。只有学会学习，拥有自主学习能力，才能为适应职业发展而持续学习，才能具备适应职业变化的能力，才能具备可持续发展的能力。据调查显示，继续学习的能力、不断创新的能力也是现代企业对人才素质要求的必要方面。毋庸置疑，信息素养已经成为信息社会人进入社会的先决条件，是人完成职业活动以及谋求职业持续发展的一种关键素质。

信息素养能提升解决问题的效率，因为信息素养有助于找到解决问题的新方法，有助于整合多方资源，为问题的解决提供全方位的支持；有助于找到解决问题的新工具；有助于转变思维方式，摆脱传统思维方式的羁绊。

2. 信息素养影响人才创新能力发展

信息素养作为现代核心职业素养的重要组成部分不仅关系到信息时代人才自主学习和持续学习能力的培养，还关系到人才创新能力的发展。信息处理能力关键是对计算机及网络技术的掌握和运用，是对信息的收集、整理、分析、判断、综合、概括的能力，是个人或社会组织求得生存和发展的重要途径，也是创新能力的源泉和基础。

3. 信息素养与终生学习密切相关

劳动者学习终身化成为必然的趋势。终身学习使职业生涯的可持续性发展、个性化发展、全面发展成为可能，已成为职业生涯中的重要组成部分。对于个体来说，实现终身学习首先要以正确的学习观念和良好的个人学习能力为基础，而21世纪最重要的学习能力之一就是学会知识管理和信息处理，即具备良好的信息素养。

项目2　最强计算工具——计算机

项目概况

明明是某高校计算机大类专业的大一新生，他打算购买一台便携式电脑，主要用于学习，可是一进电脑城，各路品牌、各种配置的电脑让他有一种强烈的选择无助感，于是他决定回去做好选购攻略再来。

项目分析

选购一台计算机，需要了解计算机有哪些组成部分，并了解计算机的工作原理，以及各个硬件的性能指标，还要结合自己的实际需求选择适合的计算机，因此这里明明可以借此机会好好了解一下计算机，比如计算机的发展史、工作原理、组成硬件以及常见的计算机品牌及品牌间的区别有哪些。本项目看似是选购一台计算机，实则是对计算机相关知识的全面把握。

项目必知

任务 2.1　了解现代计算机的发展

2.1.1　世界上第一台电子计算机

1946 年 2 月 14 日，世界上公认的第一台通用计算机 ENIAC（electronic numerical integrator and computer，电子数值积分计算机）在美国宾夕法尼亚大学诞生。发明人是美国人莫克利和埃克特，美国国防部用它来进行弹道轨迹计算。ENIAC 是一个庞然大物，包含 18 000 多个电子管，高 2.4 m，占地约 170 m^2，重达 30 t，耗电功率约 150 kW，每秒钟可进行 5 000 次加法运算或 300 多次乘法。电子管计算机由于使用的电子管体积大、耗电量大、易发热，因而其工作时间不长且没有存储器，需人工编排程序，不能自行计算。

2.1.2　现代计算机的发展史

计算机按照电子元件的发展分为四个阶段，见表 2-1。

微课 2-1

计算机的发展

表 2-1　计算机发展的四个阶段

阶　段	时　间	硬件特点	软件特点
第一阶段	1946—1958 年	电子管	采用机器语言或汇编语言编程
第二阶段	1959—1963 年	晶体管	出现了高级程序设计语言
第三阶段	1964—1971 年	中、小规模集成电路	操作系统逐渐成熟，出现了网络技术等
第四阶段	1972 年至今	大规模、超大规模集成电路	出现了多媒体技术等

第五代计算机又称新一代计算机，它是把信息采集、存储、处理、通信同人工智能结合在一起的智能计算机系统。第五代计算机主要包括以下类型。

1. 超级计算机

超级计算机被各个国家用于计算量巨大的专业性学术研究，其超大容量和惊人功能使它可以计算许多复杂而计算量庞大的问题，如航天工程、石油勘探开发等方面涉及的大量数字算法。可以说，一个国家的国力体现之一便是研制超级计算机技术水平。由中国国家并行计算机工程技术研究中心研制的超级计算机“神威·太湖之光”是世界首台运行速度突破10亿亿次/秒的超级计算机，其峰值性能达每秒12.5亿亿次/秒、持续性能达9.3亿亿次/秒，均居世界第一，被称为“国之重器”。

2. 生物计算机

细胞将信息存储在类似于“内存”的地方，生化分子接触细胞表面，为其输入数据，细胞通过体内错综复杂、层层级联的分子相互作用处理这些数据，理论上每个细胞都是一个强大的计算单元。如果能像电子计算机一样，实现对细胞行为的编程能力，生物计算的前景将难以预估，因此生物学家坚信，未来微型生物计算机可漫游在人体内，监控身体健康状态，并修正它们发现的问题。

3. 量子计算机

量子计算机和电子计算机的区别在哪里呢？简单来说，就是计算能力。在电子计算机中，一个微小晶体管中存储的数据，在某个时间点上是固定的，要么是1，要么是0。而量子计算机则不同，量子具有叠加态，一个量子位可以有两种状态，这样n个量子位时就有2的n次方种状态。更神奇的地方在于，传统电子计算机的计算方式是串行运算，一个算完再算下一个。而量子计算，由于这种叠加态，天然就能并行运算。如电子计算机要分成50次计算完成，量子计算机则可以把这过程分成50个部分，同时计算完成，再叠加给出结果。这就相当于，一个人要完成一项工程，原来只能一部分接着一部分地做，现在突然有好多个分身，同时可以高效、准确地做不同部分。

4. 类脑计算机

类脑计算是生命科学，特别是脑科学与信息技术的高度交叉和融合，其技术内涵包括对于大脑信息处理原理的深入理解，在此基础上开发新型的处理器、算法和系统集成架构，并将其运用于新一代人工智能、大数据处理、人机交互等广泛的领域。而类脑计算机正是这样一款模拟大脑神经网络运行、具备超大规模脉冲实时通信的新型计算机模型。它通过模拟生物大脑神经网络的高效能、低功耗、实时性等特点，借助大规模的CPU集群来进行神经网络实现。

2.1.3　计算机的特点与分类

1. 计算机的特点

计算机是一种能按照事先存储的程序，自动、高速进行大量数值计算和各种信息处理的现代化智能电子装置，具有速度快、精度高、运算能力强、存储容量大、自动化程度高等特点。

2. 计算机的分类

（1）按信息的形式和处理方式分类

① 电子数字计算机：所有信息以二进制数表示。

② 电子模拟计算机：内部信息形式为连续变化的模拟电压，基本运算部件为运算放大器。

③ 混合式电子计算机：既能表示数字量又能表示模拟量，但其设计比较困难。

（2）按用途分类

① 通用机：适用于各种应用场合，功能齐全、通用性好的计算机。

② 专用机：为解决某种特定问题专门设计的计算机，如工业控制机、银行专用机、超级市场收银机（POS）等。

（3）按计算机系统的规模分类

所谓计算机系统规模主要指计算机的速度、容量和功能。按计算机系统的规模分类，一般可分为巨型机、大型机、中小型机、微型机和工作站等，其中工作站（workstation）是介于小型机和微型机之间的面向工程的计算机系统。

2.1.4　计算机的应用领域

计算机的应用领域非常广泛，主要有科学计算、数据处理、过程控制、计算机辅助、电子商务和人工智能等，见表 2-2。

表 2-2　计算机的应用领域

应用领域	说　明	应用举例
科学计算	运用计算机处理科学研究和工程技术中所遇到的数学计算	地震预测、气象预测、航天技术等
数据处理	对大量的数据进行加工处理，如统计分析、合并、分类等	各种管理信息系统（management information system，MIS）（如门户网站、电子商务、办公系统）、多媒体技术等
过程控制（实时控制）	一般泛指运用计算机及相关技术实现石油、化工、电力、冶金、核能等工业部门生产过程的自动化	各种生产流水线
计算机辅助应用	以计算机为工具，辅助人在特定应用领域内完成任务	CAD（computer aided design，计算机辅助设计），如建筑设计、服装设计等； CAM（computer aided manufacturing，计算机辅助制作），如生产设备的管理、控制和操作等； CAI（computer aided instruction，计算机辅助教学），如教学学习系统、练习系统等； CAT（computer aided testing，计算机辅助测试），如数字电路测试等
电子商务	以信息网络技术为手段，以商品交换为核心的商务活动	B2B（交易双方是企业与企业之间），如阿里巴巴； B2C（交易双方是企业与消费者之间），如京东商城； C2C（交易双方是消费者之间），如淘宝网
人工智能	用计算机来模拟人类的智能。实现人工智能的根本途径是机器学习（machine learning，ML），通过让计算机模拟人类的学习活动，自主获取新知识	语音助手、人脸识别、购物网站推荐，智能家居、无人驾驶汽车、工业机器人等

微课 2-2

计算机的应用领域

任务 2.2　掌握计算机中信息的存储和表示

2.2.1　信息的存储单位

计算机中信息的存储单位有：位、字节和机器字。

1. 位

位（bit）简记为 b，音译为比特，是计算机存储数据的最小单位。

2. 字节

字节（Byte）简记为 B，字节是计算机存储容量的最基本单位。一个字节为 8 位，即 1 Byte=8 bit。通常一个英文字符占一个字节，一个汉字字符占两个字节。容量单位常用的还有 KB（千字节）、MB（兆字节）、GB（吉字节）、TB（太字节），它们之间的换算关系为：1 KB=1 024 B，1 MB=1 024 KB，1 GB=1 024 MB，1 TB=1 024 GB。

3. 机器字

机器字（Word）是计算机进行数据处理时，一次存取、加工和传送的数据长度。一个机器字通常由一个或若干个字节组成。字长是计算机一次所能处理信息的实际位数，它决定了计算机数据处理的速度和精度，是衡量计算机性能的一个重要指标。字长越长，性能越好，计算机字长有 8 位、16 位、32 位、64 位、128 位等。

2.2.2　数值信息的存储与表示

计算机采用二进制对信息进行存储，它是由逻辑电路组成的，而逻辑电路通常只有两个状态，如晶体管的导通与截止、电平的高与低、开关的接通与断开等，这两个状态正好可以表示为二进制的 0 和 1。数字传输和处理不容易出错，电路可靠，抗干扰能力强。二进制的运算规则非常简单，也可以代表逻辑运算中的“真”与“假”。

计算机存储信息采用二进制，人们生活中通常采用十进制。程序设计中常采用的数制有二进制、八进制、十进制和十六进制，这四种数制的基本内容见表 2-3。

微课 2-3

四种数制的表示

表 2-3　四种数制的基本内容

数制相关内容	二进制	八进制	十进制	十六进制
数码	0，1	0～7	0～9	0～9，A～F
基数	2	8	10	16
权	2^n	8^n	10^n	16^n
字母表示	B	O	D	H

（1）其他进制转换为十进制

二进制、八进制、十六进制转换为十进制时，采用按权展开求和的方法，即每一位上的数字乘以相应的权重再求和。

微课 2-4

其他进制与十进制之间的转换

例 1：把二进制数 $(11011.111)_2$ 写成展开式，它表示的十进制数为：

$1\times2^4+1\times2^3+0\times2^2+1\times2^1+1\times2^0+1\times2^{-1}+1\times2^{-2}+1\times2^{-3}=(27.875)_{10}$

例 2：把八进制数 $(312.2)_8$ 写成展开式，它表示的十进制数为：

$3\times8^2+1\times8^1+2\times8^0+2\times8^{-1}=(202.25)_{10}$

例 3：把十六进制数 $(5B6E.C)_{16}$ 写成展开式，它表示的十进制数为：

$5\times16^3+B\times16^2+6\times16^1+E\times16^0+C\times16^{-1}=(23\ 150.75)_{10}$

（2）十进制转换为其他进制

十进制转换为二进制、八进制、十六进制时，需要将十进制数分为整数和小数两个部分来分别转换。

微课 2-5

十进制与其他进制之间的转换

① 整数部分

不断除 R（权重）并取余，直到商为 0，运算结束，将余数按照从下到上的顺序依次排列在小数点的左边。

② 小数部分

不断乘 R 取整数，直到小数为 0，运算结束，将整数按照从上到下的顺序依次排列在小数点的右边。

例：将十进制数 25.25 分别转换为二进制、八进制和十六进制，见表 2-4。

表 2-4　十进制转换为二进制、八进制和十六进制

转换步骤	二进制（B）	八进制（O）	十六进制（H）
整数 25 的转换	2 | 25　余数 2 | 12　1 ↑ 2 | 6　0 2 | 3　0 2 | 1　1 0　1	8 | 25　余数 8 | 3　1 ↑ 0　3	16 | 25　余数 16 | 1　9 ↑ 0　1
小数 0.25 的转换	0.25　取整 × 2 0.50　0 ↓ × 2　1 1.00	0.25　取整 × 8 2.00　2 ↓	0.25　取整 × 16 4.00　4 ↓
转换后	11011.01	31.2	19.4

微课 2-6
二进制与八进制之间的转换

（3）二进制与八进制之间的互换

① 二进制转换为八进制

二进制转换为八进制采用“三合一”法，即：将二进制的整数部分由低位到高位的每三位为一组，左边不够三位在左边补零，每组独立运算；小数部分由高位到低位的每三位为一组，右边不够三位在右边补零，每组独立运算。

例：将（10100101.10111）$_2$ 转换成八进制数。

$$(10100101.10111)_2=(\underline{010}\ \underline{100}\ \underline{101}\ .\ \underline{101}\ \underline{110})_2$$
$$=(2\quad 4\quad 5.\quad 5\quad 6)_8$$

② 八进制转换为二进制

八进制转换为二进制采用“一分三”法，即：将八进制的每一位转换为三位二进制，每一位独立运算。

例：将（35.26）$_8$ 转换成二进制数。

$$(35.26)_8=(\underline{3}\quad \underline{5}.\quad \underline{2}\quad \underline{6})_8$$
$$=(\underline{011}\ \underline{101}.\ \underline{010}\ \underline{110})_2$$
$$=(11101.01011)_2$$

微课 2-7
二进制与十六进制之间的转换

（4）二进制与十六进制之间的互换

① 二进制转换为十六进制

二进制转换为十六进制采用“四合一”法，即：将二进制的整数部分由低位到高位的每四位为一组，左边不够四位在左边补零，每组独立运算；小数部分由高位到低位的每四位为一组，右边不够四位在左边补零，每组独立运算。

例：将（10100101.10111）$_2$ 转换成十六进制数。

$(10100101.10111)_2 = (\underline{0101}\ \underline{0101}.\ \underline{1011}\ \underline{1000})_2$

$= (\ 5\quad 5\ .\ 11\quad 8\ )_{16}$

$= (55.B8)_{16}$

② 十六进制转换为二进制

十六进制转换为二进制采用“一分四”法，即：将十六进制的每一位转换为四位二进制，每一位独立运算。

例：将 $(35.26)_8$ 转换成二进制数。

$(35.26)_{16} = (\ 3\quad 5.\quad 2\quad 6\ )_{16}$

$= (\underline{0011}\ \underline{0101}.\ \underline{0010}\ \underline{0110})_2$

$= (110101.0010011)_2$

2.2.3　字符的存储与表示

字母、符号在计算机中通常采用ASCII（American standard code for information interchange，美国信息交换标准代码）来进行编码。ASCII 是基于拉丁字母的一套电脑编码系统，主要用于显示现代英语和其他西欧语言，它是最通用的信息交换标准。

标准 ASCII 码使用 7 位二进制数来表示所有的大写和小写字母，标准 ASCII 码字符集总共编码 128 个，包括 32 个通用控制符，10 个十进制数码，52 个英文大小写字母和 34 个专用符号，不同字符在 ASCII 中的编码见表 2-5。

微课 2-8

ASCII 码

表 2-5　不同字符在 ASCII 中的编码

$d_3\,d_2\,d_1\,d_0$ 位	$d_6\,d_5\,d_4$ 位							
	000	001	010	011	100	101	110	111
0000	NUL	DEL	SP	0	@	P	`	p
0001	SOH	DC1	!	1	A	Q	a	q
0010	STX	DC2	“	2	B	R	b	r
0011	ETX	DC3	#	3	C	S	c	s
0100	EOT	DC4	$	4	D	T	d	t
0101	ENQ	NAK	%	5	E	U	e	u
0110	ACK	SYN	&	6	F	V	f	v
0111	BEL	ETB	’	7	G	W	g	w
1000	BS	CAN	(	8	H	X	h	x
1001	HT	EM	)	9	I	Y	i	y
1010	LF	SUB	*	:	J	Z	j	z
1011	VT	ESC	+	;	K	[	k	{
1100	FF	FS	,	<	L	\	l	|
1101	CR	GS	-	=	M	]	m	}
1110	SO	RS	.	>	N	↑	n	～
1111	SI	HS	/	?	O	←	o	DEL

字符在计算机中通常以一个字节为单位进行存储，因此扩展的 ASCII 编码包含 8 位二进制，并将最高位置为“0”，从表 2-5 中可得出以下特点。

（1）小写字母 a 的标准 ASCII 编码（7 位码）为 1100001，则其扩展的 ASCII 编码（8 位码）为 01100001。

（2）每两个相邻字符的 ASCII 编码相差 1。例：在 ASCII 编码表中，大写字母 B 排在大写字母 A 之后，它们的编码相差 1。

（3）ASCII 编码中英文大小写字母与阿拉伯数字的字符编码大小排序为：阿拉伯数字（0～9）< 大写字母（A～Z）< 小写字母（a～z）。

2.2.4　汉字的存储与表示

汉字种类繁多，其编码比拼音文字困难，因此在不同的场合要使用不同的编码。通常有 4 种类型的汉字编码，即输入码、国标码、内码、字形码。

1. 输入码

输入码是为用户能够利用键盘输入汉字而设计的编码，常用的是国标区位码，它将国家标准总局收录的 6 763 个两级汉字分成 94 个区，每个区分 94 位。区码、位码各用 01 到 94 的两位十进制数表示。

2. 国标码

国家标准总局颁布的《信息交换用汉字编码字符集 · 基本集》(GB2313—1980）称为国标码。GB2312—1980 标准共收录了 6 763 个汉字，其中一级常用汉字 3 755 个，二级次常用汉字 3 008 个。一个汉字用两个字节来表示，每个字节的最高位均为 0。因此可以表示的汉字数为 2^{14}=16 384 个。将国标区位码的高位字节、低位字节各加十进制数 32（即十六进制数 20H），便可得到国标码。如“中”字区位码是 5448，则它的国标码为 8680（十进制）或 5650（十六进制）。

微课 2-9

国标码与机内码的转换

3. 机内码

机内码也叫内码，汉字内码是在设备和信息处理系统内部存储、处理、传输汉字用的代码。无论使用何种输入码，进入计算机后就立即被转换为机内码。用二进制表示时，将国标码两个字节的最高位置为 1 即为机内码，如：“中”的国标码为 01010110 01010000，机内码为 11010110 11010000；用十六进制表示时，机内码与国标码的转换关系为：国标码 +8080H= 机内码，如：“中”的国标码为 5650H，机内码为 D6D0H。国标码与机内码的转换如图 2-1 所示。

国标码	（0101	0110	0101	$0000)_B$	
	5	6	5	0	H
最高位置 1	1000	0000	1000	0000	
	8	0	8	0	H
机内码	（1101	0110	1101	$0000)_B$	
	D	6	D	0	H

图 2-1　国标码与机内码的转换

4. 字形码

字形码表示汉字字形的字模数据，也叫字模码，是汉字的输出形式。通常用点阵函数、矢量函数等表示。用点阵函数表示时，字形码指的就是这个汉字字形点阵的代码。简易型汉字为 16×16 点阵、提高型汉字为 24×24 点阵、48×48 点阵等。如：采用 24×24 点阵来存储一个汉字，每行 24 个点就是 24 个二进制位，存储一行代码需要 3 个字节，那么，24 行共占用 3×24=72 个字节，即占用 72 Byte 的内存空间。

任务 2.3 熟悉计算机系统

一个完整的计算机系统是由硬件系统和软件系统两大部分组成，如图 2-2 所示。硬件系统是构成计算机系统各功能部件的集合，是由电子、机械、光电元件等组成的各种计算机部件和设备的总称，是计算机完成各项工作的物质基础。软件系统是指与计算机系统操作有关的各种程序以及任何与之相关的文档和数据的集合，其中程序是用程序设计语言描述的适合计算机执行的语句指令序列。

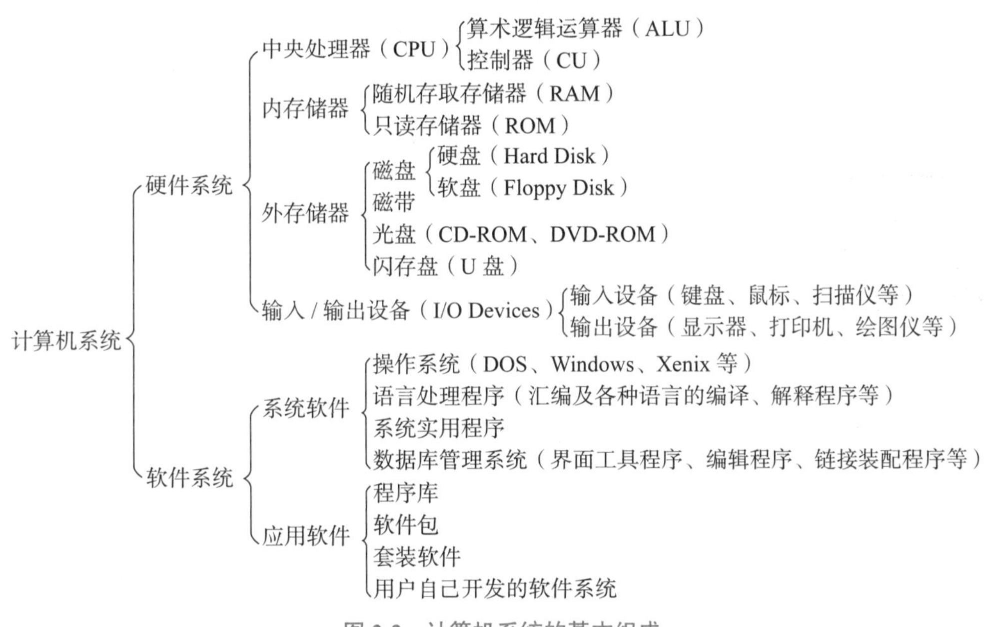

图 2-2 计算机系统的基本组成

微课 2-10

计算机系统的组成

2.3.1 计算机硬件系统

1. 计算机的五大部件

计算机硬件由五大部件组成：运算器、控制器、存储器、输入设备和输出设备。五大部件在控制器的控制下协调统一地工作。

（1）运算器（ALU）

运算器也称为算术逻辑单元（arithmetic and logic unit，ALU），它的功能是完成算术运算和逻辑运算。算术运算是指加、减、乘、除及它们的复合运算，而逻辑运算是指"与""或""非"等逻辑比较和逻辑判断等操作。在计算机中，任何复杂运算都转化为基本的算术与逻辑运算，然后在运算器中完成。

（2）控制器（CU）

控制器（control unit，CU）是计算机的指挥系统，控制器一般由指令寄存器、指令译码器、时序电路和控制电路等组成。它的基本功能是从内存取指令和执行指令。指令是指示计算机如何工作的一步操作，由操作码（操作方法）及操作数（操作对象）两部分组成。控制器通过地址访问存储器、逐条取出选中的单元指令，分析指令，并根据指令产生的控制信号作用于其他各部件来完成指令要求的工作。上述工作周而复始，保证了计算机能自动连续地工作。

通常将运算器和控制器统称为中央处理器（central processing unit，CPU），CPU的外观如图2-3所示。CPU是整个计算机的核心部件，是计算机的“大脑”。它控制了计算机的运算、处理、输入和输出等工作。目前全球CPU生产商主要有：Intel、AMD、IBM和Cyrix、IDT、VIA威盛和国产龙芯。

图2-3　CPU的外观

（3）存储器

根据存储器与CPU联系的密切程度可将存储器分为内存储器（主存储器）和外存储器（辅助存储器）。

①　内存储器

内存储器也被称为内存，是CPU能够直接访问的存储器，用于存放正在运行的程序和数据。内存储器分为3种类型：随机存储器（random access memory，RAM）、只读存储器（read only memory，ROM）以及高速缓冲存储器（cache）。它们的特点见表2-6。

表2-6　随机存储器、只读存储器以及高速缓冲存储器的特点

随机存储器（RAM）	只读存储器（ROM）	高速缓冲存储器（cache）
可读可写	只读不写	可读可写
存取系统运行时的程序和数据	存取固定的程序和数据	连接RAM和CPU，高速读写数据
断电后信息会丢失	断电后信息不会丢失	断电后信息会丢失

②　外存储器

外存储器也叫外存，是内存的补充和后援，其存储容量大，是内存容量的数十倍或数百倍，用于存放暂时不用的程序和数据。常见的外存储器有硬盘、软盘、光盘和U盘等。内存和外存的特点见表2-7。

表2-7　内存和外存的特点

内　　存	外　　存
在计算机主机中	在计算机主机中以及外部都有
直接和CPU交换数据	间接和CPU交换数据，需要先调入内存
容量小、存储速度快	容量大、存储速度慢
用于存放正在处理的数据或正在运行的程序	用于存放暂时不用的数据

a. 硬盘

硬盘是计算机的主要存储设备，计算机的操作系统、应用软件、文档及数据等，都可以存放在硬盘上。硬盘如图 2-4 所示，分为机械硬盘（HDD）（图 2-4a）和固态硬盘（SSD）（图 2-4b）。机械硬盘本质是电磁存储，固态硬盘则是半导体存储；固态硬盘抗震能力与读写速度均优于机械硬盘；固态硬盘的功耗比机械硬盘低；同容量的固态硬盘比机械硬盘贵。

通常所说的硬盘一般指机械硬盘，全称为硬磁盘存储器。

（a）固态硬盘

（b）机械硬盘

图 2-4　硬盘

硬盘主要的技术指标有两个：存储容量和转速。

存储容量：是硬盘最主要的参数，容量越大，能够存储的内容越多。微机常用的硬盘存储容量有 160 GB、320 GB、1 TB 等。

转速：转速是指硬盘盘片每分钟转动的圈数。转速越快，存取速度越快。

硬盘被封闭在一个金属体内，不能随便取出，其物理组成结构如图 2-5 所示。

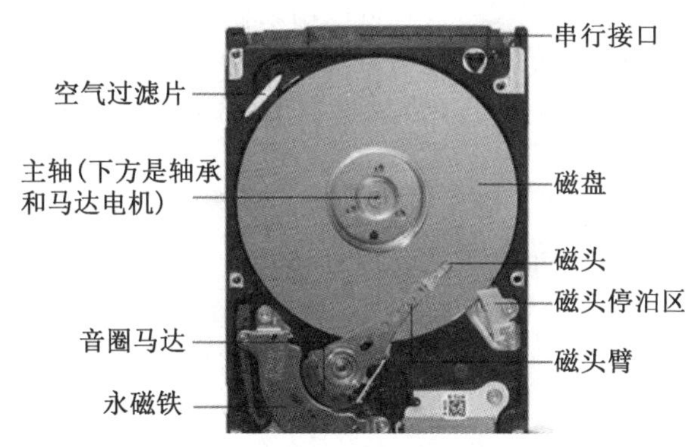

图 2-5　硬盘的物理组成结构

硬盘相关的技术术语主要有磁道和扇区。

磁道：每一面都有若干个同心圆，每一个同心圆被称为一个磁道。

扇区：每个磁道由若干个区域组成，每一个区域被称为扇区。在计算机的存储设备中，软盘、硬盘的每一扇区的容量均为 512 Byte。

b. U 盘

U 盘，全称 USB 闪存盘（USB flash disk）。它是一种使用 USB（universal serial bus，通用串行总线）接口的无需物理驱动器的微型高容量移动存储产品，通过 USB 接口与电脑连接，实现即插即用。

由于现在的照片、视频等数据的单个存储大小和体量越来越大，所以不仅要求U盘的容量更大，更要求数据的传输速度更快。因此，现在市场上出现了越来越多使用USB2.0和USB3.0接口的高速U盘。理论上，USB2.0的传输速率可以达到480 Mbit/s，而USB3.0的传输速率可以达到5 Gbit/s，传输体验比USB2.0好很多。

（4）输入/输出设备

输入/输出设备即I/O（input/output）设备，是计算机系统的重要组成部分，属于计算机的外部设备。

输入设备用来向计算机输入信息，常见的有键盘、鼠标、扫描仪等；输出设备用来将计算机处理后的结果输出，常见的有显示器、打印机、绘图仪、投影机等。

① 键盘

键盘是计算机必备的输入设备，通常连接在PS/2接口或USB接口上。近年来，利用“蓝牙”技术无线连接到计算机的无线键盘也越来越多地被使用。键盘可分为键盘区、功能键区、控制键区和数字键区。常规键盘具有CapsLock（字母大小写锁定）、NumLock（数字小键盘锁定）、ScrollLock（滚动锁定键）三个指示灯，用来显示键盘当前的各种状态。

② 鼠标

鼠标是计算机的基本输入设备之一，通常连接在PS/2接口或USB接口上。目前，无线鼠标也越来越多地被使用。

鼠标根据工作原理可分为机械式鼠标和光电式鼠标。相比于机械式鼠标，光电式鼠标更为精确、耐用和易于维护。

③ 显示器

显示器是计算机必备的输出设备，它可以用来显示出信息处理的过程和结果，显示器性能的优劣直接影响计算机信息的显示效果。目前，常用的显示器有阴极射线管显示器（CRT显示器）和液晶显示器（LCD显示器）。LCD显示器技术已经成熟，开始取代CRT显示器。

显示器尺寸有12、14、15、17、19英寸等多种规格；显示器的主要技术指标有屏幕尺寸、分辨率、点间距、扫描频率和灰度等。

④ 打印机

打印机是计算机基本的输出设备之一，主要分为针式、喷墨、激光等三类打印机，见表2-8。

表2-8　打印机的分类

类　别	工作方式	特　点
针式打印机	利用打印头内的点阵撞针来撞击色带，进而在打印纸上产生文字或图形	噪声较大，质量不好，但性能稳定，易于维护，耗材便宜，常用于银行、超市等
喷墨打印机	利用排列成阵列的微型喷墨机在纸上喷出墨点来形成打印效果	体积小、重量轻、噪声小、打印精度高，特别是彩色印刷能力强，但成本高
激光打印机	综合利用了复印机、计算机和激光技术来进行输出	打印速度快、质量高，但耗材和配件价格高

2. 计算机的三大总线

总线是计算机的一种内部结构，它是 CPU、内存、输入 / 输出设备之间传递信息的公用通道，主机的各个部件通过总线相连接，外部设备通过相应的接口电路再与总线相连接，从而形成了计算机硬件系统。计算机的三大总线分别是：地址总线、数据总线、控制总线，如图 2-6 所示。

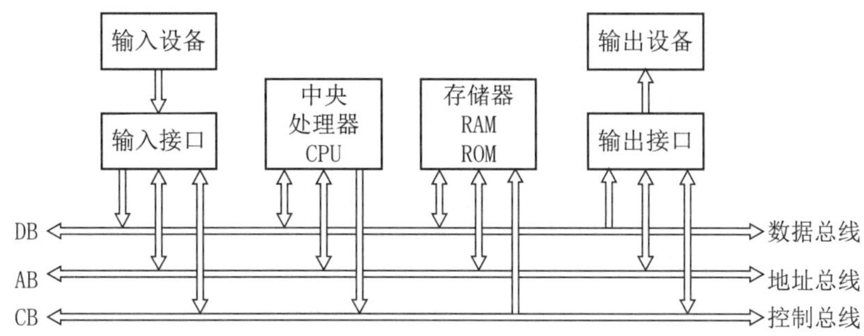

图 2-6 计算机的三大总线

（1）地址总线（address bus）：简称 AB，是由 CPU 或有 DMA（direct memory access，直接存储器访问）能力的单元，用来沟通这些单元想要存取（读取 / 写入）计算机内存元件 / 地方的实体位址。

（2）数据总线（data bus）：简称 DB，用于传送数据信息，是双向三态形式的总线，它既可以把 CPU 的数据传送到存储器或输入 / 输出接口等其他部件，也可以将其他部件的数据传送到 CPU。

（3）控制总线（control bus）：简称 CB，主要用来传送控制信号和时序信号。控制总线的传送方向由具体控制信号而定，一般是双向的，控制总线的位数要根据系统的实际控制需要而定。

3. 计算机的工作原理

计算机在运行时，先从内存中取出第一条指令，通过控制器的译码，按指令的要求，从存储器中取出数据进行指定的算术运算和逻辑操作等处理，处理结束后按地址把结果送到内存中去，然后取出第二条指令，在控制器的指挥下按同样的步骤完成规定操作，依此进行下去，直至遇到停止指令。像这样自动地完成指令规定的操作是计算机最基本的工作原理，这一原理最初是由美籍匈牙利数学家冯・诺依曼于 1945 年提出来的，故称为冯・诺依曼原理。

简言之，“自动存储，自动执行”是现代计算机的工作原理。

2.3.2 计算机软件系统

软件按其功能划分，可分为系统软件和应用软件两大类型。

1. 系统软件（system software）

常见的系统软件主要指操作系统，也包括程序语言、语言处理程序和数据库管理系统等。

（1）操作系统 OS（operating system）

操作系统是系统软件的核心。它的功能就是管理计算机系统的全部硬件资源、软件资源及数据资源。用户面对的计算机系统如图 2-7 所示，从图中可以看出，操作系统是最基本的系统软件，其他的所有软件都是建立在操作系统的基础之上的。操作系统是用户与计算机硬件之间的接口，是每一台计算机必不可少的软件。一台计算机可以安装不同的操作系统。

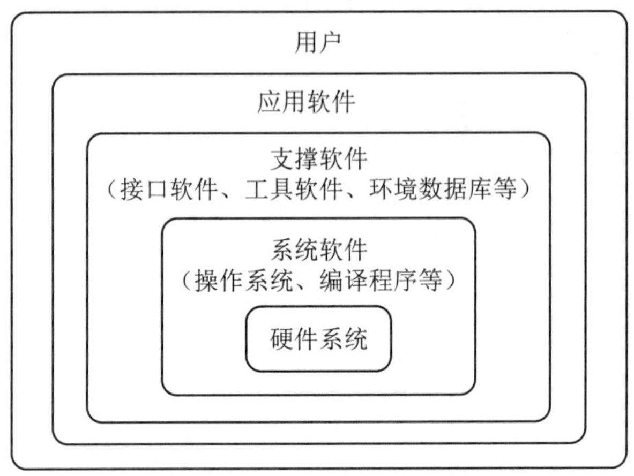

图 2-7 用户面对的计算机系统

（2）程序语言

计算机语言是人与计算机交流的一种工具，这种交流被称为计算机程序设计。程序设计语言按其发展演变过程可分为三种：机器语言、汇编语言和高级语言。

① 机器语言（machine language）

机器语言是直接由机器指令（二进制）构成的，因此由它编写的计算机程序不需要翻译就可直接被计算机系统识别并运行。这种由二进制代码指令编写的程序最大的优点是执行速度快、效率高，同时也存在着严重的缺点：机器语言很难掌握，编程繁琐、可读性差、易出错，并且依赖于具体的机器，通用性差。

② 汇编语言（assemble language）

汇编语言采用一定的助记符号表示机器语言中的指令和数据，它是符号化了的机器语言，也称作“符号语言”。用这种语言编写的程序不能在计算机上直接运行，必须首先被一种称之为汇编程序（assembler）的系统程序“翻译”成机器语言程序，才能由计算机执行。任何一种计算机都配有只适用于自己的汇编程序。

③ 高级语言

高级语言又称为算法语言，它与机器无关，是近似于人类自然语言或数学公式的计算机语言。高级语言克服了低级语言的诸多缺点，它易学易用、可读性好、表达能力强、通用性好。但是，对于高级语言编写的程序仍不能被计算机直接识别和执行。常用的高级语言有：面向过程的高级语言有 BASIC、用于科学计算的 FORTRAN、支持结构化程序设计的 Pascal、用于商务处理的 COBOL 和支持现代软件开发的 C 语言；面向对象的高级语言有 VB、VC++、Delphi、JAVA 等语言。

（3）语言处理程序

除机器语言外，每一种计算机语言都应具备一种与之对应的语言处理程序。语言处理程序处理的方式主要有汇编、编译与解释，它们的处理过程如图 2-8 所示。

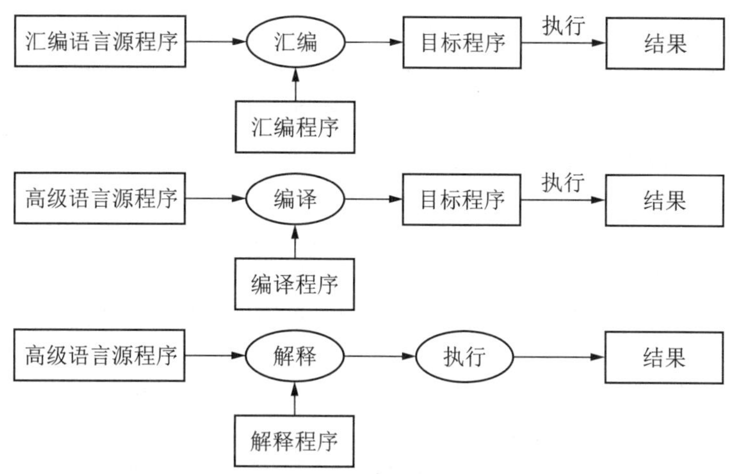

图 2-8 汇编、编译与解释的处理过程

在编译方式下，机器上运行的是与源程序等价的目标程序，源程序和编译程序都不再参与目标程序的执行过程，而在解释方式下，解释程序和源程序（或某种等价表示）要参与到程序的运行过程中，运行程序的控制权在解释程序。

解释器翻译源程序时不生成独立的目标程序，而编译器则将源程序翻译成独立的目标程序。

（4）数据库管理系统

数据库技术是计算机技术中发展较快、用途较为广泛一个分支，可以说，在今后的各项计算机应用开发中都离不开数据库技术。数据库管理系统是对计算机中所存放的大量数据进行组织、管理、查询并提供一定处理功能的大型系统软件。当下使用最多的数据库管理系统有 MYSQL、SQL SEVER、ORACLE 等，这些都是关系型数据库。

2. 应用软件

应用软件是指在计算机各个应用领域中，为解决各类实际问题而编制的程序，它用来帮助人们完成在特定领域中的各种工作。应用软件包括文字处理软件、表格处理软件、辅助设计软件、实时控制软件、用户应用程序等，应用软件的分类及其功用与举例见表 2-9。

表 2-9 应用软件的分类及其功用与举例

类 别	功 用	举 例
文字处理软件	文字录入、编辑、排版、打印输出	Microsoft Word、WPS
表格处理软件	对电子表格进行计算、加工、打印输出	LOTUS、Microsoft Excel、WPS
辅助设计软件	用于进行各种应用程序的设计	AutoCAD、Photoshop、3D Studio Max
实时控制软件	在现代化工厂里，用于生产过程的自动控制	FIX、INTOUCH、LOOKOUT
用户应用程序	用于执行用户的某一具体任务	人事档案管理程序、计算机辅助教学软件、各种游戏程序

项目实施

从明明的需求出发，首选主要用于学习计算机专业相关课程的笔记本电脑，下面以笔记本电脑为例进行选购建议。

1. 笔记本电脑主流的品牌及选购建议

（1）国外品牌：美国的戴尔、惠普、苹果，日本的东芝、索尼，韩国的三星等，其品质较为优秀，市场份额较高，价格较贵。

（2）中国台湾品牌：宏碁（ACER）、华硕（ASUS）等，给众多国际品牌代工，技术成熟，价格相对便宜。

（3）中国大陆品牌：华为、联想、方正、神州等，后三者价格较便宜、维修方便。

2. 笔记本电脑主要部件及选购建议

（1）主板：英特尔的芯片组性能与质量较好，价格贵；低价位的笔记本电脑一般采用 SiS 和 ALi 的芯片组，其稳定性好。

（2）CPU：主流品牌为 Intel 和 AMD，其中 Intel 为笔记本电脑的主流 CUP，AMD 为台式机电脑的主流 CPU。Intel 的 Core 2 处理器分为 i3、i5、i7、i9 等级别，其性能与价格依次增高，i5 比较经济，i3 较低端。中高端笔记本电脑可考虑选用 Intel，中低端笔记本电脑可考虑选用 AMD 较合适。

（3）显示器：笔记本电脑首选 LED 显示器，其显示效果好、省电、寿命长；笔记本电脑的显示器有 11、12、13、14、15 寸等规格，每种规格又分宽屏和普屏两种。宽屏视觉效果好且节省材料。考虑视觉效果和重量，女生可选用 14 寸、男生可选用 14 或 15 寸较合适。

（4）显卡：有集成显卡和独立显卡两种。集成显卡价格便宜、省电、产热量少，但性能不如独立显卡。独立显卡分 ATI 和 NVIDIA 两种。通常，ATI 要比 NVIDIA 经济实惠，同样价格的 ATI 不如 NVIDIA 性能流畅，但画质要比 NVIDIA 精细。不运行大型游戏，集成显卡一般能满足使用要求；运行大型游戏，应选择独立显卡较为合适。

（5）内存条：笔记本电脑通常有两个内存条插槽，可以只使用一个插槽，另一个插槽以备日后升级用，主要品牌有金士顿、海盗船、三星、宇瞻等。笔记本电脑内存选用 8 G 或 16 G 较为合适。

（6）电池：笔记本电脑所用电池主要有锂离子电池（LION）电池和镍氢（Ni-MH）电池两种。LION 电池是目前的主流，一般为智能型电池，具有记忆功能、重量较轻、使用时间较长、价格较贵。Ni-MH 电池较重，需要经常对电池进行放电，价格相对低廉。

（7）硬盘：考虑价格因素，通常笔记本电脑的机械硬盘在 500 G ～ 1 000 G 的容量较为合适；固态硬盘一般 128 G 较为合适，额外的空间需求可以通过移动硬盘来完成。

（8）键盘：除了考虑其做工及使用舒适度外，也可优先选用能防水、防污的键盘。

笔记本电脑的重量也是选购时要考虑的因素之一。笔记本电脑的重量多由显示器、电池和硬盘的重量所决定。笔记本电脑“轻”与“重”的判断因人而异，一般 1.8 kg 以下的为轻型笔记本电脑。女性适合选购 1.3 kg 左右的机型，男性则以不超过 3 kg 的机型为佳。其他的选购考虑因素，如 USB 接口的类型与数量、笔记本电脑的外观与颜色等根据自己的需求进行选购即可。

通过以上的学习，请根据自身对笔记本电脑的功用需求进行分析，查阅相关资料并填写笔记本电脑选购统计表（表 2-10），完成笔记本电脑选购前的准备工作。

表 2-10　笔记本选购统计表

序号	笔记本品牌及型号	价格	CPU 品牌及型号	显示器尺寸及材质	内存条品牌及大小	显卡品牌及型号	硬盘类型及大小

项目 3　信息时代核心思维——计算思维

项目概况

计算思维是数字时代人人都应具备的基本素养之一。计算思维、理论思维和实验思维一起构成了科技创新的三大支柱。计算思维已经应用到人类活动中的各大领域，作为一个问题解决的有效工具，人人都应掌握，处处都会被使用。

2022 年北京冬奥会自由式滑雪女子大跳台的决赛，中国运动员谷爱凌勇夺冠军。12 名选手的决赛成绩初始顺序见表 3-1。现在需要对该项目 12 名选手最终得分从左至右进行升序排序。

表 3-1　2022 年北京冬奥会自由式滑雪女子大跳台决赛成绩初始顺序

初始顺序	188.25	178.00	147.50	136.50	158.75	187.50	153.25	100.50	122.50	182.50	125.70	169.00

项目分析

在日常学习、生活、工作中对某些数组对象进行排序是高频事件，如对成绩、年龄、高矮、体重、工资、体积等进行排序解决数组的排序问题，需要明确规则，分析数组所需解决的具体问题，确定采用计算思维的思想和方法等，然后求解。

项目必知

任务 3.1　了解计算思维的基本概念

1. 计算思维的含义

美国卡内基梅隆大学的周以真教授于 2006 年首次提出：计算思维（computational thinking）是运用计算机科学的思维方式进行问题求解、系统设计以及人类行为理解等一系列的思维活动。主要表现为形式化、模型化、自动化、系统化这四个方面。

2. 计算思维的本质

计算思维的本质是抽象（abstract）和自动化（automation）。它反映了计算的根本问题，即什么能被有效的自动进行。

计算是抽象的自动执行，自动化需要计算机去解释抽象。从操作层面上讲，计算就是如何寻找一台计算机去求解问题，隐含地说就是要确定合适的抽象，选择合适的计算机去解释执行该抽象，后者就是自动化。

3. 计算思维的特征

计算思维的特征包括以下几个方面。

（1）计算思维是概念化的抽象思维，而非程序思维。

（2）计算思维是人的思维，而非机器的思维。

（3）计算思维是思想，而非人造品。

（4）计算思维与数学及工程思维互补、融合。

（5）计算思维面向所有的人，所有的领域。

（6）计算思维是一种基本技能，如同“读”“写”“算”。

任务 3.2　掌握计算思维的基本思想和方法

计算思维是学科的核心素养之一，是指能够采用计算机领域的学科方法界定问题、抽象特征、建立结构模型、合理组织数据；通过判断、分析与综合各种信息资源，运用合理的算法形成解决问题的方案；总结利用计算机解决问题的过程与方法，并迁移到与之相关的其他问题的解决过程中。

计算思维利用启发式推理来寻求解答，它是在不确定情况下的规划、学习和调度。它是不断地搜索，最后得到的是一系列的网页、一个赢得游戏的策略，或者一个反例。

计算思维解决问题的方法主要包括流程建设、抽象化、分解、并行、递归、缓存、信息处理等。

1. 流程建设（process construction）

流程建设是一步步解决问题的过程。流程建设就是理清楚解决问题所需要的步骤，是逐步将现实世界中事务运行的过程来建立流程的过程，也是计算机解决问题的步骤。

2. 抽象化（abstraction）

抽象就是忽略一个主题中与当前问题（或目标）无关的方面，以便更充分地注意与

当前问题（或目标）有关的方面。通过抽象化，人们可以从众多的事物中抽取出共同的、本质性的特征，舍弃其非本质的特征。

3. 分解（decomposition）

分解是将一个大问题拆解成许多小的部分。这些小部分问题更容易理解，从而让大问题容易解决。

4. 递归（recursion）

递归是计算思维的方法之一。当我们通过键盘将字母“A”输入到计算机，在计算机内部它将以二进制代码形式存储，但从显示器或打印机输出的依然是字母“A”，由此体现了一种递归的方式。递归是指一样东西自己包含了自己。如：当两面镜子相互之间近似平行时，镜中嵌套的图像是以无限递归的形式出现的。

5. 并行（parallel）

并行是一种重要的计算思维方法。并行计算一般是指许多指令得以同时进行的计算模式。计算机系统的设计中可以看到很多运用并行技术提高系统效率的例子，如“多核处理器”技术，即是从空间的角度，通过硬件的冗余，让多个完整的计算引擎（内核）并发执行不同的任务。该技术体现了运用并行方法解决问题的思路。

6. 缓存（cache）

缓存也是一种重要的计算思维方法。缓存是将未来可能会被用到的数据存放在高效存储区域中，使得将来用到这些数据时能够非常快速地获取。

7. 信息处理（information processing）

以键盘输入与屏幕显示为例可以感受“信息处理”的方法，即：位置→电信号→编码→存取 ASCII →解码→字形→显示。理解和掌握这一方法之后，可以很容易地推广至其他语言文字的处理，如汉字等。

任务 3.3　掌握计算思维的应用

3.3.1　计算思维的应用领域

计算思维的应用涉及的领域广泛，如生物学、脑科学、化学、经济学、艺术、工程学、社会学等领域。

1. 计算思维在生物学中的应用

计算思维渗透到生物学中的应用研究，如从各种生物的 DNA 数据中挖掘 DNA 序列自身规律和 DNA 序列进化规律，可以帮助人们从分子层面上认识生命的本质及其进化规律。其中，DNA 序列实际上是一种用四种字母表达的“语言”。

2. 计算思维在脑科学中的应用

脑科学是研究人脑结构与功能的综合性学科，它以揭示人脑高级意识功能为宗旨，与心理学、人工智能、认知科学和创造学等有着交叉渗透，是计算思维的重要体现。

生理学家认为：大脑左右半球完全可以以不同的方式进行思维活动，左脑侧重于抽象思维，具有计算、理解、分析、判断等功能；右脑侧重于形象思维，具有想象、创新、直觉等功能。左、右脑的功能分布如图 3-1 所示。

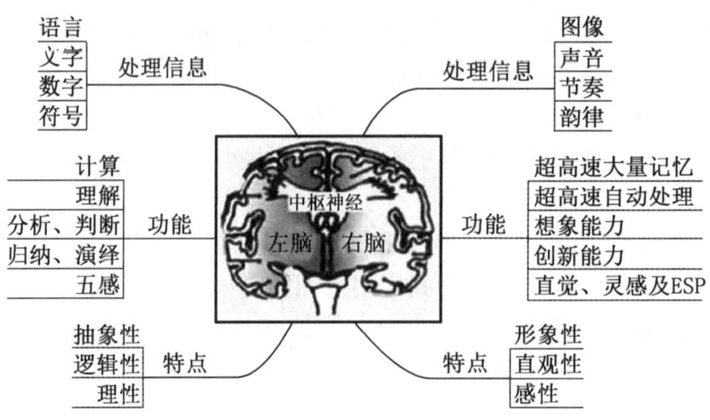

图 3-1　左、右脑功能分布

3. 计算思维在化学中的应用

计算思维在化学中的应用包括化学中的数值计算、数据处理、图形显示、化学中的模式识别、化学数据库及检索、化学专家系统等。

微课 3

计算思维的应用领域

化学中，计算思维已经深入其研究的方方面面，绘制化学结构及反应式，分析相应的属性数据、系统命名及光谱数据等，无不需要计算思维支撑。

4. 计算思维在经济学中的应用

计算博弈论正在改变人们的思维方式。囚徒困境（图 3-2）是博弈论专家设计的典型博弈论示例，囚徒困境博弈模型可以用来描述企业间的价格战等诸多经济现象。

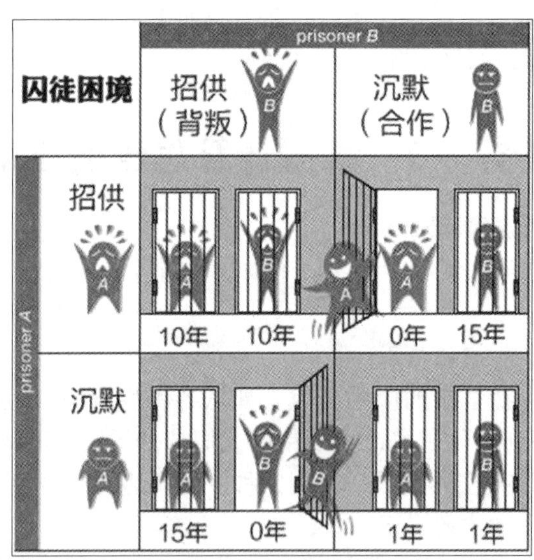

图 3-2　囚徒困境

博弈论的思维在企业之间一直存在，囚徒困境式的博弈在售卖类似功能产品的企业中更是常见，企业是联合起来形成市场的垄断，还是采取私下降价处理以追逐自身销售量及利益；企业间的较量，如各自选择的决策是合作还是背叛，对企业双方的收益都会带来很大的影响，如图 3-3 所示。

企业 A 的对策

企业 B 的对策	囚徒困境	合作（高价）	背叛（低价）
	合作（高价）	高收益	傻瓜收益
	背叛（低价）	诱惑收益	低收益

图 3-3　囚徒困境之企业间的较量

博弈论是研究具有斗争或竞争性质现象的数学理论和方法。博弈论考虑游戏中的个体的预测行为和实际行为，并研究它们的优化策略；博弈论是双方在平等的对局中各自利用对方的策略变换自己的对抗策略，达到取胜的目的。博弈论思想古已有之，中国古代的《孙子兵法》等著作不仅是一部军事著作，也是一部博弈论著作。

5. 计算思维在艺术中的应用

计算机艺术是科学与艺术相结合的一门新兴的交叉学科，它包括绘画、音乐、舞蹈、影视、广告、书法模拟、服装设计、图案设计以及电子出版物等众多领域，在这些领域中均蕴含着计算思维，如图 3-4 所示。

图 3-4　计算思维在艺术中的应用

6. 计算思维在工程学中的应用

计算思维在工程学（电子、土木、机械、航空航天等）中的应用，如计算高阶项可以提高精度，进而降低重量、减少浪费并节省制造成本。

7. 计算思维在社会学中的应用

计算思维在社会科学中的应用，如社交网络 MySpace 和 YouTube 的发展壮大；统计机器学习被应用于推荐和声誉服务系统，如 Netflix 和联名信用卡等。

3.3.2　计算思维的应用案例

1. 汉诺塔问题

汉诺塔（图 3-5）问题源自印度一个古老的传说：在圣庙里，有一块黄铜板上插着三根宝石针 A、B 和 C，印度教的主神之一梵天在创造世界时，在其中一根针上从下到上穿好了由大到小的 64 片金片，不论白天黑夜，总有一个僧侣在按规定的法则移动这些金片，即一次只移动一片，不管在哪根针上，小片必须在大片上面。僧侣们预言，当所有金片移到另外一根针上时，世界将会灭亡。

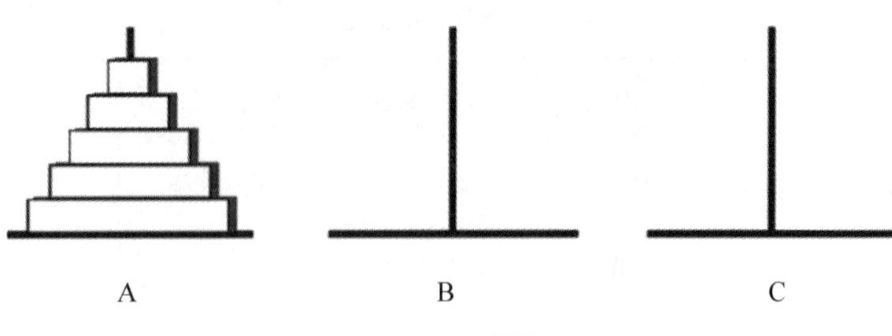

图 3-5　汉诺塔

不管这个传说的可信度有多大，如果仅考虑把 64 片金片，由一根针上移到另一根针上，并且始终保持上小下大的顺序。这需要多少次移动呢？这里使用计算思维的递归算法推演一下。

假设金片有 n 片，移动次数是 $f(n)$，显然 $f(1)=1$，$f(2)=3$，$f(3)=7$，按此规律推导可得：$f(n+1)=2\times f(n)+1$，不难证明 $f(n)=2^n-1$。

当 n=64 时，$f(64)=2^{64}-1$=18 446 744 073 709 551 615 次，一年有 31 536 000 s，如果每秒钟移动一次，则 18 446 744 073 709 551 615/31 536 000 ≈ 5 849 亿年。

这个计算结果告诉我们：完成全部 64 片金片的移动需要很长时间，世界不会轻易灭亡的。

2. 旅行商问题

旅行商问题（travelling salesman problem，TSP）的描述：一位商人去 n 个城市推销货物，所有城市走完一遍后，再回到起点。如何事先确定好一条最短的路线，使其旅行的费用最少？

旅行商旅行的费用最少，也就是要找到最短的路线，假设旅行商经过 A、B、C、D 这 4 个城市，城市间的距离如图 3-6 所示。

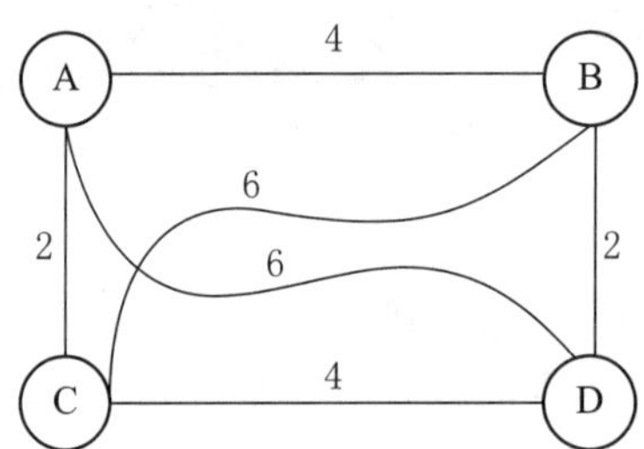

图 3-6　旅行商经过的 A、B、C、D 4 个城市及城市间的距离

路径 ABCDA 的总距离是：4+2+4+2=12，路径 ABDCA 的总距离是：4+6+4+6=20，

路径 ACBDA 的总距离是：6+2+6+2=16，路径 ACDBA 的总距离是；6+4+6+4=20，

路径 ADCBA 的总距离是：2+4+2+4=12，路径 ADBCA 的总距离是：2+6+2+6=16。

城市数目为 4 时，组合路径数为 6；城市数目为 n 时，组合路径数为 $(n-1)!$ 。

当城市数目不多时要找到最短距离的路线并不难，但随着城市数目的不断增大，组合路线数将急剧增长，以至到达无法计算的地步，这就是所谓的组合爆炸问题。

假如城市的数目增至 20 个，组合路径数则为：$(20-1)!=19\times 18\times 17\times\cdots\times 1\approx 1.216\times 10^{17}$，若计算机以每秒检索 1 000 万条路线的速度计算，也需要花上大约 386 年的时间。

项目实施

本项目采用计算思维之分解的方法按照一定规则解决数组排序的问题。规则为：对决赛成绩初始数据表，从第一个元素开始扫描整个列表中的元素，找到最小的元素，并将其与第一个位置的元素交换；然后从第二个位置的元素开始扫描剩下的列表中的元素，找到次小的元素，并将其与第二个位置的元素交换。如此循环，直到所有的元素都被排好序为止。

1. 分析问题

这是一个数组由小到大排序的问题，采用计算思维之分解的方法来解决 2022 年北京冬奥会自由式滑雪女子大跳台决赛成绩的排序问题。

初始数据：188.25，178.00，147.50，136.50，158.75，187.50，153.25，100.50，122.50，182.50，125.70，169.00。

2. 问题分解

选择排序算法：对给定的初始数据表，算法从第一个元素开始扫描整个列表，找到最小的元素，并将其与第一个位置的元素交换。采用计算思维之分解思维将数组排序问题分解为八轮，排序过程（小→大）见表 3-2。

表 3-2　2022 年北京冬奥会自由式滑雪女子大跳台决赛成绩排序过程（小→大）

初始顺序	188.25	178.00	147.50	136.50	158.75	187.50	153.25	100.50	122.50	182.50	125.70	169.00
第一轮排序后	100.50	178.00	147.50	136.50	158.75	187.50	153.25	188.25	122.50	182.50	125.70	169.00
第二轮排序后	100.50	122.50	147.50	136.50	158.75	187.50	153.25	188.25	178.00	182.50	125.70	169.00
第三轮排序后	100.50	122.50	125.70	136.50	158.75	187.50	153.25	188.25	178.00	182.50	147.50	169.00
第四轮排序后	100.50	122.50	125.70	136.50	158.75	187.50	153.25	188.25	178.00	182.50	147.50	169.00
第五轮排序后	100.50	122.50	125.70	136.50	147.50	187.50	153.25	188.25	178.00	182.50	158.75	169.00
第六轮排序后	100.50	122.50	125.70	136.50	147.50	153.25	187.50	188.25	178.00	182.50	158.75	169.00
第七轮排序后	100.50	122.50	125.70	136.50	147.50	153.25	158.75	188.25	178.00	182.50	187.50	169.00
第八轮排序后	100.50	122.50	125.70	136.50	147.50	153.25	158.75	169.00	178.00	182.50	187.50	188.25

若排序规则为：对给定的数据表，从第一个元素开始扫描整个列表中的元素，找到最大的元素，并将其与第一个位置的元素交换，然后从第二个位置的元素开始扫描剩下的列表中的元素，找到次大的元素，并将其与第二个位置的元素交换。如此循环，直到所有的元素都被排好序为止。请按此排序规则（大→小）完成表 3-3 的填写。

表 3-3　2022 年北京冬奥会自由式滑雪女子大跳台决赛成绩排序过程（大→小）

初始顺序	188.25	178.00	147.50	136.50	158.75	187.50	153.25	100.50	122.50	182.50	125.70	169.00
第一轮排序后												
第二轮排序后												
…	…	…	…	…	…	…	…	…	…	…	…	…
第　轮排序后												

模块小结

本模块通过项目 1 介绍了信息社会和信息素养的相关知识，让读者能深刻认识到信息素养在当前信息社会中对自己职业发展中的重要意义；通过项目 2 介绍了计算机的发展史、计算机的信息存与表示（数值与非数值信息）以及计算机系统（重点介绍了微机系统），为读者熟悉计算机、选购计算机提供了参考；通过项目 3 介绍了计算思维的概念、计算思维的基本思想和方法、计算思维的应用，为读者在日常学习、生活、工作中应用计算思维解决实际问题提供了基本思路和方法。

理论测试

一、单项选择题

1. 计算机最早的应用领域是（　　）。

A. 人工智能　　B. 过程控制　　C. 信息处理　　D. 数值计算

2. 按采用的电子元件不同，计算机第一代至第四代计算机依次是（　　）。

A. 机械计算机，电子管计算机，晶体管计算机，集成电路计算机

B. 晶体管计算机，集成电路计算机，大规模集成电路计算机，光器件计算机

C. 电子管计算机，晶体管计算机，小、中规模集成电路计算机，大规模和超大规模集成电路计算机

D. 手摇机械计算机，电动机械计算机，电子管计算机，晶体管计算机

3. 在计算机系统中，CAD 表示（　　）。

A. 计算机辅助教学　　B. 计算机辅助设计

C. 计算机辅助测试　　D. 计算机辅助制造

4. 从计算机应用的角度进行分类，办公自动化属于（　　）。

A. 科学计算　　B. 实时控制　　C. 数据处理　　D. 辅助设计

5. 最能准确反映计算机主要功能的是（　　）。

A. 计算机是一种信息处理机　　B. 计算机可以储存大量信息

C. 计算机可以代替人的脑力劳动　　D. 计算机可以实现高速度的运算

6. 世界上的第一台电子计算机是（　　）。

A. ENIAC　　B. EDSAC　　C. EDVAC　　D. UNIVAC

7. 十进制数 261 转换为等价的二进制数的结果为（　　）。

A. 111111111　　B. 100000001　　C. 100000101　　D. 110000011

8. 计算机技术中，英文缩写 CPU 的中文译名是（　　）。

A. 控制器　　B. 运算器　　C. 中央处理器　　D. 寄存器

9. 当电源关闭后，下列关于存储器的说法中，正确的是（　　）。

A. 存储在 RAM 中的数据不会丢失　　B. 存储在 ROM 中的数据不会丢失

C. 存储在 U 盘中的数据会全部丢失　　D. 存储在硬盘中的数据会丢失

10. 下列 4 个字符中，ASCII 码值最小的是（　　）。

A. B　　B. b　　C. N　　D. g

11. 存储一个 24×24 点阵的汉字需要（　　）Byte 的存储空间。

A. 32　　B. 48　　C. 72　　D. 128

12. 计算机系统中使用的 GB2312-80 编码是一种（　　）。

A. 英文的编码　　B. 汉字的编码

C. 通用字符的编码　　D. 信息交换标准代码

13. 下列叙述中，正确的是（　　）。

A. 字长为 16 位表示这台计算机最大能计算一个 16 位的十进制数

B. 字长为 16 位表示这台计算机的 CPU 一次能处理 16 位二进制数

C. 运算器只能进行算术运算

D. SRAM 的集成度高于 DRAM

14. 在计算机内部，一切信息的存取、处理和传送都是以（　　）形式进行的。

A. BCD 码　　B. ASCII 码　　C. 十进制　　D. 二进制

15. 把用高级程序设计语言编写的程序转换成等价的可执行程序，必须经过（　　）。

A. 汇编和解释　　B. 编辑和链接　　C. 编译和链接　　D. 解释和编译

二、填空题

1. 一个 8 位二进制数的最大值等价于十进制数的________。

2. 二进制数 1011.01 转换为十进制数是________。

3. 十进制数 20.5 转换为二进制数是________。

4. 十进制数 265 转换为十六进制数是________H。

5. 计算机硬件系统由________、________、________、________和________五大部件组成。

6. 在执行程序和处理数据时，必须将程序和数据从________装入主存储器中。

7. ________是计算机机器语言的一个语句，是程序设计的最小语言单位。

8. 一个完整的计算机系统是由计算机________系统和计算机________系统两部分组成。

9. 中央处理器又称中央处理单元，它主要由________和________组成，是一台计算机的运算核心和控制核心。

10. 在计算机主板上，集成了计算机常见的三种总线，分别是________、________和________。

三、判断题

1. 运算器的完整功能是进行算术运算和逻辑运算。 (　　)

2. 在外部设备中，扫描仪属于输出设备。 (　　)

3. 在计算机中，组成一个字节的二进制位，其位数是 8。 (　　)

4. 信息技术与信息社会相辅相成。 (　　)

5. 计算思维解决问题的方法主要包括流程建设、抽象化、分解、并行、递归、缓存、信息处理等。 (　　)

自主创新综合实践项目

数字之谜。

“老师，昨天我们去逛集，看到一老人摆地摊猜别人心中所想的数字，他若猜对了我们给他 10 块钱；他若猜错了，他给我们 100 块钱，我们几个都输了钱。你能帮我们解开其中之谜吗？”小明不解的问老师。原来，那老人面前的地摊上摆着如下 6 张表，每张表上都写着 32 个数字，只要小明说出哪几张表中有心中所想的数字，老人就能说出这个数字。小明心中所想的数字在表 2、表 3、表 5 中都有，怎样才能猜出小明心中想的那个数字呢？

表 1

1	3	5	6	9	11	13	15
17	19	21	23	25	27	29	31
33	35	37	39	41	43	45	47
49	51	53	55	57	59	61	63

表 2

2	3	6	7	10	11	14	15
18	19	22	23	26	27	30	31
34	35	38	39	42	43	46	47
50	51	54	55	58	59	62	63

表 3

4	5	6	7	12	13	14	15
20	21	22	23	28	29	30	31
36	37	38	39	44	45	46	47
52	53	54	55	60	61	62	63

表 4

8	9	10	11	12	13	14	15
24	25	26	27	28	29	30	31
40	41	42	43	44	45	46	47
56	57	58	59	60	61	62	63

表 5

16	17	18	19	20	21	22	23
24	25	26	27	28	29	30	31
48	49	50	51	52	53	54	55
56	57	58	59	60	61	62	63

表 6

32	33	34	35	36	37	38	39
40	41	42	43	44	45	46	47
48	49	50	51	52	53	54	55
56	57	58	59	60	61	62	63

模块二

操作系统基础及应用

模块概要

操作系统是计算机软件进行工作的平台。本模块通过学习操作系统的基础知识、基于 Windows 10 操作系统的个性化设置和操作系统下文件管理，掌握操作系统的基础知识和操作技能。

学习目标

知识目标	职业技能目标	思政素养目标
1. 了解操作系统的基本概念及功能； 2. 了解操作系统的管理功能； 3. 了解操作系统的分类； 4. 了解操作系统的发展； 5. 熟悉操作系统的个性化设置； 6. 熟悉文件或文件夹的基本属性	1. 能够描述操作系统的概念； 2. 能够掌握操作系统的管理功能； 3. 能够区分常用的操作系统； 4. 能够对 Windows 10 操作系统进行个性化设置； 5. 能够独立完成文件、文件夹的属性设置	1. 深入了解国产操作系统的发展； 2. 增强操作系统安全意识； 3. 增强国产操作系统的应用意识； 4. 培养思考探究的学习精神； 5. 提高文化自信

项目 4　操作系统认知

项目概况

操作系统随着计算机技术及其应用的发展不断完善，在计算机系统中的地位不断提高，至今，它已成为计算机系统中的核心。

小刘是我校大一新生，为了方便后期专业课程的学习，在掌握了计算机组装相关知识之后，选购了一台适合自己专业的笔记本。购买的笔记本已安装 Windows 10 操作系统，他想通过操作系统学习，掌握操作系统的特点、功能及应用，从而提高学习、办公的效率。

项目分析

熟练使用操作系统，需要了解操作系统的基本概念，掌握操作系统的功能，以及分类特点，还要结合自己的学习环境需求，选择对应的操作系统。

微课 4

操作系统认知

项目必知

任务 4.1　了解操作系统基本概念

操作系统（operating system，简称 OS）是管理和控制计算机软硬件资源的计算机程序，是用户和计算机的接口，它为用户提供良好的人机交互平台和界面。操作系统是直接运行在“裸机”上最基本的系统软件，任何其他软件都必须在操作系统的支持下才能运行。

任务 4.2　了解操作系统基本功能

操作系统的功能主要有管理计算机系统的硬件、软件及数据资源，控制程序运行，改善人机界面，为其他应用软件提供支持，让计算机系统所有资源最大限度地发挥作用，同时提供各种形式的用户界面，使用户有一个良好的工作环境，为其他软件的开发提供必要的服务和相应的接口。操作系统基本功能包括处理机管理、存储管理、文件管理、设备管理和作业管理等。

1. 处理机管理

通过操作系统处理机管理模块来确定处理机的分配策略，实施进程或线程的调度和管理。进程与处理机管理包括调度（作业调度、进程调度）、进程控制、进程同步和进程通信等内容。

2. 存储管理

存储管理的实质是对存储“空间”的管理，主要指对内存的管理。操作系统的存储管理负责将内存单元分配给需要内存的程序以便让它执行，在程序执行结束后再将程序占用的内存单元收回以便再次使用。

3. 设备管理

设备管理指对硬件设备的管理，包括对各种输入和输出设备的资源分配、驱动、控制、资源回收等。

4. 文件管理

文件管理又称信息管理，指利用操作系统的文件管理子系统，为用户提供一个方便、快捷、可以共享、同时又提供保护的文件使用环境，包括文件存储空间管理、文件操作、目录管理、读写管理及存取控制。

5. 作业管理

用户需要计算机完成某项任务时要求计算机所做工作的集合称为作业。作业管理的主要功能是把用户的作业装入内存并投入运行。一旦作业进入内存，就称为进程。

任务 4.3　了解操作系统分类

4.3.1　计算机的操作系统

计算机的操作系统可以从以下 2 个角度分类。

1. 从用户角度分类

操作系统可分为 3 种：单用户单任务操作系统（如 DOS），单用户多任务操作系统（如 Windows 9x），多用户多任务操作系统（如 Windows 8，Windows 10）。

2. 从系统操作方式的角度分类

操作系统可分为 6 种：批处理操作系统、分时操作系统、实时操作系统、PC 操作系统、网络操作系统和分布式操作系统。

目前计算机常见的操作系统有 DOS、Windows、UNIX、Linux 等。

DOS 是个人计算机上的一类磁盘操作系统。通过命令的形式把指令传给计算机，让计算机实现操作的。

Windows 操作系统是微软公司推出的操作系统。Windows 系列先后推出了 Windows XP、Windows Vista、Windows 7、Windows 10、Windows 11 等多个升级版本。

UNIX 操作系统相对于 Windows 操作系统具有更好的稳定性和可靠性，用来提供各种 Internet 服务。

Linux 操作系统，Linux 是一套免费使用和自由传播的类 UNIX 操作系统，也是一个基于 POSIX（portable operating system interface，可移植操作系统接口）和 UNIX 的多用户、多任务、支持多线程和多 CPU 的操作系统。

4.3.2　智能手机的操作系统

智能手机的操作系统是一种运算能力和功能都非常强大的系统，具有便捷安装或删除第三方应用程序、用户界面良好、应用扩展性强等特点。目前使用最多的手机操作系统有安卓操作系统（Android OS）、iOS 等。

安卓是Google公司以Linux为基础开发的开放源代码操作程序，包括操作系统、用户界面和应用程序，是一种融入了全部Web应用的单一平台。

iOS全称为iPhone OS，其核心源自Apple Darwin，主要应用于iPad、iPhone、iPod等苹果公司的硬件产品上。

项目5　操作系统基本管理

项目概况

一次上计算机课时小刘的好朋友小张，他的笔记本系统出现故障无法正常使用。这时小刘就想到帮小张更换操作系统。小刘通过对操作系统知识的学习，结合该笔记本硬件配置以及小张的学习环境需求，为小张推荐了一个适合其学习使用的操作系统，并为小张完成系统的基本设置及优化，同时进行了系统个性化的设置，让系统操作界面简洁大方。

项目分析

为了能够熟练地使用Windows 10，首先要掌握操作系统的基础知识，然后根据自己的使用习惯和工作需要设置好使用环境，包括桌面图标、开始菜单和“任务栏”、屏幕分辨率等设置。对很多用户来说，Windows 10默认配置的桌面环境用起来不太方便，因此需要对桌面的环境进行设置，为自己订做个性化Windows 10界面。

项目必知

任务5　掌握Windows 10基本操作

微课5-1

Windows 10基本操作

5.1　Windows 10启动与退出

1. 启动Windows 10

按下计算机主机箱和显示器的电源开关，Windows 10将载入内存，接着开始对计算机的主板和内存等进行检测，系统启动完成后将进入Windows 10欢迎界面。

2. 认识Windows 10桌面

Windows 10的桌面如图5-1所示。

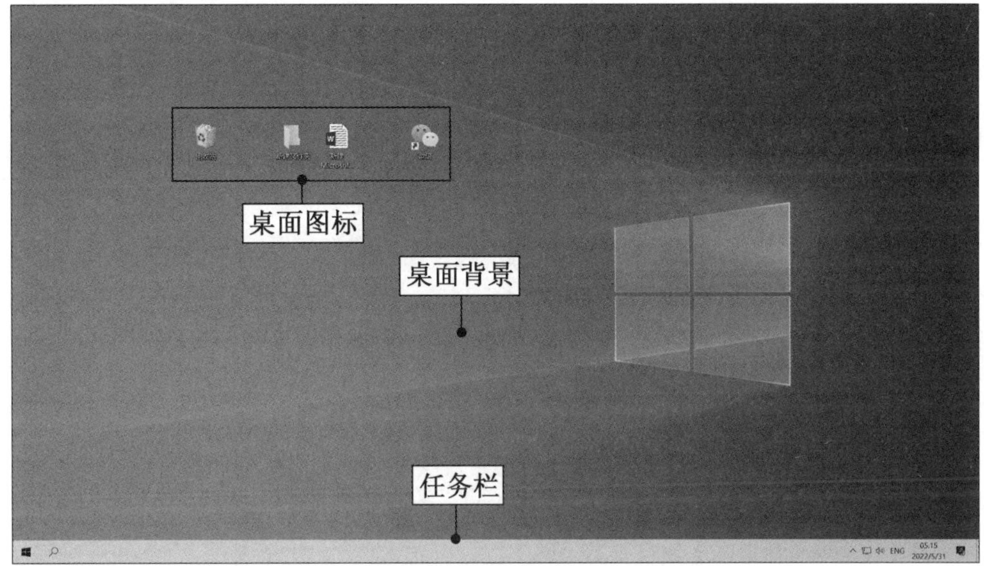

图 5-1　Windows 10 桌面

（1）桌面图标

桌面图标是用户打开程序的快捷途径，双击桌面图标，可以打开相应的操作窗口或应用程序。桌面图标包括系统图标、快捷方式图标和文件 / 文件夹图标 3 种。默认情况下，桌面只有“回收站”一个系统图标。安装新软件后，桌面上一般会增加相应软件的快捷方式图标。将文件 / 文件夹存储至桌面即可生成相应的文件 / 文件夹图标。

（2）桌面背景

桌面背景是指应用于桌面的图片或颜色。根据个人的喜好可以将喜欢的图片或颜色设置为桌面背景，以丰富桌面内容、美化工作环境。

（3）任务栏

默认情况下，任务栏位于桌面的最下方，主要由“开始”按钮、任务区、“显示桌面”按钮和通知区 4 部分组成。

3. 退出 Windows 10

计算机操作结束后，需保存文件或数据，关闭所有打开的应用程序。单击“开始”按钮，在打开的“开始”菜单中单击“电源”按钮，然后在打开的列表中选择“关机”选项。

5.2　Windows 10 基本设置

1. 设置桌面图标

微课 5-2

Windows 10 基本设置

（1）右击桌面空白处，在弹出的快捷菜单中选择“个性化”命令，打开“个性化”设置窗口，单击左侧窗格中的“主题”链接，然后在右侧窗格的“相关的设置”一栏中选择“桌面图标设置”，弹出“桌面图标设置”对话框。

（2）在“桌面图标”选项卡中勾选需要在桌面显示的系统图标，然后单击“确定”按钮，如图 5-2 所示。

图 5-2　设置桌面图标

2. 创建桌面快捷方式

（1）右击桌面空白处，在弹出的快捷菜单中选择“新建→快捷方式”命令，弹出“创建快捷方式”向导窗口，如图 5-3 所示。

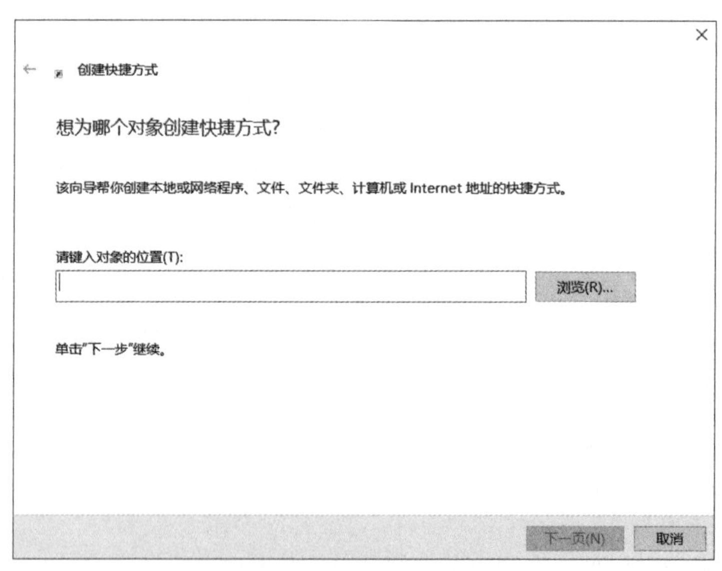

图 5-3　“创建快捷方式”向导窗口

（2）单击“浏览”按钮，找到要创建快捷方式的对象的位置，根据向导提示即可完成桌面快捷方式的创建。

3. 设置桌面背景

（1）右击桌面空白处，在弹出的快捷菜单中选择“个性化”命令，打开“个性化”

设置窗口，如图 5-4 所示。

（2）单击左侧窗格中的“背景”链接，然后单击右侧窗格中的“背景”下拉列表框，在弹出的下拉列表中选择背景样式，包括图片、纯色、幻灯片放映三种可供选择的样式，如图 5-4 所示。

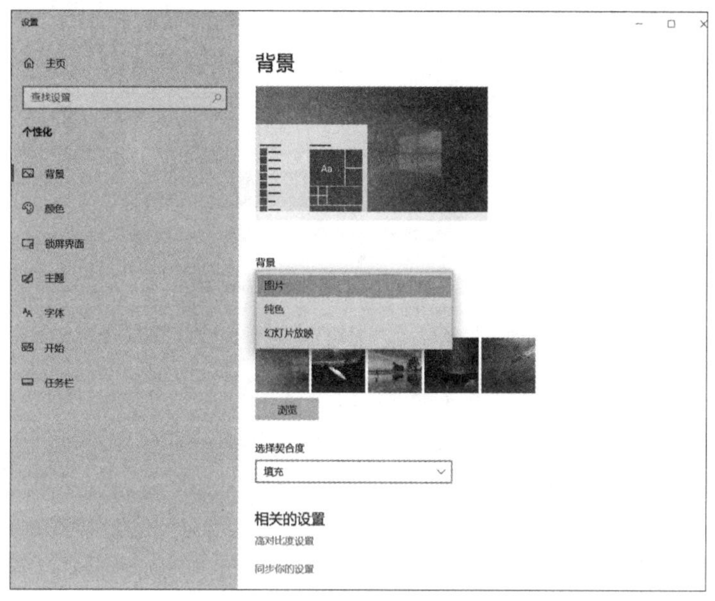

图 5-4　设置桌面背景

（3）根据选择的背景样式，在“背景”下拉列表框下方的选项中进行相应设置。

4. 设置主题风格

（1）右击桌面空白处，在弹出的快捷菜单中选择“个性化”命令，打开“个性化”设置窗口。

（2）单击左侧窗格中的“主题”链接，在右侧窗格中选择要应用的主题，并可根据个人风格设置主题的背景、颜色、声音、鼠标光标等，如图 5-5 所示。

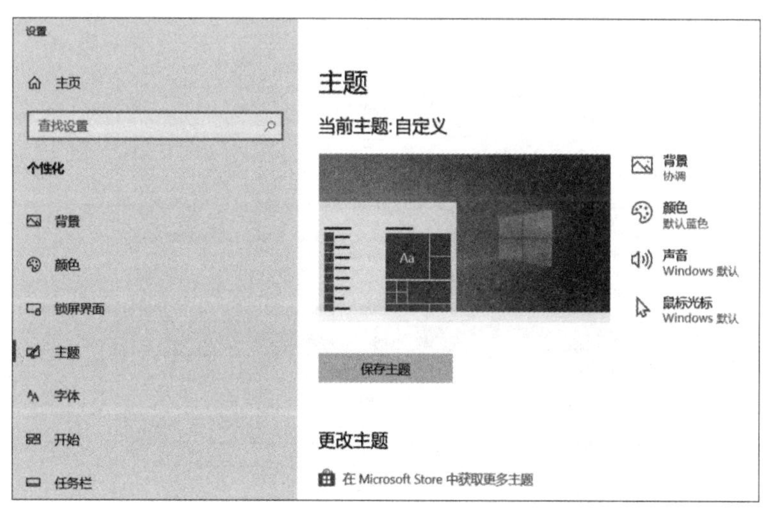

图 5-5　设置主题风格

5. 设置屏幕保护程序

（1）右击桌面空白处，在弹出的快捷菜单中选择“个性化”命令，打开“个性化”设置窗口。

（2）单击左侧窗格中的“锁屏界面”链接，在右侧窗格中拖动滚动条至最下方，单击“屏幕保护程序设置”，弹出“屏幕保护程序设置”对话框，在该对话框中进行屏幕保护程序相关项的设置，如图 5-6 所示。

图 5-6　设置屏幕保护程序

6. 设置显示效果

（1）右击桌面空白处，在弹出的快捷菜单中选择“显示设置”命令，打开“显示设置”窗口。

（2）在“显示设置”窗口右侧窗格中，可根据需要分别设置夜间模式、文本及应用项目的显示比例、显示器分辨率等显示效果相关选项，如图 5-7 所示。

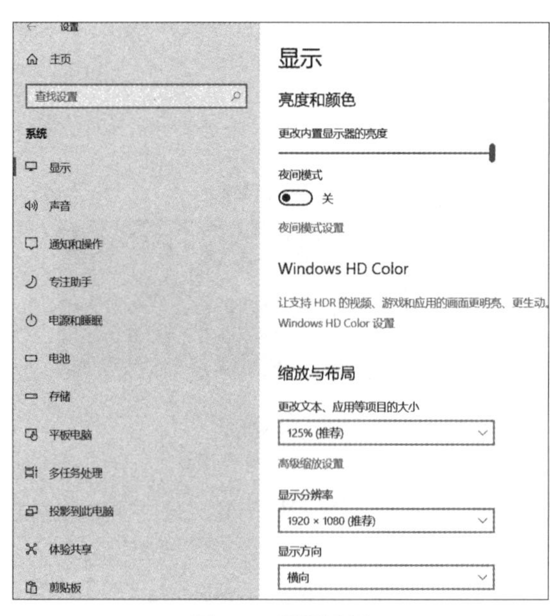

图 5-7　设置显示

7. 设置任务栏

（1）右击任务栏，在弹出的菜单中选择“任务栏设置”命令，打开“任务栏设置”窗口。

（2）在右侧窗格中根据个人使用习惯更改相关设置，如图 5-8 所示。

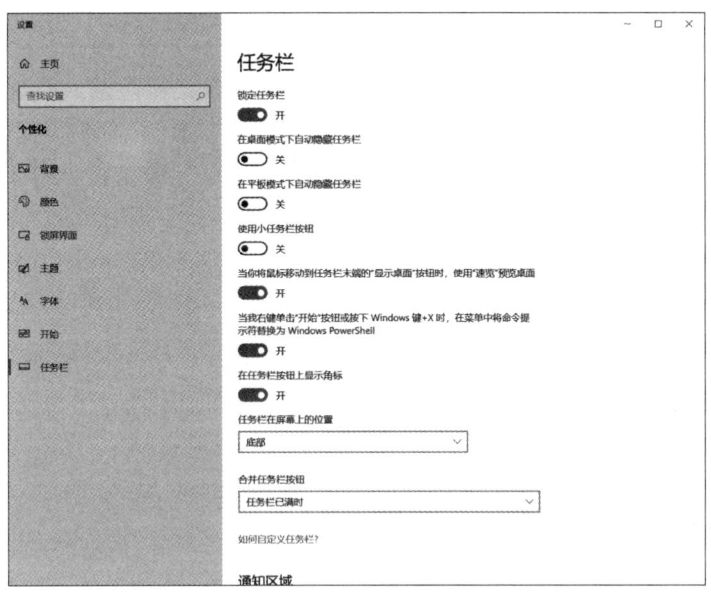

图 5-8　设置任务栏

5.3　Windows 10 本地用户账户设置

创建本地用户账户的方法是：选择“开始”→“设置”→“账户”，打开“账户”设置窗口，选择“家庭和其他用户”→“将其他人添加到这台电脑”，打开“Microsoft 账户”设置向导窗口；选择“我没有此人的登录信息”，进入“创建账户”界面，选择“添加一个没有 Microsoft 账户的用户”，进入“为这台电脑创建一个账户”界面；输入用户名、密码、安全问题等，然后单击“下一步”，完成本地用户账户的创建，如图 5-9 所示。

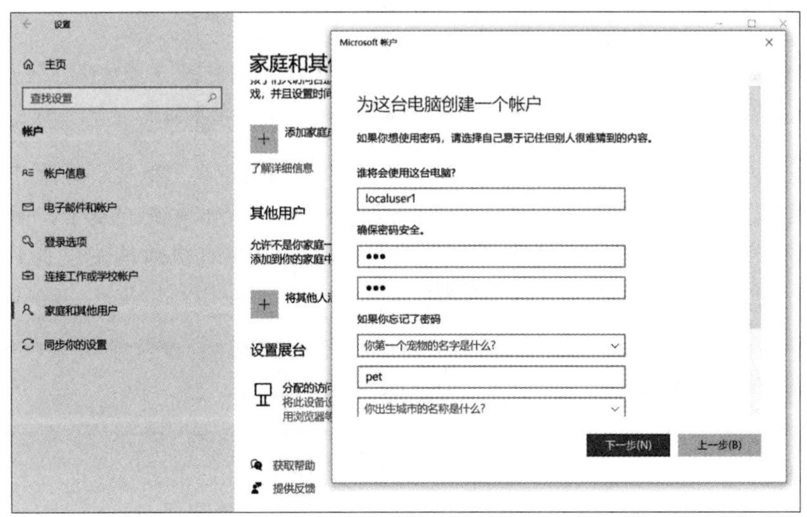

图 5-9　创建本地用户账户

更改本地用户账户类型的方法：在“家庭和其他用户”下，选择账户所有者名称，然后选择“更改账户类型”打开“更改账户”类型窗口，在“账户类型”下拉列表中选择“管理员”或“标准用户”，单击“确定”按钮。

项目实施

小刘为小张的笔记本安装好了 Windows 10 操作系统，初次进入系统后需要完成系统的基本设置及优化，包括：查看本机操作系统的基本信息、添加需要的桌面图标、设置“Windows”经典主题、在桌面创建访问“百度”官网快捷方式，创建一个新用户账户等。

1. 查看本机操作系统的基本信息

（1）按下开机按钮启动笔记本，通过硬件自检并加载系统引导程序后，进入 Windows 10 操作系统的桌面。

（2）右击“此电脑”，在右键快捷菜单中单击“属性”，打开“系统”设置窗口，在系统“关于”界面中可查看当前 Windows 10 操作系统的基本信息，包括版本、版本号、安装日期等，如图 5-10 所示。

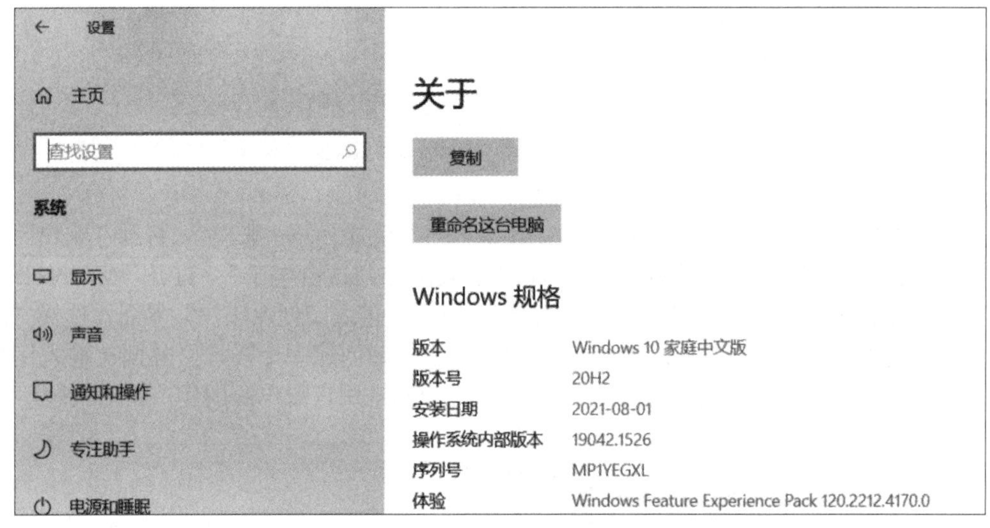

图 5-10 查看当前 Windows 10 操作系统的基本信息

（3）单击任务栏左侧应用程序搜索框，如图 5-11 所示，输入“截图工具”进行搜索，搜索结果如图 5-12 所示，使用搜索到的截图工具对系统“关于”界面的系统基本信息进行截图并保存，通过查阅相关学习资料，描述本机所使用的操作系统属于 Windows 10 的哪一个版本以及该版本的特点。

图 5-11 应用程序搜索框

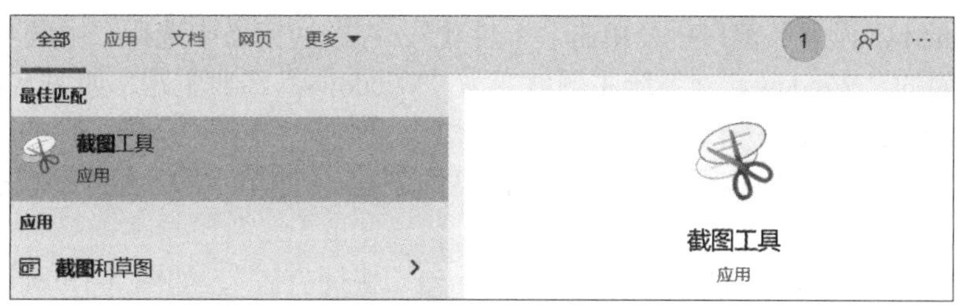

图 5-12 “截图工具”搜索结果

2. 添加需要的桌面图标

初次进入系统未进行配置，桌面上只有一个“回收站”图标，根据需要将其他图标添加到桌面，具体操作为：单击“开始”按钮，然后依次选择“设置”→“个性化”→“主题”，在“相关设置”一栏下，选择“桌面图标设置”打开“桌面图标设置”窗口。根据需要钩选“桌面图标”选项组中的复选框，然后依次单击“应用”→“确定”。

3. 设置“Windows”经典主题

将主题设置为“Windows”经典主题。单击“开始”→“设置”，弹出“Windows 设置”窗口，如图 5-13 所示。

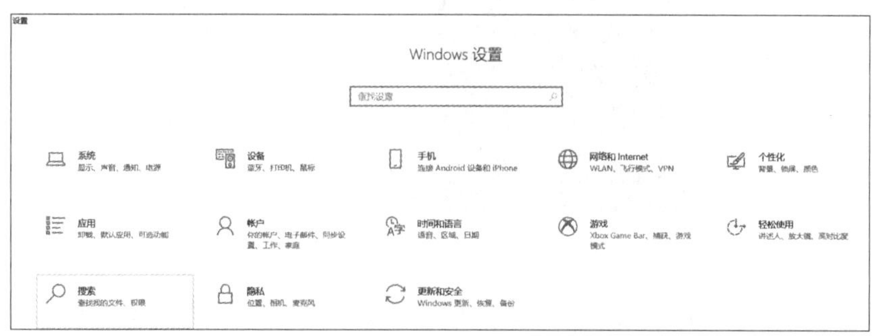

图 5-13 “Windows 设置”窗口

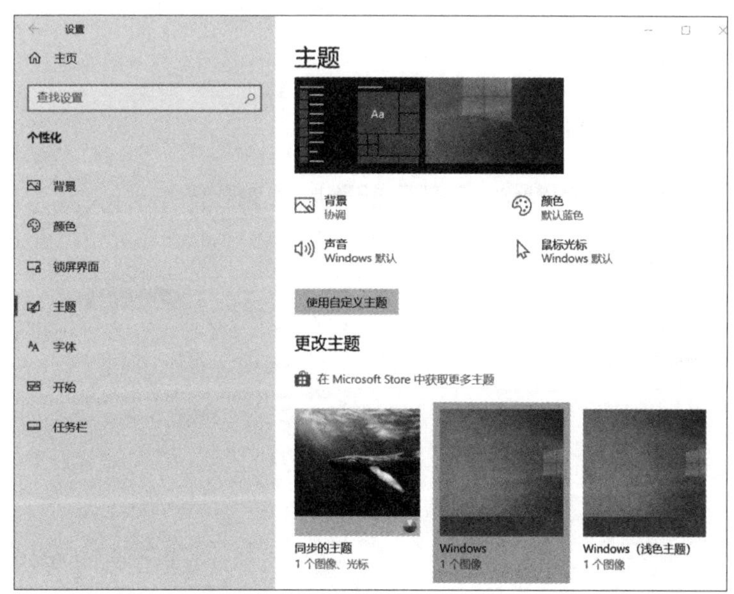

图 5-14 设置“Windows”经典主题

在"Windows 设置"窗口中，单击"个性化"，在左边窗格中选择"主题"，单击"更改主题"下面的"Windows"，系统主题就变为"Windows"经典主题，如图 5-14 所示。

4. 在桌面创建访问"百度"官网快捷方式

学习过程中为了方便查阅资料，需要在桌面创建一个访问百度官网的快捷方式，操作如下。

（1）右键单击桌面空白处，单击"新建"→"快捷方式"，如图 5-15 所示。

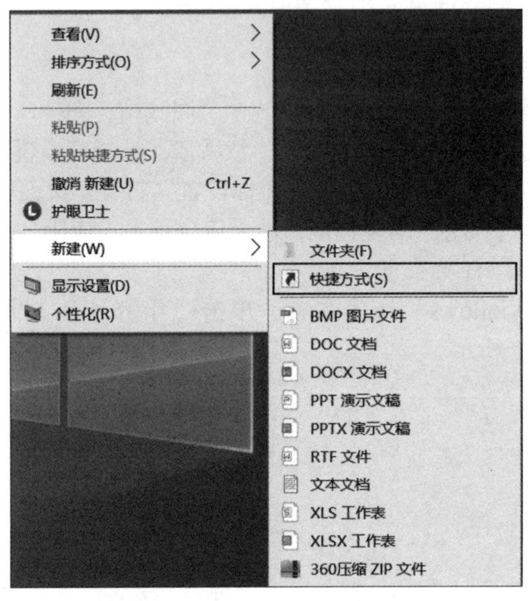

图 5-15　"新建"→"快捷方式"

（2）弹出"创建快捷方式"对话窗，在"请键入对象的位置"文本框中输入 https://www.baidu/，单击"下一步"，如图 5-16 所示。

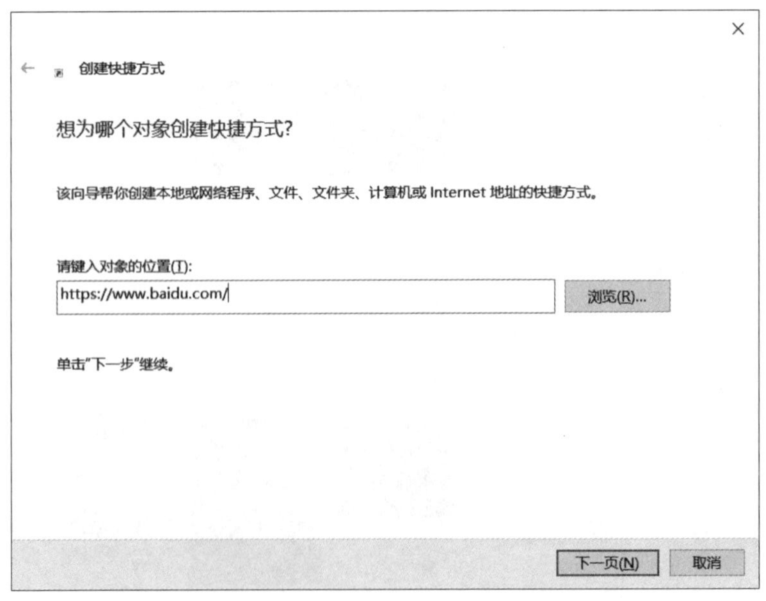

图 5-16　输入百度网址

（3）在“键入该快捷方式的名称”文本框中输入“快速搜索”。

（4）单击“完成”，此时桌面上会出现创建完成的快捷方式图标，如图 5-17 所示。

图 5-17　创建完成的快捷方式图标

5. 创建一个新用户账户

完成基本设置之后，创建一个新用户账户。单击“开始”→“Windows 系统”→“控制面板”→“用户账户”，如图 5-18 所示，依次单击“用户账户”→“管理其他账户”→“在电脑设置中添加新用户”，在打开的“账户”设置窗口中创建一个新用户账户。

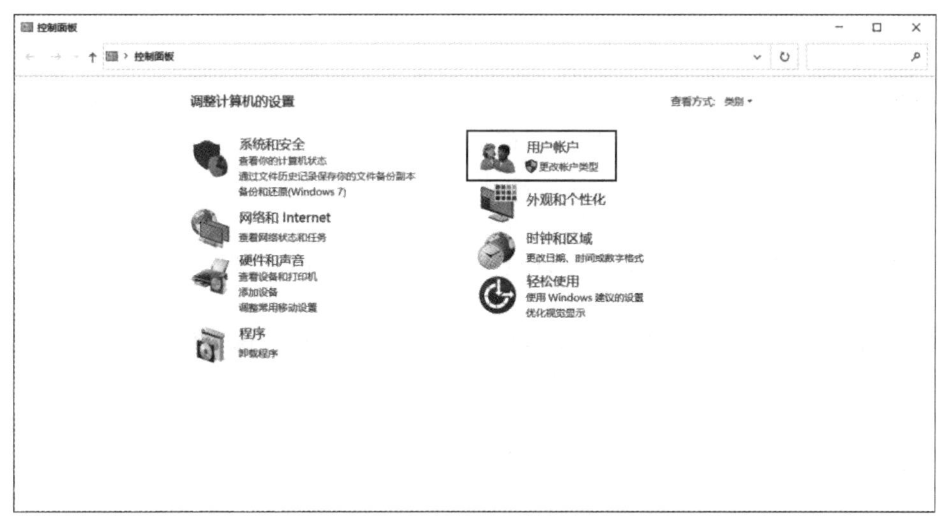

图 5-18　“控制面板”中的“用户账户”选项

 项目评价

项目名称	操作系统基本管理		
职业技能	掌握 Windows 10 操作系统的个性化设置		
序号	评分点	评分标准	分数
1	操作系统信息	能查看本机的操作系统基本信息（10 分）	
2	截图工具使用	能使用截图工作对所使用的操作系统版本信息进行截图（10 分）	

续 表

序号	评分点	评分标准	分数
3	操作系统版本特点	能查阅资料描述本机所使用的操作系统版本及其特点（10 分）	
4	设置主题	能将本机 Windows 10 主题设置为经典模式（10 分）	
5	设置桌面图标	能钩选设置常用的桌面图标（10 分）	
6	创建快捷方式	能在桌面创建“百度”的快捷方式（10 分）	
7	创建用户账户	能创建用户小刘的账户（10 分）	
8	更改账户类型	会根据需要更改账户的类型（10 分）	
9	学习态度	学习态度端正，主动解决问题，积极帮助别人（10 分）	
10	创新能力	具备创新意识，勇于探索，主动寻求创新方法和创新表达（10 分）	

项目提升

1. 从网络上下载一张喜欢的图片，保存在本地计算机，命名为“主题”，在“个性化”设置窗口中，将桌面背景设置为该图片。

2. 设置锁屏界面中的背景为“幻灯片放映”。

3. 为了打开学习资料方便，为 D 盘下名为“学习资料”的文件夹创建桌面快捷方式。

4. 查阅相关学习资料，尝试在 Windows 10 环境下，创建虚拟桌面，并将其命名为“学习桌面”，截图保存为“虚拟桌面”。

项目 6 操作系统文件管理

项目概况

经过一段时间的学习，小刘在操作系统的使用上有了很大的提升，学习过程中也不断在积累学习资料，随着文件、文件夹的逐渐增多，小刘一开始没有规范文件、文件夹的意识，导致计算机内文件很凌乱，查阅资料费时费力。针对这一问题，小刘迫切想了解管理文件的方法。

项目分析

小刘需要学习 Windows 10 文件、文件夹的创建和管理，以此来对个人资料进行归类整理，对个人隐私文件进行属性设置等操作，方便后期使用的时候进行搜索。

项目必知

微课 6-1 Windows 10 文件管理

任务 6　掌握 Windows 10 文件管理

6.1　文件管理概念

在计算机系统中，计算机信息是以文件的形式保存的，用户所做的工作都是围绕文件展开的。如果将文件柜比作硬盘，那么文件柜的抽屉就是文件夹，抽屉里的纸就是文件。

1. 文件

文件是指保存在计算机中的各种信息和数据。文件保存在外存上，使用时调入内存，每个文件有唯一的文件名，用户根据文件名来存取文件中的信息。文件名一般以“主名 . 扩展名”的形式来保存并显示，其中，主名表示文件名称（内容），扩展名表示文件类型。

文件的命名规则如下。

（1）主名最多可以由 255 个字符或者 127 个汉字构成；

（2）在文件名中不可以出现：\、/、:、*、?、"、<、>、| 等符号。

2. 文件夹

文件夹用于保存和管理计算机中的文件，是用来存放其他对象（如子文件夹、文件）的容器。文件夹一般由文件夹图标和文件夹名称两部分组成。文件夹分为根文件夹和子文件夹两类；一个磁盘上只有一个根文件夹，但可以有多个不同级别的子文件夹；一个文件夹中不允许有同名的文件或文件夹。

3. 文件路径

路径是指在树目录结构中存取文件的路线，即文件所在的位置，分为绝对路径和相对路径两种。绝对路径是指从盘符开始的路径，如：C:\windows\system32\cmd.exe。相对路径是从当前路径开始的路径，假如当前路径为 C:\windows，要描述上述路径，只需输入 system32\cmd.exe。

文件路径示意图如图 6-1 所示。

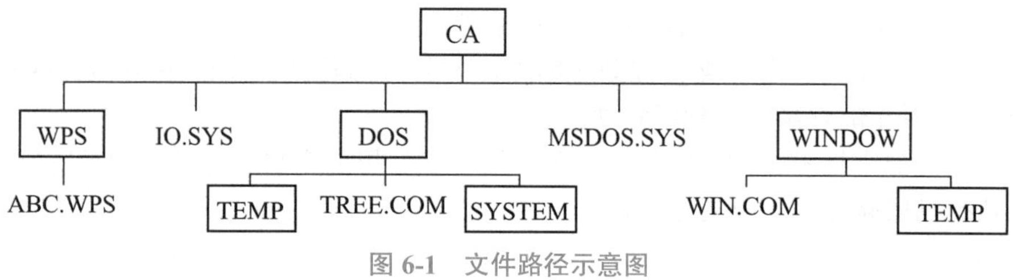

图 6-1　文件路径示意图

6.2　文件管理基本操作

微课 6-2

文件管理基本操作

1. 新建文件（夹）

方法 1：通过“快捷菜单”中的“新建”来实现（创建文件和文件夹均可）。

方法 2：通过应用程序保存新文档的方式来实现（创建文件）。

2. 选定文件（夹）

选定文件（夹）的操作类型及方法见表 6-1。

表 6-1　选择文件（夹）的操作类型及方法

操作类型	操作方法
选定一个	单击鼠标左键
选定多个（连续）	单击第一个→按住 Shift+ 单击最后一个或拖曳鼠标选定
选定多个（不连续）	按住 Ctrl+ 逐个单击
全部选定	“主页”选项卡→“选择”组→“全部选择”或按 Ctrl+A 组合键

3. 重命名文件（夹）

方法 1：单击对象右键快捷菜单中的“重命名”，输入新名称。

方法 2：选定对象后按功能键 F2，输入新名称。

4. 移动（复制）对象

方法 1：单击对象右键快捷菜单中的“剪切（复制）”，定位到目标路径，右击空白处，单击快捷菜单中的“粘贴”。

方法 2：选定对象后，按 Ctrl+X 组合键实现剪切（按 Ctrl+C 组合键实现复制），定位到目标路径，按 Ctrl+V 组合键粘贴。

剪贴板是传递信息的临时存放区域，占用一部分内存空间，通常借助剪贴板来复制或剪切文件（夹）。

复制或剪切动文件（夹）示意图如图 6-2 所示。

图 6-2　复制或剪切文件（夹）示意图

5. 删除文件（夹）

方法 1：单击对象右键快捷菜单中的“删除”，单击“是”。

方法 2：选定对象后，按键盘上的 Delete 键。

如果需要将文件或文件夹直接彻底删除而不放入回收站，应该按 Shift+Delete 组合键或者按住 Shift 键直接拖曳到回收站。

回收站类似废纸篓，占用的是一部分硬盘空间，里面存放被删除的对象。在回收站中可以执行彻底删除、恢复还原等操作。

6. 设置文件（夹）属性

属性是指明文件（夹）的使用方式，一般有只读和隐藏 2 种属性设置选项。单击

文件（夹）右键快捷菜单中的“属性”，在“属性”对话框“属性”组中可显示或修改其属性。单击“高级”按钮，在弹出的“高级属性”对话框中可进行相关高级属性的设置。

7. 文件（夹）操作之文件资源管理器

在开始菜单中，单击“Windows 系统”→“文件资源管理器”，打开文件资源管理器。

在文件资源管理器左侧导航窗格中，文件夹前有图标>，表示该文件夹中有下一级子文件夹未展开；有图标∨，表示下一级子文件夹已展开。

共享文件（夹）就是将某个计算机中的文件（夹）用来和其他计算机进行分享。可以通过以下方法来实现共享。

（1）使用 Windows 资源管理器中的“共享”选项卡。

（2）使用文件（夹）“属性”窗口中的“共享”选项卡来设置共享。

8. 文件（夹）隐藏

文件和文件夹可以根据需要隐藏起来，也可以把已经隐藏的文件和文件夹显示出来。方法是：文件资源管理器→“查看”选项卡→“显示 / 隐藏”组→“隐藏的项目”复选框→根据需要进行钩选。

文件的扩展名可以根据需要隐藏起来，也可以把扩展名显示出来。方法是：文件资源管理器→“查看”选项卡→“文件扩展名”复选框→根据需要进行钩选。

9. 查找（搜索）文件（夹）

在文件资源管理器窗口右上角的搜索框中输入需要查找内容的名称。

查找文件时可以用通配符“?”和“*”，“?”代表任意一个有效字符，“*”代表任意个有效字符。具体用法为：已知条件照写，未知条件使用通配符替代，知道未知条件的字符个数就用“?”，不知道的时候就用“*”。

例：查找 C 盘根文件夹下扩展名为 .EXE 的所有文件，其表示方法为 *.exe；主名第一、三个字符分别为 A 和 S，扩展名为 .txt 的所有文件，其表示方法为 A?S*.txt。

项目实施

小刘为了规范文件管理，包括创建个人资料的文本文件、老师发到桌面的操作系统 PPT，按照要求对这些文件进行整理，使其规范、方便使用。

1. 新建文件夹

在 D 盘中创建以“学号 + 姓名”命名的文件夹，然后在此文件夹下创建子文件夹，分别命名为：“学习资料”“个人资料”。

打开 Windows 10 操作系统，在 D 盘分区中单击“主页”选项卡→“新建”组→“新建文件夹”命令，或单击鼠标右键，弹出快捷菜单，单击“新建”→“文件夹”命令，即可生成新的文件夹，此时文件夹的名字处呈现蓝色可编辑状态。编辑名称为“学号 + 姓名”，并在此文件夹下创建“学习资料”“个人资料”两个子文件夹。

2. 复制文件

在 Windows 10 操作系统的桌面，选定老师发送到桌面的操作系统 .pptx 文件；在右键快捷菜单中单击“复制”命令，或按 Ctrl+C 组合键；打开“学号 + 姓名”文件夹下的“学习资料”子文件夹，单击“主页选项卡”→“剪贴板”组→“粘贴”命令，或按 Ctrl+V 组合键，将该文件进行粘贴并命名为 Windows 10 操作系统 .pptx。

3. 创建文件并设置属性

在个人资料文件夹中创建小刘 .txt 文件，在该文件中编辑个人基本情况及联系方式，编辑完成后进行保存；为了保护个人隐私安全，将小刘 .txt 文件属性设置为只读、隐藏并截图保存为“文件安全设置”，将此截图复制到“学习资料”文件夹中。

4. 搜索文件

使用文件搜索功能快速搜索出所有的 txt 文本文件，并截图保存至“学习资料”文件夹中，截图命名为“文本文件”。

5. 文件压缩备份

选定“学号 + 姓名”文件夹，进行压缩，压缩文件备份在 U 盘、云盘，并截图保存。

项目评价

项目名称	操作系统文件管理		
职业技能	良好的文件整理习惯，整洁的桌面促进高效率工作		
序号	评分点	评分标准	分数
1	新建文件并重命名	能按照指定的名称新建文件（10 分）	
2	复制文件	能复制文件到指定的位置（10 分）	
3	创建快捷方式	能为指定文件生成一个快捷方式（10 分）	
4	设置文件夹属性	能将文件属性设置为隐藏（10 分）	
5	搜索文件	能搜索指定文件名的文件，例如 UYC.BAT（10 分）	
6	删除文件	能选定搜索出来的文件，将其放入回收站（10 分）	
7	规范文件命名	能使文件命名符合规范（10 分）	
8	整理文件	能将文件分类存放在不同类型的文件夹中（10 分）	
9	学习态度	学习态度端正，主动解决问题，积极帮助别人（10 分）	
10	创新能力	具备创新意识，勇于探索，主动寻求创新方法和创新表达（10 分）	

项目提升

小刘通过不断的学习，提升自己在操作系统使用上的能力，现在已经是学校计算机爱好者协会技术部的负责人，在帮助同学维护计算机的过程中，同学们提出了很多问题，如机器配置不是很高，有什么办法可以让 Windows 10 系统运行流畅；如何更好、

更安全地管理和控制 Windows 10 系统等。通过以下操作，可以解决同学们提出的这些问题。

1. 选择计算机中不常用的软件，通过“应用和功能”设置，将其卸载。

2. 打开设备管理器，查看本机所有的硬件信息，包括硬件的型号、当前是否启用并截图保存。

3. 修改本地主机的计算机名，方便我们在文件共享的过程中快速查找。

4. 对当前操作系统创建还原点。

5. 对本地硬盘进行查错并进行优化和碎片整理，完成后截图保存。

模块小结

本模块包含两个项目：认识操作系统和管理操作系统。涉及 Windows 10 的基本操作包括启动与退出、基本设置、账户设置等，Windows 10 文件管理及其相关操作。通过本模块的学习，可以让读者了解操作系统的基本概念、基本功能和分类，掌握 Windows 10 系统的基本操作和文件管理。

理论测试

1. 在资源管理器中要同时选定不相邻的多个文件，使用（　　）键。

A. Shift　　B. Ctrl　　C. Alt　　D. F8

2. 在 Windows 中，剪贴板是程序和文件间用来传递信息的临时存储区，此存储器是（　　）。

A. 回收站的一部分　　B. 硬盘的一部分

C. 内存的一部分　　D. 软盘的一部分

3. 计算机系统由（　　）。

A. 主机和系统软件组成　　B. 硬件系统和应用软件组成

C. 硬件系统和软件系统组成　　D. 微处理器和软件系统组成

4. 操作系统是现代计算机系统不可缺少的组成部分，它负责管理计算机的（　　）。

A. 程序　　B. 功能　　C. 全部软、硬件资源　　D. 进程

5. 在 Windows 中，对话框是一种特殊的窗口。一般的窗口可以移动和改变大小，而对话框（　　）。

A. 既不能移动，也不能改变大小　　B. 仅可以移动，不能改变大小

C. 仅可以改变大小，不能移动　　D. 既能移动，也能改变大小

6. Windows 中的“剪贴板”是（　　）。

A. 硬盘中的一块区域　　B. 软盘中的一块区域

C. 高速缓存中的一块区域　　D. 内存中的一块区域

7. 在 Windows 中，将整个桌面画面复制到剪贴板的操作是（　　）。

A. 按 PrintScreen 键　　B. 按 Ctrl + PrintScreen 组合键

C. 按 Alt + PrintScreen 组合键　　D. 按 Shift + PrintScreen 组合键

8. 查找当前文件夹中文件名第一、二个字符为 ER 的所有文件，表示方法为（　　）。

A. ?ER?.*　　B. ER??.*　　C. ER?.*　　D. ER*.*

 技能测试

1. 将素材库中考生文件夹下 QIU\LONG 文件夹中的文件 WATER.fox 设置为只读属性。

2. 将考生文件夹下 PENG 文件夹中的文件 BLUE.wps 移动到考生文件夹下 ZHU 文件夹中，并将该文件改名为 RED.wps。

3. 在考生文件夹下 YE 文件夹中建立一个新文件夹 PDMA。

4. 将考生文件夹下 HAI\XIE 文件夹中的文件 BOMP.IDE 复制到考生文件夹下 YING 文件夹中。

5. 将考生文件夹下 TAN\WEN 文件夹中的文件夹 TANG 删除。

自主创新综合实践项目

计算机使用一段时间后，经常会出现开机时间越来越久，或者运行的速度越来越慢，有的还出现了卡顿的情况。在使用计算机时大都遇到过类似的问题，不去进行维护只会浪费我们更多的时间，那么电脑运行速度慢怎么办呢？这就需要找到造成电脑变慢的元凶，对症开方，才能做到药到病除，请同学们查阅资料，寻找计算机变慢的原因及对策，并将查阅结果进行分享。

模块三

WPS 文档处理

模块概要

WPS Office 是金山公司自主研发的一款办公软件套装，WPS Office 包括四大组件：WPS 文字、WPS 表格、WPS 演示以及“轻办公”，满足各种办公需求。WPS office 体积小巧，功能强大，兼容性强，是使用人数最多的一款国产办公软件，支持常用 DOC、XLS、PPT、PDF 文件的查看和编辑，兼容 Microsoft Office；整合在线模板和多种实用办公服务，帮助使用者快速完成工作；提供免费在线网盘存储，一个账号即可在所有设备同步用户数据及个人设置，并提供安全可靠的云端备份和修改历史。

文字处理软件是计算机上最常见的办公软件，用于文字的编辑和排版。文字处理电子化以及文字处理软件的发展是信息社会的标志之一。本模块以 WPS 2019 为操作环境，介绍 WPS 文档处理相关知识和技能。

学习目标

知识目标	职业技能目标	思政素养目标
1. 了解 WPS 文档处理软件的界面和基本功能； 2. 了解字体和段落的多种格式； 3. 了解文档中各种对象的格式； 4. 了解表格的组成和格式； 5. 了解不同视图和导航任务窗格； 6. 理解不同文档不同排版的处理方式	1. 能够使用文档的打开、自动保存等功能； 2. 能够设置文本字体和段落的格式； 3. 能够插入图片、图形、艺术字等对象并编辑美化； 4. 能够插入、编辑、美化表格； 5. 能够快速制作目录，设置页面格式； 6. 能够打印文件； 7. 能够对长文档进行排版	1. 了解国产软件的优势，培养民族自信心，激发学生爱国情怀； 2. 提升自身解决问题的意识和能力； 3. 增强团队协作能力； 4. 培养思考探究的学习精神和做笔记的学习习惯

项目 7　爱国诗词鉴赏编辑及排版

项目概况

中国是诗词的国度，古诗词是我国文学宝库中的瑰宝，也是我们民族的文化精髓。古人的情感，通过我国的古诗词含蓄而优雅地表达出来。古诗词，尤其是爱国诗词，构筑起了国人最牢靠的家园意识，也让所有中华儿女的精神空间取得了“最大的公约数”。

本项目针对一首爱国诗词的鉴赏进行排版，排版效果如图 7-1 所示。

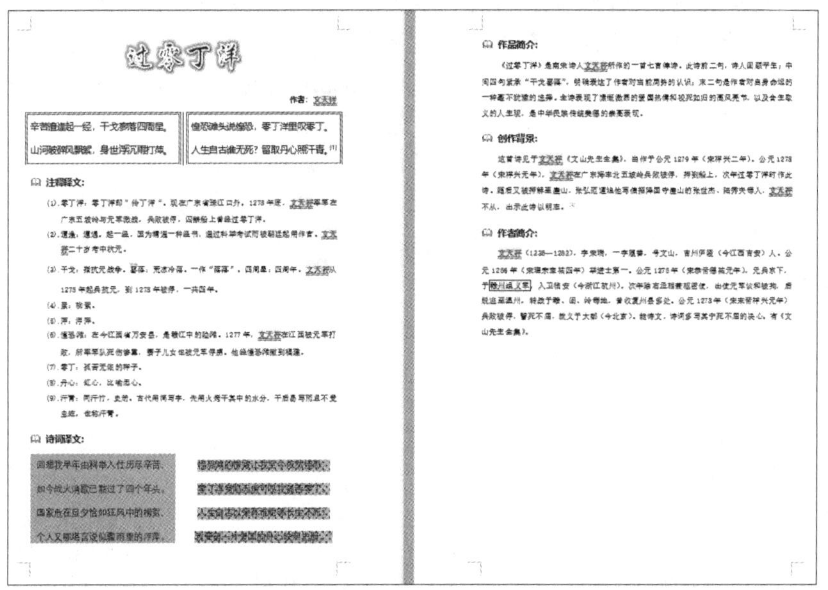

图 7-1　爱国诗词鉴赏排版效果

项目分析

本项目用到了字体和段落排版的多种格式，涉及文本和符号输入，文字字体格式设置，段落格式设置，还有分栏、边框、底纹、项目符号相关设置等知识点。

项目必知

微课 7-1

初识 WPS 文档

任务 7.1　初识 WPS 文档

7.1.1　WPS 文档及相关基础操作

WPS 文档是一个功能强大的文字处理软件，它集文字、表格、图片、贴画、形状、

智能图形、图表、文本框、艺术字、公式、符号以及对象等多种元素于一身，配合设置字体、段落、样式、项目符号、编号、主题、页面布局视图显示等文档编辑排版功能，结合使用者的文档编辑技术，可以高效快捷地创建出格式规范、内容丰富、排版精致的各种形式的文档。

1. WPS 文档的启动与退出

将 WPS Office 设置为打开文档的默认程序，在文件夹中双击扩展名为 .docx 或 .doc 的文档，即可启动 WPS 文档并打开该文档。

单击标题栏中的“关闭”或按 Alt+F4 组合键，即可退出 WPS 文档。

2. WPS 文档的新建、保存、关闭与打开

新建 WPS 文档时，右击桌面空白区域，在快捷菜单中单击“新建”→“DOC 文档”或“DOCX 文档”；或者启动 WPS Office，单击“首页”选项卡→“新建文字”→“新建空白文字”。

WPS 文档在新建时，会给新建的文件分配一个临时名称：“文字文稿 1”“文字文稿 2”……等。如果需要将新建临时文件进行保存，保存的方法是：单击快速访问工具栏中的“保存”按钮或按 Ctrl+S 组合键。

弹出“另存文件”对话框，如图 7-2 所示，在该对话框中可设置文件保存路径、文件名及文件类型，单击“保存”按钮。

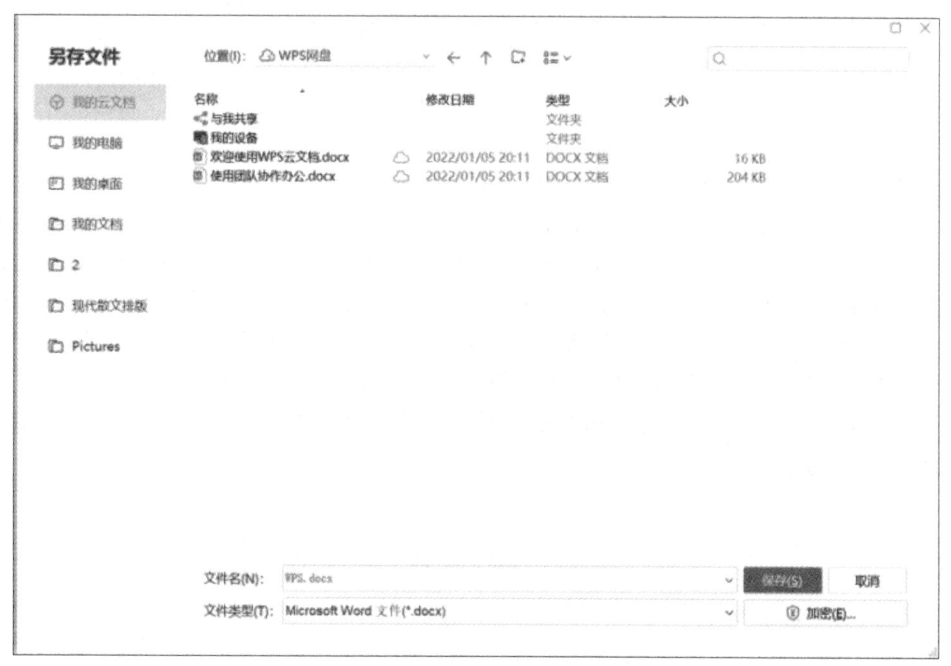

图 7-2　“另存文件”对话框

关闭文档是指对当前文档进行关闭，文档退出是指对 WPS Office 进行退出，文档退出的同时，也完成了文档的关闭。单击需要被关闭文档标题右侧的“关闭”按钮或按 Ctrl+W 组合键，

为了供用户查看、编辑修改或打印相关文档，需要先打开文档，可在文件夹窗口中双击文档图标打开文档，也可以右击该文件，在弹出快捷菜单中单击“打开”命令。

7.1.2　WPS 文档界面

WPS 文档界面主要是由标题栏、快速访问工具栏、选项卡、功能区、编辑区、窗格、状态栏等部分组成，如图 7-3 所示。

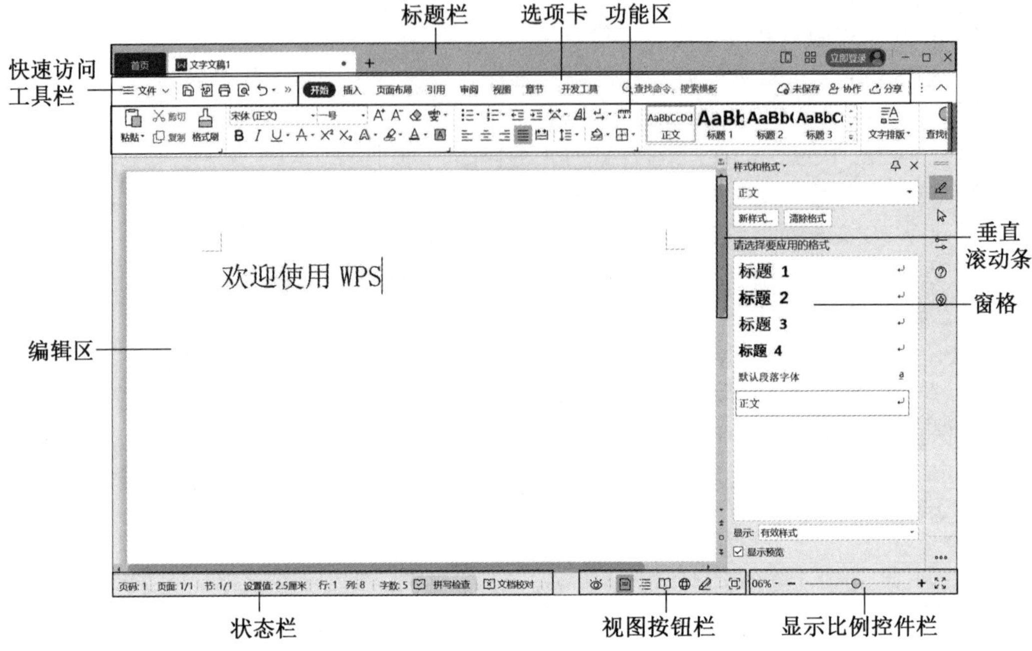

图 7-3　WPS 文档界面

标题栏由“首页”选项、文档标题和窗口控制按钮组成；快速访问工具栏中放置了一些常用命令，可实现快速访问，以提高工作效率；选项卡用于将 WPS 文档功能进行分类；功能区用于放置与所选选项卡对应的常用功能按钮以及下拉列表等调整工具；编辑区是 WPS 文档窗口的主体部分，用于显示文档的内容，供用户进行编辑，它占据了文档界面的绝大部分空间；窗格是提供常用命令的窗口，它可以拖曳到任何位置，甚至是 WPS 文档窗口之外，用户可以使用窗格中的命令处理文档；状态栏位于主窗口的底部，用于显示文档的状态信息；视图按钮可以展示多种视图显示；显示比例控件用于显示并调整文档的显示比例。

任务 7.2　输入文本和符号

7.2.1　输入文本

1. 插入点

在文字输入之前，要明确文字输入的位置，文字输入的位置是通过插入点来实现的，插入点即一条闪烁的黑色竖线，插入点也称光标。

要熟练地在 WPS 文档中编辑文档，先确定光标的位置，然后切换到适当的输入法，可以通过 Ctrl+Shift 组合键切换输入法，进行文本和字符的录入。

2. 编辑文本

单击编辑区，出现插入点，就可以实现文本编辑。通过移动鼠标到目标位置，单击

即可确定插入点的位置。

7.2.2 输入符号

1. 输入一般符号

键盘是最常用、最主要的输入设备，通过键盘可以将一般符号输入到 WPS 文档中，像标点符号、数字、英文字母等一般符号都可以通过键盘编辑出来。

2. 插入特殊符号

在文档编辑过程中，有些特殊符号通过键盘无法输出来，就需通过插入“符号”来实现。将插入点移至目标位置，切换到“插入”选项卡，单击“符号”下拉按钮，在弹出的“符号”下拉列表中可选择“近期使用过的符号”“自定义符号”“符号大全”或“其他符号”。

如果在“近期使用的符号”列表中没有想要的符号时，可以选择“其他符号”选项，打开“符号”对话框，从“字体”下拉列表框中选择符号的字体，从“子集”下拉列表框中选择符号的种类，选中对应的符号，单击“插入”按钮，即可完成特殊符号的插入。

任务 7.3 设置字体格式

7.3.1 设置字体、字号和字形

微课 7-2

设置文本格式

在文字编辑输入阶段，系统按默认的格式显示字符，在 WPS 文档中，默认中文字体为宋体、默认西文字体为 Calibri、默认复杂文种为 Times New Roman，默认字号为五号。

对文档中文本进行字体格式设置的方法：在“开始选项”卡的“字体”组中可设置字体、字号、加粗、倾斜、下划线、文本效果等格式。从“字体”“字号”下拉列表框中选择对应选项或在其中输入所需的选项，即可快速设置文本的字体与字号。

字形是指文本的加粗、倾斜、下划线、上标和下标等显示效果。在“字体”组中单击相应设置字形的按钮，即可为选定的文本设置所需的字形。

单击“字体”组中“对话框启动器”按钮，打开“字体”对话框，如图 7-4 所示，在该对话框的“字体”选项卡中可对字体、字号、字形等进行设置，设置完成后，单击“确定”按钮即可。

图 7-4 “字体”对话框

单击“文本效果”按钮，弹出“设置文本效果格式”对话框，如图 7-5 所示。在该对话框中有“填充与轮廓”“效果”两个选项，其中，在“填空与轮廓”选项下可以设置“文本

填充”和“文本轮廓”，在“效果”选项下设置“阴影”“发光”“倒影”“三维格式”等格式，这些选项可用于自定义设置文本效果格式。

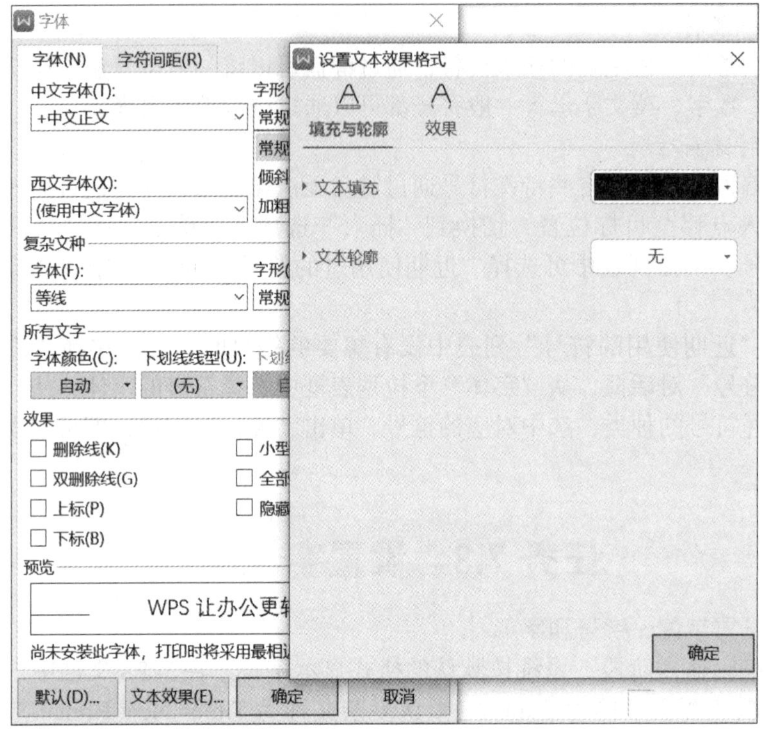

图 7-5　“设置文本效果格式”对话框

7.3.2　设置字符缩放与间距

在“字体”对话框中单击“字符间距”选项卡，如图 6-6 所示，在该选项卡中可以对字符缩放、字符间距、字符位置等格式进行设置。字符缩放是指文字在保持高度不变的情况下，文本横向伸缩的百分比，默认是 100%；字符间距是指文字与文字之间的距离，默认“标准”类型，可以加宽，也可以紧缩，默认单位为厘米；字符位置是指文本相对于基线的位置，默认“标准”类型，可从“位置”下拉列表框中选择上升或下降。

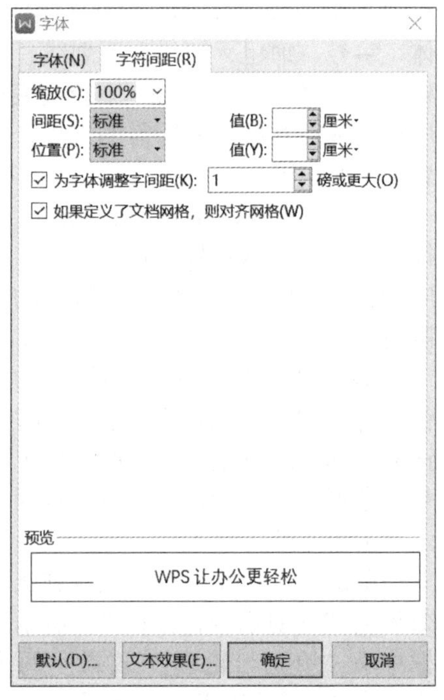

图 7-6　“字符间距”选项卡

微课 7-3

使用格式刷

7.3.3　使用格式刷

格式刷是 WPS 文档中的一种工具，用格式刷“刷”格式，可以快速将指定段落或文本的格式延用到其他段落或文本上，以此避免相同格式重复设置的问题。

延用一次文本格式时，首先选定已设置好字

符格式的文本，切换到“开始”选项卡，单击“剪贴板”组中的“格式刷”按钮，如图 7-7 所示，然后将指针移至要延用该格式的文本开始处，拖曳鼠标直至目标文本的结尾，然后释放鼠标按键，这样就可以延用一次文本的格式。

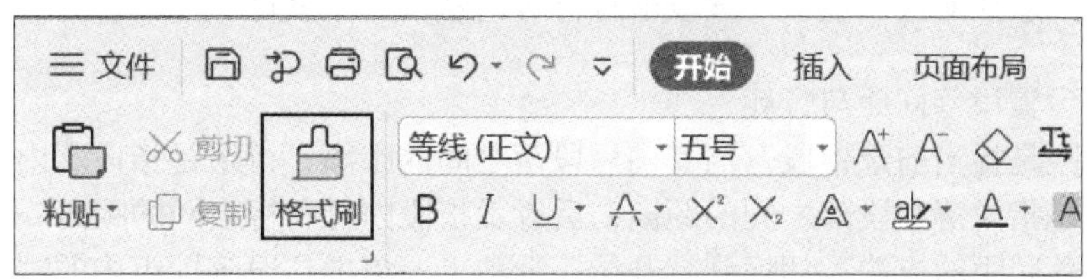

图 7-7 “格式刷”按钮

双击“格式刷”按钮，进入多次延用格式状态，即可对不同位置的目标文本进行多次的格式延用。多次延用格式完成后，再次单击“格式刷”按钮或按 Esc 键，就可以退出多次延用格式状态。

清除格式是指将设置的格式恢复到默认状态格式，清除格式的方法：选定目标文本，切换到“开始”选项卡，单击“字体”组中的“清除格式”按钮，文本即被重新设置恢复到默认状态格式。

7.3.4　设置替换

微课 7-4

设置替换

替换是指把原来的文本内容用新的内容与格式去调换，替换多用于批量更改文本的内容与格式。设置替换的方法：切换到“开始”选项卡，单击“查找替换”下拉列表中的“替换”，打开“查找和替换”对话框，在“查找内容”文本框中输入需要替换的内容，“替换为”文本框中输入替换的内容，在“格式”下拉列表中设置替换内容的格式。

任务 7.4　设置段落格式

微课 7-5

设置段落格式

设置段落格式是指设置整个段落的外观，主要包括段落的对齐方式、缩进、间距与行距、项目符号和项目编号、底纹和边框、分栏等方面的设置。

7.4.1　设置段落对齐方式

WPS 文档提供了 5 种水平对齐方式，分别为左对齐、居中对齐、右对齐、两端对齐、分散对齐，其中分散对齐是文本默认的对齐方式。

设置对齐方式的方法：切换到“开始”选项卡，单击“段落”组中相应的对齐方式按钮即可。也可用“段落”对话框来设置段落的对齐方式，单击“段落”组中的“对话框启动器”按钮，即可启动“段落”对话框或在选中的段落上右击，在弹出的快捷菜单中选择“段落”，启动“段落”对话框。

7.4.2　设置段落缩进

段落缩进是指文本与页面边界之间的距离，设置方法有：在“开始”选项卡中，单击“段落”组中的“增加缩进量”或“减少缩进量”按钮，或单击“段落”组中的“对话框启动器”按钮，在“段落”对话框中切换到“缩进和间距”选项卡，在“缩进”栏下的“文本之前”“文本之后”微调框内输入相应值，即可设置文本与页面边界之间的距离。

设置段落首行缩进或悬挂缩进的方法：在“缩进”栏下的“特殊格式”下拉列表中选择“首行缩进”选项或者“悬挂缩进”选项，在微调框设置数值，即可设置“首行缩进”量或者“悬挂缩进”量，一般段落首行缩进默认2个字符。

7.4.3 设置段落间距与行距

段落间距是指当前选中段落与其前后段落之间的距离，行距是指段落内各行之间的距离。前者是指段落和段落之间的距离，后者示指段内行和行之间的距离。

设置段落间距的方法：切换到“开始”选项卡，单击“段落”组中的“对话框启动器”按钮，打开“段落”对话框，在“缩进和间距”选项卡下的“间距”栏中，通过更改“段前”“段后”微调框中的值，即可完成选定段落间距的设置

设置段落行距的方法：切换到“开始”选项卡，单击“段落”组中的“行距”按钮，从下拉列表中选择适当的选项，即可设置当前段落的行距。也可以通过“段落”对话框，单击“行距”下拉列表中的选项来选择行距的设定值。

7.4.4 设置项目符号和项目编号

项目符号是指放在文本前的点或其他符号，起强调作用；项目编号是指放在文本前具有一定顺序的字符，可使文档条理清楚和重点突出。合理使用项目符号和项目编号，可以使文档的层次结构更清晰、更有条理，提高文档编辑速度。

微课 7-6

设置项目符号与项目编号

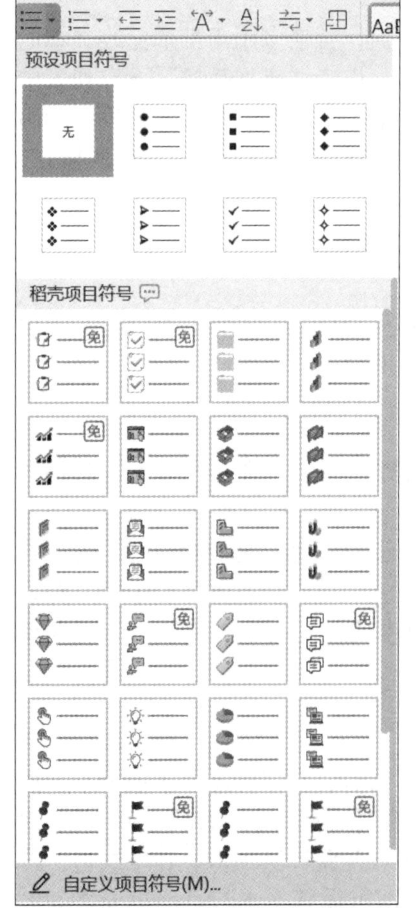

图 7-8 “项目符号”下拉列表

项目符号创建的方法：选中目标段落，切换到“开始”选项卡，单击“段落”中“项目符号”按钮右侧的下拉按钮，从弹出的“项目符号”下拉列表中选择需要的项目符号格式，如图7-8所示。当对列表中的项目符号不满意时，可选择“自定义新项目符号”选项，打开“项目符号和编号”对话框，在该对话框中先选择需要调整的项目符号类型，然后单击“自定义”按钮，在弹出的“自定义项目符号列表”对话框中来调整该项目符号的字符、字体、位置等。

项目编号创建的方法：创建编号时，首先选取目标段落，切换到“开始”选项卡，单击“段落”组中“编号”按钮右侧的下拉按钮，从弹出的“编号”下拉列表中进行选择。用户也可以选择“自定义编号”，打开“项目符号和编号”对话框，在“编号”选项卡下对编号进行自定义设置。

微课 7-7

设置边框和底纹

7.4.5 设置底纹和边框

设置段落底纹是指为整段文字设置背景颜色和背景效果。设置段落底纹的方法：选中目标段落，切换到“开始”选项卡，单击“段落”组中“底纹颜色”按钮右侧的下拉按钮，从弹出的“底纹颜

色”下拉列表中选择适当的颜色，如“主题颜色”“标准色”。用户也可以选择“其他颜色填充”选项，在“颜色”对话框中进行自定义设置。

设置段落边框是指为整段文字设置边框及边框效果。设置段落边框的方法：选中目标段落，切换到“开始”选项卡，单击“段落”组中“边框”按钮右侧的下拉按钮，从弹出的“边框”下拉列表中选择适当的选项，即可对段落边框进行设置。用户也可以通过选择“边框和底纹”选项，在“边框和底纹”对话框中进行详细设置。

在“边框和底纹”对话框中，注意“应用于”下拉列表中的选项，可将边框或底纹的设置应用于“段落”或“文字”，如果应用于“段落”，边框或底纹的设置就应用于选择的目标段落，如果应用于“文字”，边框或底纹的设置就仅应用于选择的目标文字。

另外，可以在“边框和底纹”对话框中的“页面边框”选项卡中，来对整体页面的边框进行设置。

微课 7-8

设置分栏

7.4.6　设置分栏

分栏是指对文本内容进行分栏处理，文本一般默认一栏。设置分栏的方法：选中需分栏的文字，切换到“页面布局”选项卡，单击“页面设置”组中“分栏”下拉按钮，从弹出的“分栏”下拉列表中选择适当的分栏类型。用户也可以选择“更多分栏”选项，在“分栏”对话框中进行自定义分栏的设置，栏数大于 1 时，可选择是否显示分隔线。

项目实施

根据项目概况中的项目情况，爱国诗词鉴赏的编辑与排版按如下步骤及要求进行实施。

（1）输入文本的内容

右击桌面空白处，弹出快捷菜单，单击“新建”→“DOC 文档”或“DOCX 文档”，新建一个 WPS 文档，将文档重新命名为“爱国诗词赏析原文”。

双击打开该文档后，在文档编辑区中编辑文字内容，在编辑的时候注意切换输入法，可使用 Ctrl+Shift 组合键来切换输入法，切换到合适的中文输入法后，编辑好文本内容。

（2）设置文本格式

① 设置标题

设置标题：字体为华文行楷，字号为 40，字形为加粗；文字效果为“艺术字”预设样式中的“填充-黑色，文本 1，轮廓-背景 1，清晰阴影-背景 1”，发光变体“巧克力黄，8 pt 发光，着色 2”。

将插入点移至标题开始处，拖曳鼠标选中文本的标题，切换到“开始”选项卡，从“字体”组的“字体”下拉列表中选择“华文行楷”，从“字号”下拉列表中选择“40”，单击“加粗”按钮。

选中标题，在“字体”组的“文字效果”下拉列表中选择“艺术字”预设样式中的“填充-黑色，文本 1，轮廓-背景 1，清晰阴影-背景 1”，选择“发光”选项中发光变体“巧克力黄，8 pt 发光，着色 2”。

② 设置“作者：文天祥”

设置“作者：文天祥”：字体为微软雅黑，对齐方式为右对齐。

选中“作者：文天祥”内容，单击“开始”选项卡中“字体”组里“字体”下拉按钮，在弹出的“字体”下拉列表中选择“微软雅黑”，单击“段落”组中的“右对齐”按钮。

③ 设置“辛苦遭逢起一经……留取丹心照汗青”

设置“辛苦遭逢起一经……留取丹心照汗青”：字体为微软雅黑，字号为小四；分栏设置为两栏并显示分隔线；对段落设置双线边框，颜色为蓝色，线宽为 0.5 磅。

选中“辛苦遭逢起一经……留取丹心照汗青”后，字体和字号的设置方法与“①设置标题”中字体和字号的设置方法一致。在“页面布局”选项卡“页面设置”组的“分栏”下拉列表框中选择“更多分栏”选项，弹出“分栏”对话框，在“预设”栏中选择“两栏”选项，再钩选“分隔线”复选框，最后单击“确定”按钮，如图 7-9 所示。

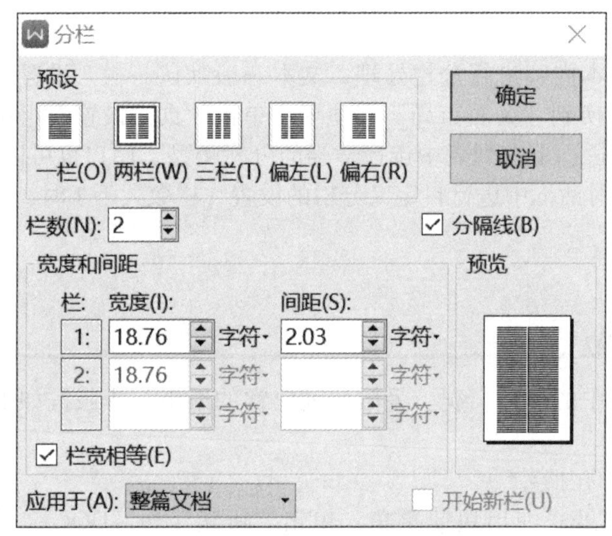

图 7-9 设置“两栏”并显示分隔线

在“开始”选项卡“段落”组的“边框”下拉列表框中选择“边框和底纹”选项，弹出“边框和底纹”对话框，在“边框”选项卡“线型”下拉列表框中选择“双线”，颜色设定为蓝色（标准颜色），宽度为 0.5 磅，应用于“段落”选项，单击“确定”按钮即可。

④ 设置“注释释文”部分

设置“注释释文”部分：字体为宋体，字号为五号。

选中该部分内容，切换到“开始”选项卡，在“字体”下拉列表中选择“宋体”，在“字号”下拉列表中选择“五号”。

⑤ 设置“诗词译文”部分

设置“诗词译文”部分：字体为等线，字号为小四，分栏设置为两栏；左侧内容设置段落底纹，底纹填充为浅绿；右侧内容设置字体底纹，底纹填充为橙色，图案样式为 20%，图案颜色为紫色。

分栏设置方法与“③设置‘辛苦遭逢起一经……留取丹心照汗青’”中的分栏设

置方法一致。设置分栏后的文本内容分为左侧内容和右侧内容，首先选中左侧内容，在“开始”选项卡下“段落”组的“边框”下拉列表中选择“边框和底纹”选项，弹出“边框和底纹”对话框，切换到“底纹”选项卡，填充为“浅绿”，应用于“段落”选项；然后选中右侧内容，切换到“底纹”选项卡，填充为“橙色”，图案样式为“20%”，颜色为“紫色”，应用于“文字”选项。设置完成后，左侧文本的底纹即是段落底纹，右侧文本的底纹即是文字底纹。

⑥ 设置上标

设置上标：在“留取丹心照汗青。”“我要留一片爱国的丹心映照史册。”“出示此诗以明志。”这些文本后分别设置上标 [1]、[2]、[3]。

选中上标内容后，在“开始”选项卡“字体”组中，单击“上标”按钮，即可完成该部分内容的上标设置。

⑦ 设置二级标题

设置二级标题：设置“注释释文：”“诗词译文：”“作品简介：”“创作背景：”“作者简介：”的字体为微软雅黑，字号为小四，字形为加粗。

选中“注释释文：”设置字体为“微软雅黑”，字号为“小四”，字形为“加粗”，设置方法与前述的一致。设置完成后，选中“注释释文：”，双击“格式刷”按钮，依次选中“诗词译文：”“作品简介：”“创作背景：”“作者简介：”即可完成格式延用，然后按 Esc 键退出多次延用格式状态。

（3）设置段落格式

① 设置首行缩进

设置首行缩进：将“注释释文”“作品简介”“创作背景”“作者简介”这些部分内容设置为首行缩进 2 个字符。

选中相应内容后，在“开始”选项卡中，单击“段落”组中的“对话框启动器”按钮，弹出“段落”对话框，在“缩进”栏的“特殊格式”下拉列表中选择“首行缩进”选项，在“度量值”微调框中设置 2 个字符，设置完成后，单击“确定”按钮即可。

② 设置行距

设置行距：将“注释释文”“作品简介”“创作背景”“作者简介”这些部分内容的行距设置为 1.3 倍；“诗词译文”这部分内容的行距设置为单倍行距。

选中“注释释文”“作品简介”“创作背景”“作者简介”的内容，在“开始”选项卡中，单击“段落”组中的“对话框启动器”按钮，弹出段落对话框，在“间距”栏的“行距”下拉列表中选择“多倍行距”选项，在“设置值”微调框中输入“1.3”；选中“诗词译文”部分内容，在“行距”下拉列表中选择“单倍行距”。设置完成后单击“确定”按钮即可。

③ 设置项目编号

设置项目编号：对“注释释文”部分内容设置编号为（1）、（2）、（3）……。

先选中这部分内容，在“开始”选项卡中，单击“段落”组中的“编号”下拉按钮，在弹出的“编号”下拉列表中选择“（1）（2）（3）”选项，即可完成对项目编号的设置。

④ 设置项目符号

设置项目符号：在“注释释文：”“诗词译文：”“作品简介：”“创作背景：”“作者简介：”前面插入项目符号，符号样式为蓝色书本符号。

将插入点插入到“注释释文：”前，在“开始”选项卡的“段落”组中，单击“项目符号”下拉按钮，在弹出的“项目符号”下拉列表中选择“自定义项目符号”选项，在弹出的“项目符号和编号”对话框中，任意选择一个项目符号样式，然后单击“自定义”按钮，弹出“自定义项目符号列表”对话框，如图7-10所示，单击“字符”按钮，弹出“符号”对话框，在“符号”对话框中找到书本符号，如图7-11所示，单击“插入”按钮，返回到“自定义项目符号列表”对话框，单击“字体”按钮，在弹出的“字体”对话框中设置字体颜色为蓝色，即将项目符号设置为蓝色书本符号。

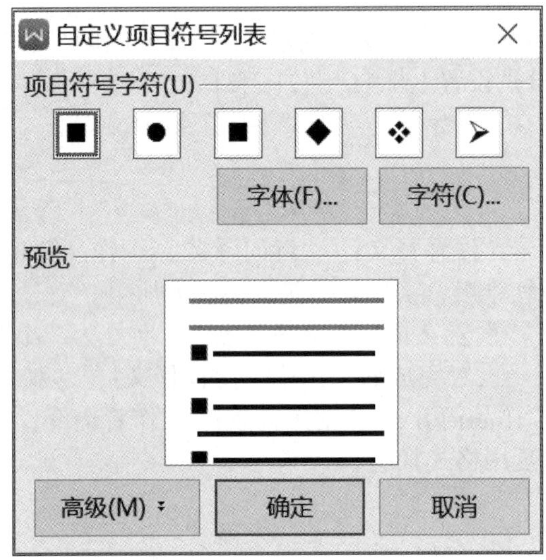

图7-10　“自定义项目符号列表”对话框

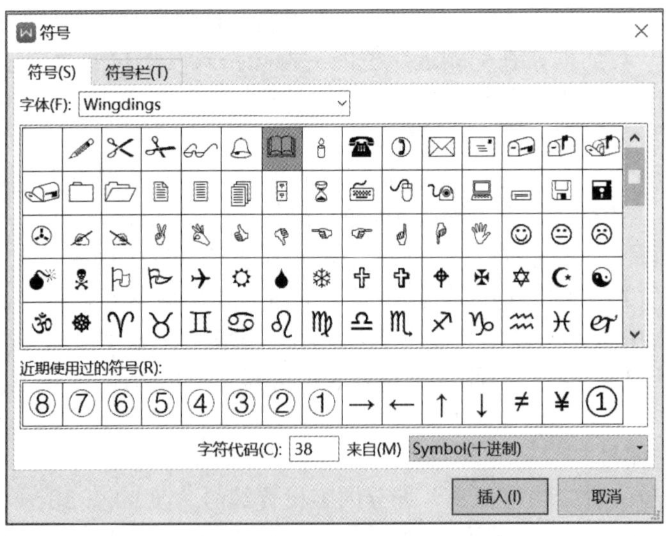

图7-11　找到书本符号

在“诗词译文：”“作品简介：”“创作背景：”“作者简介：”前面也需要加入同样的项目符号，可以通过“格式刷”来实现。

⑤ 设置替换

设置替换：将文本中所有“文天祥”设置为双下划线、字体颜色为红色、着重号为

点、突出显示。

在“开始”选项卡中，单击“查找和替换”下拉列表中的“替换”按钮，弹出“查找和替换”对话框，在“查找内容”和“替换为”文本框中均输入“文天祥”，单击“格式”下拉按钮，在弹出的“格式”下拉列表中分别设置双下划线、字体颜色为红色、着重号为点、突出显示，然后单击“全部替换”按钮即可，如图 7-12 所示。

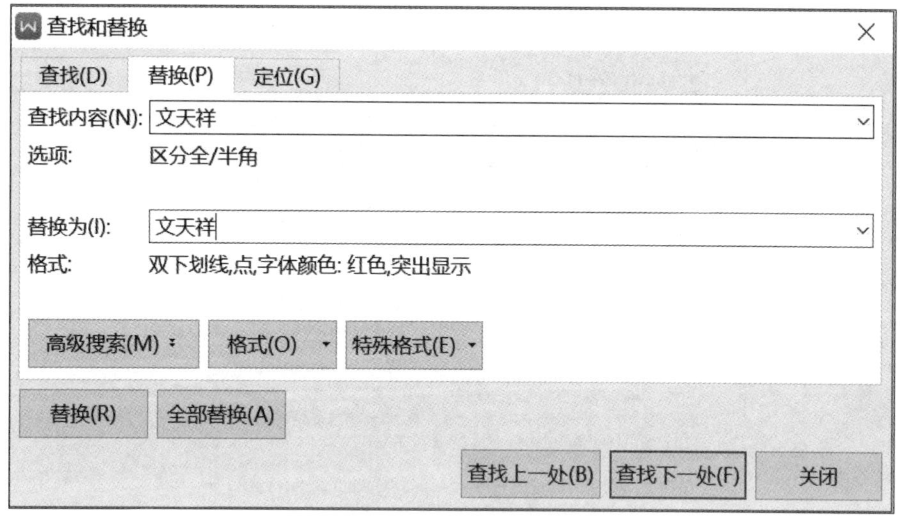

图 7-12　设置替换

项目评价

项目名称	爱国诗词鉴赏编辑及排版		
职业技能	WPS 文档编辑与排版能力		
序号	知识点	评价标准	分数
1	文档编辑	能够正确输入文档内容并进行保存、命名操作（5 分）	
2	字符格式设置	能够正确设置字体、字号、字形、颜色、下划线、着重号等（20 分）	
3	段落格式设置	能够正确设置对齐方式、段落缩进、行距和段前段后等（20 分）	
4	项目符号和编号	能够正确设置项目符号和编号（15 分）	
5	边框和底纹	能够正确设置文字和段落的边框和底纹（10 分）	
6	分栏	能够正确设置分栏和分隔线（5 分）	
7	替换文本及文本格式	能够正确替换文本及文本格式（5 分）	
8	学习态度	学习态度端正，主动解决问题，积极帮助他人（10 分）	
9	创新能力	具备创新意识，勇于探索，主动寻求创新方法和创新表达（10 分）	

 项目提升

为了加强学生对文档编辑与排版的练习，按项目要求完成文档编辑与排版的提升项目，完成效果如图 7-13 所示。

经济总量 114.4 万亿元、超世界人均 GDP 水平

国务院新闻办公室 1 月 17 日举行新闻发布会，国家统计局介绍 2021 年国民经济运行情况。2021 年中国经济怎么样？一起看！

■ **经济增长国际领先**

2021 年，我国国内生产总值比上年增长 8.1%，**经济增速在全球主要经济体中名列前茅**；经济总量达 114.4 万亿元，突破 110 万亿元，按年平均汇率折算，达 17.7 万亿美元，**稳居世界第二，占全球经济的比重预计超过 18%。**

■ **我国已超过世界人均 GDP 水平**

我国人均国内生产总值超过 8 万元人民币，按年均汇率折算为 12551 美元，虽然尚未达到高收入国家人均水平的下限，但逐年接近。2021 年我国已经超过了世界人均 GDP 水平，现在初步测算，**2021 年世界人均 GDP 是 1.21 万美元左右，我们是 1.25 万美元。**

■ **主要预期目标全面实现**

经济增速：经济增速为 8.1%，高于 6%以上的预期目标。城镇新增就业 1269 万人，达到了 1100 万人以上的预期目标，全国城镇调查失业率平均值为 5.1%，低于 5.5%左右的预期目标。

居民收入：全国居民人均可支配收入比上年实际增长 8.1%，两年平均增长 5.1%，与经济增长基本同步，达到居民收入稳步增长的要求。

居民消费价格：居民消费价格比上年上涨 0.9%，低于 3%左右的预期目标。

粮食产量：粮食产量再创新高。粮食总产量 13657 亿斤，达到 1.3 万亿斤以上的预期目标。

国际收支：货物进出口顺差比上年扩大 20.4%，达到进出口量稳质升的要求。年末，外汇储备余额连续 8 个月保持在 3.2 万亿美元以上。

■ **拉动世界经济增长**

2020 年，世界经济负增长，我国经济正增长，对世界的拉动作用十分显著。2021 年，我国经济增长对世界经济增长的贡献率预计将达到 25%左右，现在只能是预计，因为全世界的数据还没有汇总出来，这是引领世界经济恢复的重要力量。

■ **当前还面临需求收缩、供给冲击、预期转弱的三重压力**

面临复杂严峻的经济环境，**我国经济长期向好**的基本面没有变，构建新发展格局的有利条件没有变，新的经济增长点将不断涌现。

我们有信心、有底气，也有能力、有条件，实现经济持续健康发展。

图 7-13　文档编辑与排版的提升项目完成效果

提升项目的项目要求如下。

（1）将文中所有小写“gdp”替换为大写“GDP”。

（2）将标题段文字（“经济总量 114.4 万亿元、超世界人均 GDP 水平”）设置为小三号、红色（标准色）、黑体、加粗、倾斜、居中、段后间距 0.5 行，标题蓝色下划线，标题间距 1 磅，并设置文字效果为“发光”中的“灰色 -50%，8pt 发光，着色 3”。

（3）设置正文每段内容为首行缩进 2 字符，设置正文各段落的行距为 1.2 倍行距，两端对齐。设置正文第一段落（“国务院……一起看！”）字体为楷体，字号为小四。

（4）设置正文（“经济增速……3.2 万亿美元以上”）悬挂缩进 4 字符，设置正文（“2020 年……重要力量”）首行缩进 2 字符，并分为等宽 2 栏，同时添加栏间分隔线。

（5）将文中的小标题“经济增长国际领先”“我国已超过世界人均 GDP 水平”“主要预期目标全面实现”“拉动世界经济增长”“当前还面临需求收缩、供给冲击、预期转弱的三重压力”前插入“带填充效果的大方形项目符号”。

（6）给“我们有信心、有底气，也有能力、有条件，实现经济持续健康发展。”这段文字设置段落底纹，底纹颜色为“巧克力黄，着色 2，浅色 60%”，图案“样式”为 5%，颜色为紫色（标准色）。

项目 8　当代散文图文混排

项目概况

图文混排是指将文字与图片混合排列，文字和图片之间的位置关系有嵌入型、四周型环绕、紧密型环绕、衬于文字下方、浮于文字上方等。在文档中添加图片后，可使文档内容生动、丰富、层次分明，便于观赏和理解。

本项目选用当代散文《荷塘月色》来设计图文混排，使该文章内容生动，层次分明，便于赏阅，排版效果如图 8-1 所示。

图 8-1　图文混排排版效果

项目分析

本文档主要用到了图片和文字的混合排版，包括页面设置、图片设置、手绘图形设置、智能图形设置、首字下沉、文本框设置、水印设置等相关操作。本文档侧重排版效果，图片和文字的排列、环绕方式不同，呈现结果就会不同。

项目必知

任务 8.1　设置页面格式

8.1.1　设置页面大小、页边距、纸张方向

在“页面布局”选项卡中找到“页面设置”组，如图 8-2 所示，单击“页面设置”组中的“纸张大小”下拉按钮，从弹出的“纸张大小”下拉列表中选择合适的页面大小，默认的页面大小为 A4 纸。

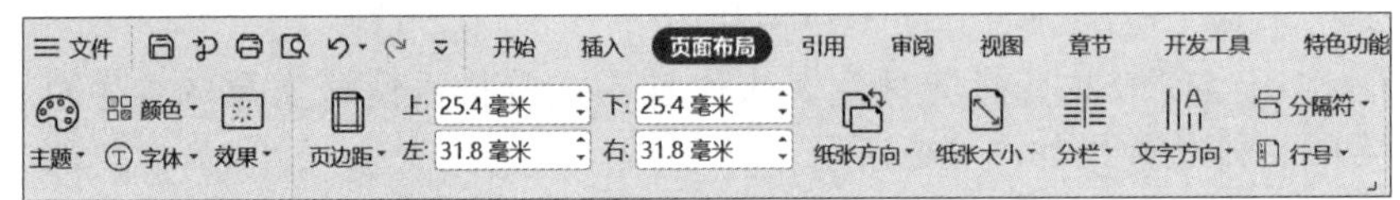

图 8-2　页面布局中“页面设置”组

单击“页面设置”组中的“页边距”按钮，从弹出的“页边距”下拉列表中可选择“普通”“窄”“适中”“宽”等选项。也可以单击“自定义页边距”选项，弹出“页面设置”对话框，在“页边距”选项卡下设置对应的尺寸。

单击“页面设置”组中的“纸张方向”下拉按钮，从弹出的“纸张方向”下拉列表中可选择“纵向”“横向”等选项，默认选项为纵向。也可单击“对话框启动器”按钮，然后弹出“页面设置”对话框，如图 8-3 所示，在该对话框中设置页面大小、页边距、纸张方向。

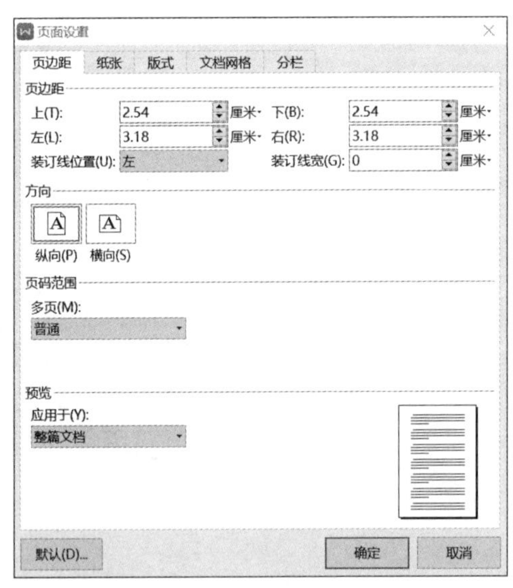

图 8-3　“页面设置”对话框

8.1.2　设置页面背景

在“页面布局”选项卡中，单击“背景”下拉按钮，如图 8-4 所示，从弹出的“背景”下拉列表中可选择“主题颜色”“标准色”“渐变填充”和渐变色推荐等选项，或者在“其他背景”选项中可选择“渐变”“纹理”“图案”等，即可打开“填充效果”对话框

框，在“渐变”“纹理”“图案”等选项卡中进行相关的设置。也可在“背景”下拉列表中单击“图片背景”选项，打开“填充效果”对话框，在“图片”选项卡中单击“选择图片”按钮，在打开的“选择图片”对话框中找到目标图片后，单击“确定”按钮，就可以将该图片设置成页面背景。

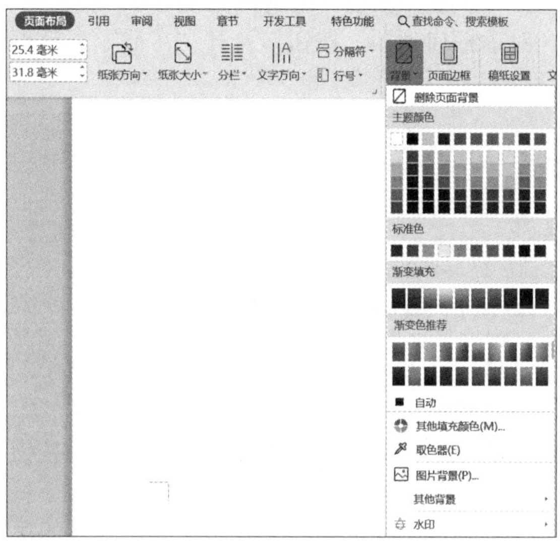

图 8-4　“背景”下拉按钮

任务 8.2　设置图片

8.2.1　插入图片

将插入点移至目标位置，在“插入”选项卡中，单击“图片”下拉按钮，在弹出的“图片”下拉列表中可选择插入图片的来源，如本地、扫描仪、手机以及网络等。如图 8-5 所示。

微课 8-1

插入和设置图片

图 8-5　“图片”下拉列表

8.2.2 调整图片大小和角度

调整图片大小：在文档中插入图片后，单击图片，图片周围将出现 8 个控制句柄。如果要缩放图片，可将鼠标指针移至图片的某个控制句柄上，按住鼠标左键拖曳即可调整图片大小。如果要精确设置图片的大小和角度，选中图片后，出现“图片工具”选项卡，如图 8-6 所示，在“大小和位置”组的“高度”和“宽度”微调框中进行设置即可。用户也可以单击“对话框启动器”按钮，打开“布局”对话框，在“大小”选项卡中进行高度和宽度的设置。

图 8-6 “图片工具”选项卡

如果只调整图片的高度或宽度，需撤选“大小和位置”组中的“锁定纵横比”复选框后，再进行调整，否则图片是按“锁定纵横比”来自动调整的。

调整图片角度：选中图片后，用鼠标拖曳图片上方的旋转按钮，就可以调整图片的角度。也可在“图片工具”选项卡中，单击“旋转”下拉按钮，从弹出的“旋转”下拉列表中选择适当的选项，可以让图片按相应的方向来旋转相应的角度，如图 8-7 所示。

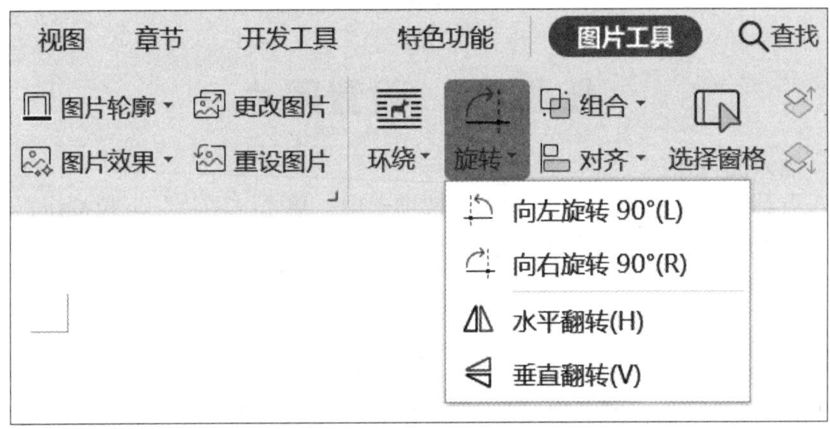

图 8-7 “旋转”下拉列表

8.2.3 设置图片与文字环绕方式

环绕方式是指图片与周围文字的位置关系，WPS 文档提供了嵌入型、四周型环绕、紧密型环绕、穿越型环绕、上下型环绕、衬于文字下方、浮于文字上方等 7 种环绕方式。

选中图片后，在“图片工具”选项卡中，单击“环绕”下拉按钮，从弹出的“环绕”下拉列表中选择合适的选项，即可设置图片和文字之间的环绕方式，如图 8-8 所示。

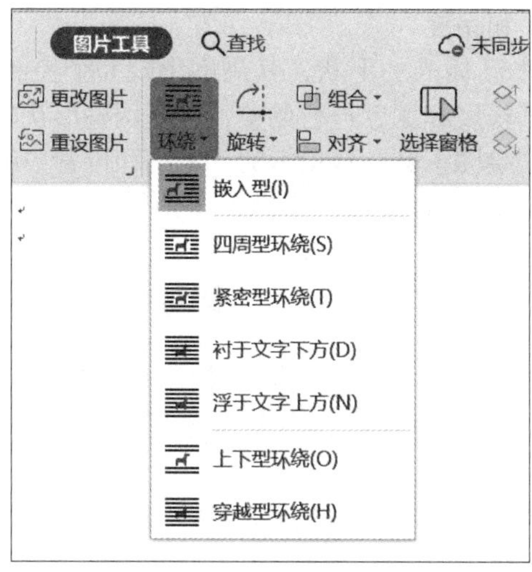

图 8-8 “环绕”下拉列表

任务 8.3　设置形状

8.3.1　插入形状

将插入点放在目标位置处，在“插入”选项卡中，单击“形状”下拉按钮，弹出“形状”下拉列表，如图 8-9 所示，其中包括线条、矩形、基本形状、箭头总汇、公式形状、流程图、星与旗帜、标注等 8 类预设形状。选择要插入的形状，在编辑区，按住鼠标左键并拖曳到结束位置，即可完成形状的插入。

微课 8-2

插入和设置形状

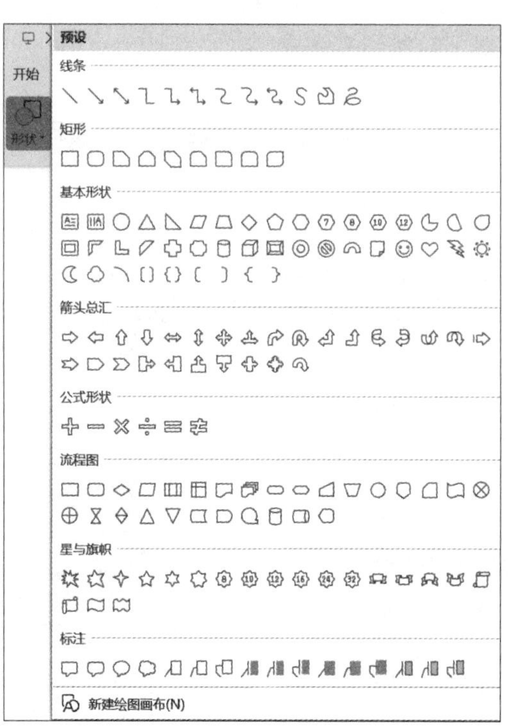

图 8-9 “形状”下拉列表

8.3.2　调整形状大小和角度

调整形状大小：单击已插入的形状，其周围出现8个控制句柄，在某个控制句柄上，拖曳鼠标，即可对其长度和宽度进行调整，进而调整形状的大小。如果要精确设置形状的大小和角度，在“绘图工具”选项卡的“大小和位置”组中，对“形状高度”和“形状宽度”微调框进行相应设置即可，如图8-10所示。

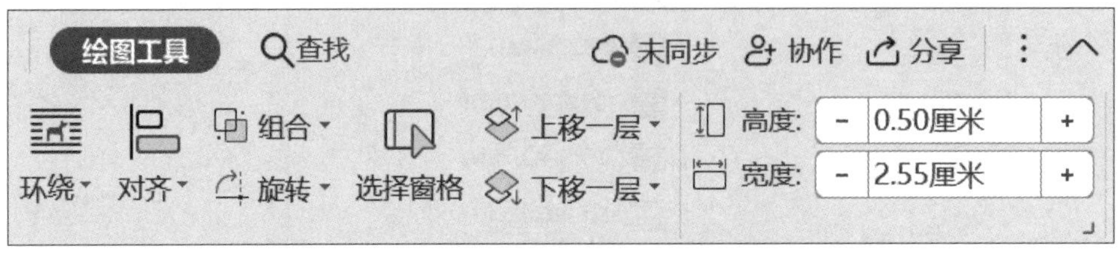

图8-10　“绘图工具”选项卡的“大小和位置”组

调整形状角度：选中形状后，用鼠标拖曳形状上方的旋转按钮，就可调整形状的角度。用户也可以单击“对话框启动器”按钮，打开“布局”对话框，在“大小”选项卡中来调整形状角度。

8.3.3　设置形状效果

如果要设置形状效果，在“绘图工具”选项卡的“设置形状格式”组中，来对形状的“填充”、“轮廓”以及“形状效果”等进行设置；用户也可以单击“对话框启动器”按钮，打开“属性”窗格，在该窗格中可对形状的“填充与线条”和“效果”进行设置。

对于多个形状而言，多个形状之间的位置关系，可通过“绘图工具”选项卡中的“组合”“对齐”“旋转”等下拉按钮来完成。

任务8.4　设置文本框

微课8-3

插入和设置文本框

8.4.1　插入文本框

文本框可以使其包含的文本或图形移动到页面的任意位置，从而进一步增强图文混排的功能。使用文本框还可以对文档的局部内容进行竖排、添加底纹、添加边框等特殊效果的排版。

在“插入”选项卡中，单击“文本框”下拉按钮，从弹出的“文本框”下拉列表中的“预设文本框”选择一种文本框样式，如横向、竖向或多行文字等，也可以选择“文本框推荐”样式，如图8-11所示。

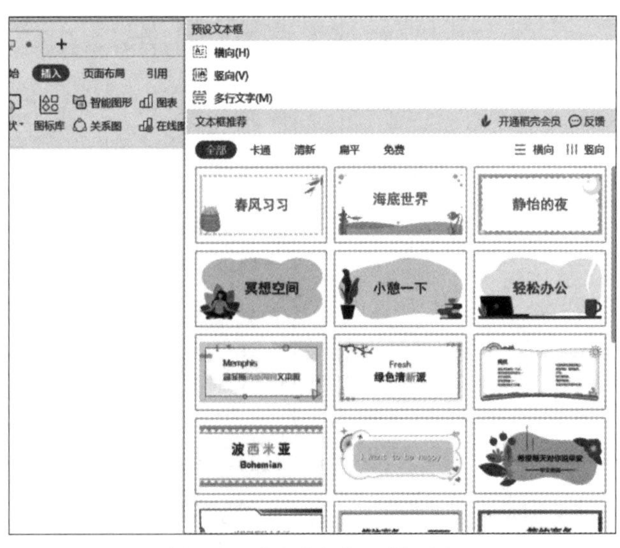

图8-11　“文本框”下拉列表

8.4.2　设置文本框格式

调整文本框的大小：单击该文本框，其周围出现 8 个控制句柄，在某个控制句柄上，拖曳鼠标，可对其长度和宽度进行调整，进而调整文本框的大小。

如果要精确设置文本框的大小，在“绘图工具”选项卡的“大小和位置”组中，对“高度”和“宽度”微调框进行设置。用户也可以单击“对话框启动器”按钮，打开“布局”对话框，在“大小”选项卡进行设置。

调整文本框位置：选中文本框，拖曳鼠标直到目标位置后松开鼠标左键即可。

选中文本框，在“文本工具”选项卡中，通过“设置形状格式”“排列”等组中的选项，可以对文本框格式进行更丰富的设置，如“填充”“轮廓”“形状格式”“环绕”“对齐”“组合”“旋转”等设置。

8.4.3　设置文本框内文本格式

选中文本框，在“文本工具”选项卡中，通过“字体”“段落”“设置文本效果格式”等组中的选项，可以对文本框的文本格式进行设置，如图 8-12 所示。

图 8-12　“文本工具”选项卡

任务 8.5　设置艺术字

8.5.1　插入艺术字

在“插入”选项卡中，单击“艺术字”下拉按钮，如图 8-13 所示，从弹出的“艺术字”下拉列表中的“预设样式”内选择一种艺术字样式，在编辑区即出现所选艺术字样式的输入框，在其中输入艺术字内容即可。

微课 8-4

设置艺术字

图 8-13　“艺术字”下拉按钮

8.5.2 设置艺术字效果

对于选定好的艺术字样式，可以进行自定义设置，更改艺术字效果。在“文本工具”选项卡中，通过“字体”“段落”“设置文本效果格式”等选项可对艺术字效果进行设置。

任务 8.6 设置智能图形

微课 8-5
插入和设置智能图形

智能图形是信息和观点的视觉表现形式。

在“插入”选项卡中，单击“智能图形”按钮，打开“选择智能图形”对话框，在其中选择所需的类别及图形，如图 8-14 所示。

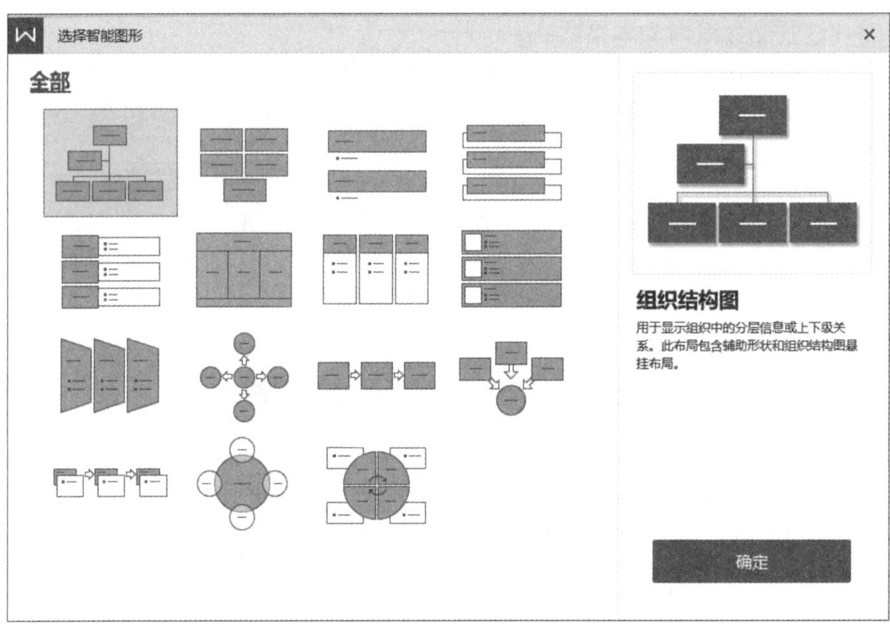

图 8-14 选择“智能图形”对话框

智能图形插入文档后，可以在其中输入文字或插入图片，完成智能图形的基本编辑后，单击智能图形，可通过“设计”“格式”选项卡中的选项来对智能图形的整体样式、填充、轮廓、图形格式、图形形状、文本格式等进行设置。

任务 8.7 设置水印

选择“页面布局”选项卡，在“背景”下拉列表中的“水印”二级列表中，可以快速选择“自定义水印”“预设水印”“插入水印”“删除文档中的水印”等选项，或者选择“插入”选项卡，在“水印”下拉列表中进行同样的设置。如果想自定义水印，可选择“插入水印”选项，弹出“水印”对话框，如图 8-15 所示，在该对话框中可以自定义文字水印，可设置文字水印的内容、字体、字号、颜色、透明度和版式等，也可以设置图片水印的缩放、版式、对齐方式等。

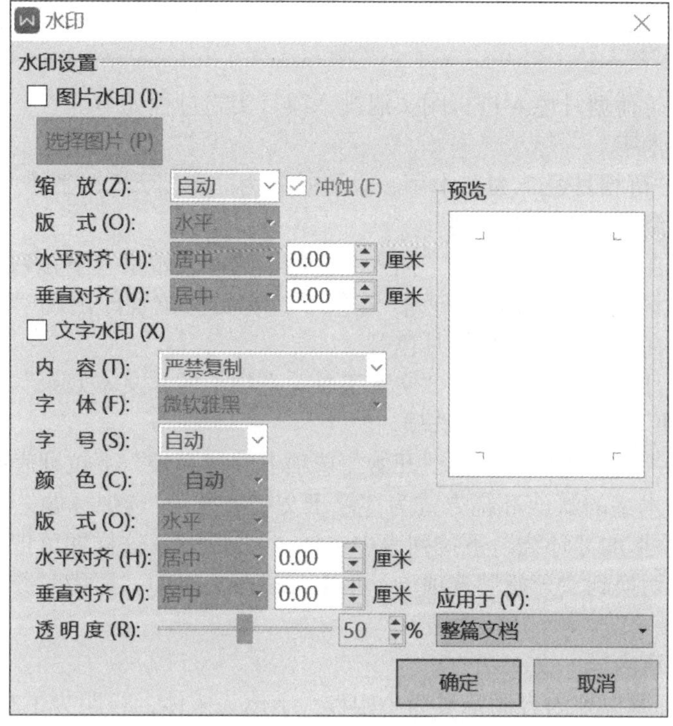

图 8-15 “水印”对话框

如果想删除水印，可在“水印”下拉列表中选择“删除文档中的水印”命令即可。

任务 8.8 设置首字下沉

选中需要首字下沉的段落，在“插入”选项卡中，单击“首字下沉”按钮，弹出“首字下沉”对话框，如图 8-16 所示，“位置”一般默认选择“无”选项，也可设置“下沉”或“悬挂”选项，当设置为“下沉”或“悬挂”时，就能对“字体”“下沉行数”“距正文”等选项进行进一步设置。

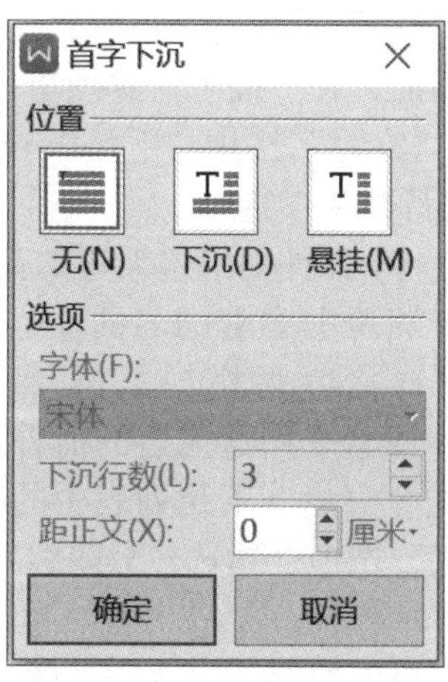

图 8-16 “首字下沉”对话框

项目实施

对当代散文《荷塘月色》进行图文混排，项目实施过程如下。

（1）插入艺术字

标题设置："荷塘月色"为艺术字，设置效果为"正V形"，字体大小为72号，居中，艺术字的环绕方式为"嵌入型"。

插入点放置在文章标题处，在"插入"选项卡的"艺术字"下拉列表中，选择"预设样式"中的"渐变填充-金色，轮廓-着色4"，在目标位置即出现"请在此放置您的文字"输入框，在其中输入"荷塘月色"。

选中"荷塘月色"艺术字，在"文本工具"选项卡的"文本效果"下拉列表中选择"转换"→"弯曲"→"正V形"选项。

选中"荷塘月色"艺术字，在"开始"选项卡的"字号"下拉列表中选择"72"。

一般插入艺术字的默认环绕方式为"浮于文字上方"，选中标题艺术字输入框，在"绘图工具"选项卡的"环绕"下拉列表中选择"嵌入型"，这样即可把标题设置在文章的第一行，然后切换到"开始"选项卡，单击"段落"组中"居中对齐"按钮，即可使艺术字居中。

（2）设置文章内容

① 设置除标题以外内容的字号为小四号，字体为宋体，行距为1.3倍，首行缩进2个字符。

选中相应内容，在"开始"选项卡中，单击"字体"组中的"字体"下拉按钮，在"字体"下拉列表中选择为"宋体"，在"字号"下拉列表中选择"小四"。单击"段落"组中的"行距"下拉按钮，在"行距"下拉列表选择"其他"选项，弹出"段落"对话框，在"间距"栏选择"行距"下拉列表中的"多倍行距"，在"设置值"微整框中输入"1.3"；在"缩进"栏选择"特殊格式"下拉列表中的"首行缩进"，在"度量值"微整框里面输入"2"并在右侧下拉列表中选择"字符"。

② 设置"作者：朱自清"右对齐。

选中"作者：朱自清"，在"开始"选项卡中，单击"段落"组中的"右对齐"按钮。

③ 给"这几天……带上门出去"设置首字下沉，下沉2行。

将插入点插入到"这"字前面，在"插入"选项卡中，单击"首字下沉"按钮，弹出"首字下沉"对话框，选择"位置"栏中"下沉"选项，将"选项"栏中"下沉行数"设置为"2"（一般默认下沉行数为3行）。

④ 设置"路上只我一个人……我且受用这无边的荷香月色好了"这部分内容为两栏，"月光如流水一般……如梵婀玲上奏着的名曲。"这部分内容为三栏，"采莲南塘秋……妻已睡熟好久了。"这部分内容为两栏。

选中"路上只我一个人……我且受用这无边的荷香月色好了"，在"页面布局"选项卡的"页面设置"组中，单击"分栏"下拉列表中的"很多分栏"，弹出"分栏"对话框，选择"预设"栏中"两栏"选项，钩选"分隔线"复选框，单击"确定"按钮即可完成分栏设置。

同样的方法按要求分别设置另外两部分内容的分栏。

（3）插入形状

在第4段后，插入“上凸带形”形状，将形状环绕方式设置为“嵌入型”，设置填充效果为黄绿双色渐变，渐变样式为“渐变样式”中“矩形渐变”下的“中心辐射”。

在“插入”选项卡的“形状”下拉列表中，选择“星与旗帜”中的“上凸带形”选项，目标位置处即插入了“上凸带形”形状，适当调整其大小。右击该形状，在弹出的快捷菜单中选择“添加文字”选项，在形状中添加文字“荷塘月色”。选中该形状，在“绘图工具”选项卡中，选择“填充”下拉列表中“渐变”选项，在文档右侧出现“属性”窗格，在“填充与线条”中钩选“渐变填充”并设置为黄绿双色，在渐变停止点1处设置为绿色，渐变停止点2处设置为黄色，在“渐变样式”中选择“矩形渐变”下的“中心辐射”，即可完成渐变填充设置。单击该形状，在“绘图工具”选项卡的“环绕”下拉列表中选择“嵌入型”，完成形状的设置。

（4）插入智能图形

在第5段后，插入“基本流程”智能图形，并对其进行设置。

在目标位置上，单击“插入”选项卡的“智能图形”按钮，弹出“选择智能图形”对话框，选择“流程”下的“基本流程”选项，目标位置即插入了“基本流程”智能图形，适当调整智能图形大小。“基本流程”智能图形的内容依次填入“荷塘的四面”“远远近近”“高高低低都是树”。选中该智能图形，在“设计”选项卡的“更改颜色”下拉列表中，选择“彩色”选项中的第5个颜色；在“环绕”下拉列表中，选择“嵌入型”选项。

（5）插入图片

在第6段右侧，插入图片，并对图片进行设置。

在目标位置上，单击“插入”选项卡的“图形”下拉列表中“本地图片”按钮，弹出“插入图片”对话框，在对应位置上找到图片，单击“打开”按钮，即可插入图片。

选中该图片，在“图片工具”选项卡中“大小和位置”组中，选择“裁剪”下拉列表“按形状裁剪”选项下“基本形状”中的“椭圆”形，在编辑区该图片上即出现椭圆形裁剪框，按回车键即可将图片裁剪成椭圆形。在“图片工具”选项卡的“设置形状格式”组中，选择“效果”下拉列表中的“发光”效果，选择“发光变体”中“灰色-50%，11 pt发光，着色3”选项。适当调整图片大小，单击“环绕”下拉列表中“四周型环绕”选项，调整该图片到第6段的右侧。

（6）插入文本框

在文章的最后插入文本框，将文章最后的两段文字剪切到文本框中，适当调整文本框的大小和位置。设置文本框为“无填充颜色”，边框颜色为“橙色”。

选中该文本框，在“绘图工具”选项卡中，选择“填充”下拉列表中“无填充颜色”选项，选择“轮廓”下拉列表中“标准色”中的“橙色”。

在文本框适当位置中插入花纹符号：将插入点插入到目标位置后，单击“插入”选项卡下“符号”下拉列表中的“其他符号”按钮，弹出“插入符号”对话框，在“字体”下拉列表框中选择“Wingdings 2”选项后即显示很多符号，如图8-17所示分别从中选择字符代码为97和98的花纹符号，单击“插入”按钮即可。

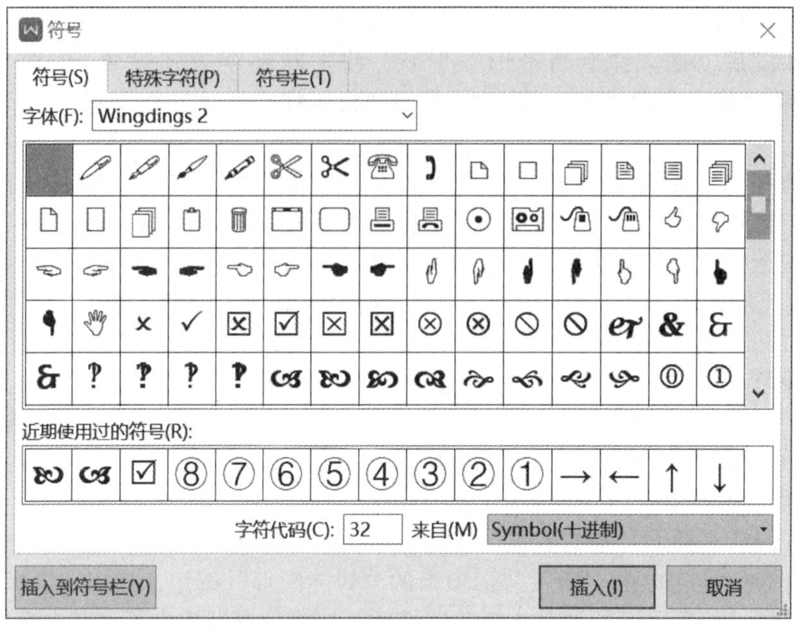

图 8-17 选择“Wingdings 2”选项

（7）设置页面边框

单击“开始”选项卡下“段落”组中“边框”下拉列表中的“边框和底纹”按钮，弹出“边框和底纹”对话框，在“页面边框”选项卡中，选“艺术型”下拉列表中的最后一个选项，如图 8-18 所示，单击“确定”按钮，完成页面边框的设置。

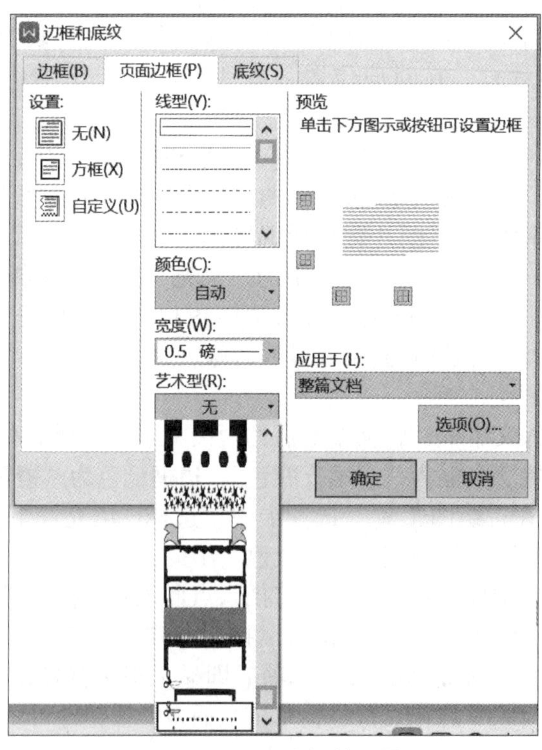

图 8-18 页面边框的设置

项目评价

项目名称	当代散文图文混排		
职业技能	WPS 文档中图文混排操作		
序号	知识点	评价标准	分数
1	设置页面格式	能够正确设置页面格式（10 分）	
2	设置图片	能够正确插入图片、调整图片、设置文字和图片之间的环绕方式（10 分）	
3	设置形状	能够正确插入形状、调整形状、设置文字和形状之间的位置（10 分）	
4	设置文本框	能够正确插入文本框、调整文本框、设置文字和文本框之间的位置（15 分）	
5	设置艺术字	能够正确插入艺术字、调整艺术字、设置文字和艺术字之间的位置（15 分）	
6	设置智能图形	能够正确设置智能图形（10 分）	
7	设置水印	能够自定义设置水印（5 分）	
8	设置首字下沉	能够按要求设置首字下沉（5 分）	
9	学习主动性	学习态度端正，学习兴趣浓厚，积极帮助他人（10 分）	
10	创新意识	具备创新意识，勇于探索，主动寻求创新方法（10 分）	

项目提升

为了加强学生对图文混排的练习，按项目要求完成图文混排提升项目，完成效果如图 8-19 所示。

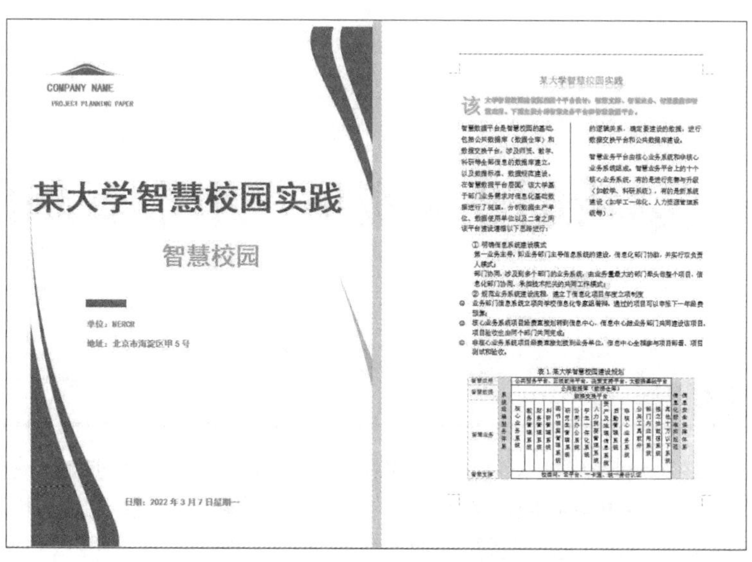

图 8-19　图文混排提升项目完成效果

提升项目的项目要求如下。

（1）设置标题段文字（“某大学智慧校园实践”）的字体为小三、黑体、居中、段前段后间距为 3 磅、1.15 倍行距；文本填充选择“渐变填充”，“渐变样式”选择“矩形渐变”中的“中心辐射”，渐变停止点 1 处：巧克力黄，着色 6，渐变光圈透明度 50%，亮度 10%，渐变停止点 2 处：浅蓝；文本阴影效果设置为：“阴影→外部→右下斜偏移”“颜色→黄色（标准色）”“距离→ 20 磅”；文本倒影效果设置为：“倒影→倒影变体→紧密倒影，8 pt 偏移量”。

（2）正文第一段（“该大学智慧校园建设围绕……和智慧数据平台。”）文本轮廓设置为：“实线”“颜色→‘印度红，着色 2，浅色 60%’”“宽度→ 0.7 磅”。

（3）设置页边距为上下各 3 厘米，左右各 2.5 厘米，装订线位于左侧 2 厘米。

（4）设置文档属性：标题为“大学智慧校园实践”、主题为“智慧校园”、作者为“NCRER”、单位为“NCRE”；为该文档插入内置“项目解决方案”型封面，封面文档标题即为该文档标题，封面文档副标题为该文档主题，日期为 2020 年 9 月 10 日，公司即为“摘要”选项卡中的单位，地址为“北京市海淀区甲 5 号”；用考生文件夹下的图片 picture1.jpg 为该文档加图片水印，缩放 80%，冲蚀。

（5）设置正文第一段到第四段（“该大学智慧校园建设围绕……该平台建设遵循以下思路进行：”）的文字字号为 10.5 号，字体为宋体，段落左右各缩进 0.3 字符、段后间距 0.6 行，行距为 1.15 倍行距。

（6）将正文第二段至第三段（“智慧数据平台是……人力资源管理系统等。”）首行缩进 2 字符，并分为两栏，第 1 栏栏宽为 15 字符、第 2 栏栏宽为 18 字符、栏间加分隔线。

（7）为正文第一段（“该大学智慧校园建设围绕……和智慧数据平台。”）设置首字下沉 2 行，距正文 0.2 厘米。

（8）为小标题“②规范业务系统建设流程，建立了信息化项目年度立项制度”后的三段（“业务部门信息系统立项……项目测试和验收。”）设置项目符号（“自定义项目符号”，选择“符号→ Wingdings”字体中的笑脸符号）。

（9）在分栏的右侧插入图片 Tulips.jpg，图文和文字之间的环绕方式设置为“四周型”。

项目 9　创新创业大赛项目申报表制作

项目概况

为深入贯彻落实全国教育大会精神，推进“大众创业，万众创新”，引领创新创业教育国际交流合作，加快培养创新创业人才，促进创新驱动创业、创业引领就业，持续激发大学生创新创业热情，展示创新创业教育成果，主办方拟举办第六届中国国际“互

联网 +”大学生创新创业大赛。主办方需设计一张创新创业大赛项目申报表，排版效果如图 9-1 所示。

<table>
<tr><th colspan="8">第六届创新创业大赛项目申报表</th></tr>
<tr><td colspan="2">项目名称</td><td colspan="6">E芯多用智能定位管理系统</td></tr>
<tr><td colspan="2" rowspan="3">项目负责人信　息</td><td>姓　名</td><td>吴娟</td><td>所在学院</td><td colspan="3">人工智能与大数据学院</td></tr>
<tr><td>性　别</td><td>女</td><td>政治面貌</td><td>团　员</td><td>联系邮箱</td><td>12345678@qq.com</td></tr>
<tr><td>专　业</td><td>物联网应用技术</td><td>毕业时间</td><td>2021 年</td><td>联系方式</td><td>1508285xxxx</td></tr>
<tr><td rowspan="3">团队成员信息</td><td>姓名</td><td>余崧源</td><td>年级/专业</td><td colspan="2">物联网应用技术</td><td>手机号码</td><td>1398332xxxx</td></tr>
<tr><td>姓名</td><td>蔡院琴</td><td>年级/专业</td><td colspan="2">物联网应用技术</td><td>手机号码</td><td>15215155xxxx</td></tr>
<tr><td>姓名</td><td>邓　明</td><td>年级/专业</td><td colspan="2">大数据技术与应用</td><td>手机号码</td><td>1531068xxxx</td></tr>
<tr><td colspan="2" rowspan="2">项目实施情况</td><td colspan="6">☑未实施，在创意阶段　　□已实施 1 年以下
□已实施 1 年（含）以上 2 年以下　　□已实施 2 年（含）以上</td></tr>
<tr><td>是否注册企业</td><td>□是　☑否</td><td>月营业额</td><td colspan="3">：万元</td></tr>
<tr><td colspan="3">项目是否参加过省级以上大学生创新创业大赛并获奖</td><td>☑是　□否</td><td>大赛名称及获奖等级</td><td colspan="3">第五届互联网+创新创业大赛（银奖）</td></tr>
<tr><td colspan="2">项目简介及申报理由（200 字内）</td><td colspan="6">互联网信息科技时代，企业对员工的安全和管理越来越重视。目前，很多企业在员工打卡考勤管理也存在很大缺陷，指纹打卡、人脸打卡、RFID打卡等都是企业现有的打卡手段，但这些打卡方式都需要排队才能完成这一环节，既浪费员工时间，也降低了企业工作效率。
E 芯多用—智能定位管理系统是一款基于云平台，通过员工佩戴的工作牌和无线传感器网络对员工、环境、设备进行监测，并分析数据，对安全问题进行预警，并可以实现非定点打卡、日常行为监测记录、一键求救、环境监测、位置追踪等功能。该产品使用便捷、实用性强，能为企业解决基本的管理问题。</td></tr>
<tr><td colspan="2">申请人承诺</td><td colspan="6">项目无任何产权纠纷，申请表信息真实准确。
申请人（签名）：吴娟</td></tr>
<tr><td colspan="2">学院推荐意见及理由</td><td colspan="6">盖章
年　月　日</td></tr>
</table>

图 9-1　创新创业大赛项目申报表

项目分析

本项目主要是对申报表进行建立、编辑、美化等操作，让学生能够独自建立表格、设置表格、美化表格，先通过 5 个任务来学习本项目所需的必备知识，再通过项目实施阶段按要求来进行实操。

项目必知

任务 9.1　创建、删除表格及使用表格的快速样式

微课 9-1

新建表格

9.1.1　创建、删除表格

插入简单表格时，将插入点移至目标位置，单击“插入”选项卡下“表格”组中

的“表格”下拉按钮，弹出“表格”下拉列表，如图 9-2 所示。在“插入表格”区域中移动指针，以选择表格的行数和列数。选定所需行、列数后，单击鼠标左键即可创建表格。

图 9-2　“表格”下拉列表

删除表格的方法：将插入点置于表格中，单击“表格工具”选项卡下“插入单元格”组中的“删除”下拉按钮，从“删除”下拉列表中选择“表格”选项，如图 9-3 所示。

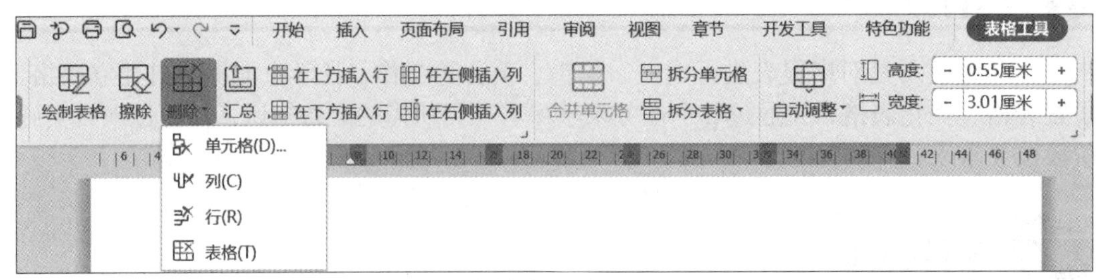

图 9-3　“删除”下拉列表

9.1.2　使用表格的快速样式

表格的快速样式是指对表格的颜色、底纹、边框等套用预设的格式。使用表格的快速样式方法为：将插入点置于表格中，在“表格样式”选项卡下（图 9-4）的“表格样

式”列表框中选择需要的预设样式。

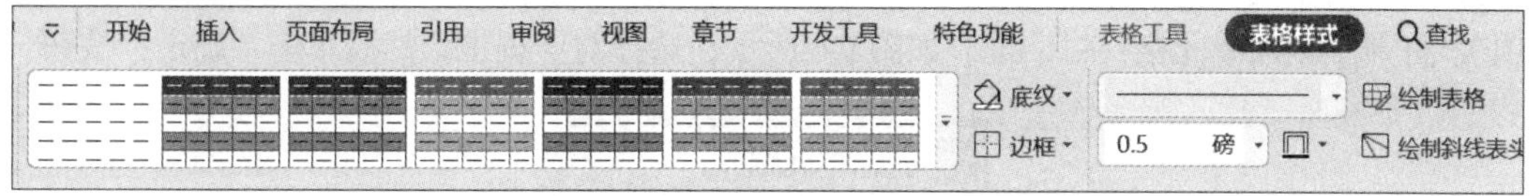

图 9-4　“表格样式”选项卡

任务 9.2　编辑表格内容

表格的编辑操作遵循“先选中、后操作”的原则，选中表格的方法见表 9-1。

表 9-1　选中表格的方法

选中目标	方　　法
当前单元格	通过插入点插入到对应的单元格
多个连续单元格	选中第一个单元格后，按住鼠标左键拖曳
多个不连续的单元格	选中第一个单元格后，按住 Ctrl 键，再单击其他不连续的单元格
一行或一列单元格	拖曳鼠标选择一行或一列，也可以把指针移动到指定行的左侧或者指定列的上方，当指针形状变化时，单击左键
连续多行	选中一行后，按住左键向上 / 下拖曳
连续多列	选中一列后，按住左键向左 / 右拖曳
不连续的多行或多列	选中一行或一列后，然后按住 Ctrl 键，依次选中其他需要的行 / 列

任务 9.3　设置表格格式

微课 9-2

设置表格格式

9.3.1　调整表格

1. 插入或删除单元格

在表格中插入单元格的方法：选中单元格后，右击选中的单元格，从弹出的快捷菜单中选择“插入”列表中的“单元格”命令（或在“表格工具”选项卡中，单击“行和列”组中的“对话框启动器”按钮），打开“插入单元格”对话框，如图 9-5 所示，选择对应选项，再单击“确定”按钮。

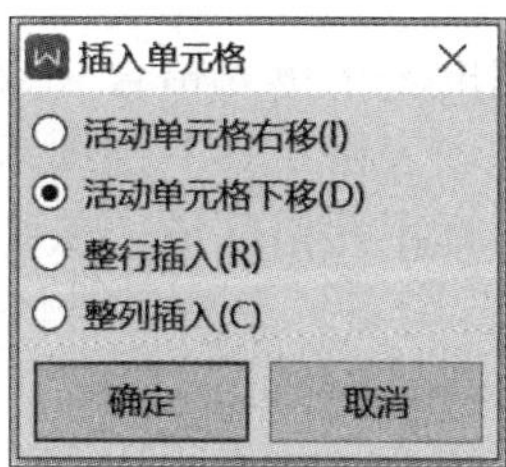

图 9-5　“插入单元格”对话框

删除单元格时，右击选中的单元格，从弹出的快捷菜单中选择“删除单元格”命令（或在“表格工具”选项卡中，选择“行和列”组中的“删除”下拉列表中的“单元格”选项），打开“删除单元格”对话框，如图 9-6 所示，选择对应选项，然后单击“确定”按钮。

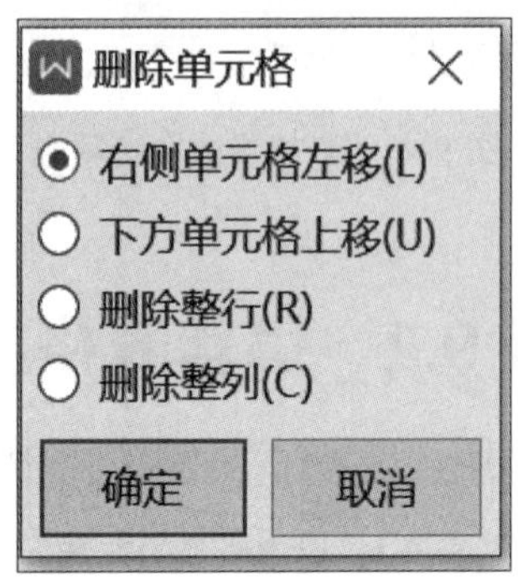

图 9-6　“删除单元格”对话框

2. 插入行或列

将插入点移至目标位置对应单元格，在“表格工具”选项卡中，单击“插入单元格”组的“在上方插入行”“在下方插入行”“在右侧插入列”或“在左侧插入列”等按钮，即可在目标位置插入行或列。

另外，也可以将插入点置于表格一行最右侧的行尾处，按 Enter 键，即可在表格当前行的下方插入空行，依次这样操作，可以添加多个空行。

3. 设置行高和列宽

一般默认情况下，WPS 文档中插入表格后，表格会自动调整每行的高度和每列的宽度，用户也可以自定义设置，根据需要调整行高和列宽。

粗略调整行高（列宽）的方法：将指针移至两行（列）中间的垂直线上，当指针变成双向箭头形状时，按住左键在垂直（水平）方向上拖曳，当出现的水平（垂直）虚线到达新的位置后释放鼠标左键，行高（列宽）随之改变。

精确调整行高和列宽的方法：选中目标单元格，在“表格工具”选项卡的“行高”和“列宽”微调框中输入行高和列宽值。

4. 拆分或合并单元格

（1）拆分单元格

拆分单元格是将指定单元格拆分为较小的单元格，拆分单元格的方法：选中目标单元格，在“表格工具”选项卡中，单击“合并”组中的“拆分单元格”按钮，打开“拆分单元格”对话框，在“行数”和“列数”微调框中输入合适的数值，然后单击“确定”按钮，即可将目标单元格拆分成指定的行数和列数。

（2）合并单元格

合并单元格是指将矩形区域内的多个单元格合并成一个较大的单元格。合并单元格的方法：选中目标单元格区域，在“表格工具”选项卡中，单击“合并”组中的“合并单元格”按钮，或者右击选中的目标单元格区域，从弹出的快捷菜单中选择“合并单元格”命令。

（3）拆分表格

拆分表格是指将表格按行或列拆分成两个表格。拆分表格的方法：将插入点置于拆

分后要成为新表格第 1 行（列）的任意单元格中，在“表格工具”选项卡中，单击“合并”组中的“拆分表格”下拉列表中的“按行拆分”(“按列拆分”)命令。如果将已拆分后的表格再次合并时，只需删除两个表格之间的换行符即可。

5. 设置单元格边距

单元格边距是指单元格中内容与边框之间的距离。设置单元格边距的方法：选中表格，在“表格工具”选项卡中，单击“表格属性”按钮，打开“表格属性”对话框，单击“选项”按钮，会弹出在“表格选项”对话框，在“默认单元格边距”的“上”“下”“左”“右”微调框中输入需要的值，如图 9-7 所示，最后单击“确定”按钮。

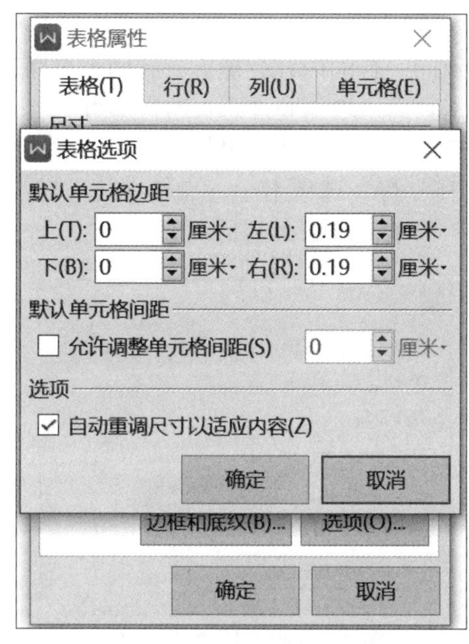

图 9-7　“表格选项”对话框

9.3.2　美化表格

1. 设置边框和底纹

设置表格边框的方法：选中整个表格，在“表格样式”选项卡中，单击“表格样式”组中的“边框”下拉按钮，从“边框”下拉列表中需要的框线类型。如果要自定义边框，从“边框”下拉列表中选择“边框和底纹”选项，打开“边框和底纹”对话框，在该对话框的“边框”选项卡中，对“设置”“线型”“颜色”和“宽度”等选项组中的选项进行适当的设置，最后单击“确定”按钮。

微课 9-3

美化表格

设置表格底纹的方法：选中要添加底纹的单元格，在“表格样式”选项卡中，单击“表格样式”组中的“底纹”下拉按钮，从“底纹”下拉列表中选择合适的颜色。也可以打开“边框和底纹”对话框，在“底纹”选项卡中，设置底纹，可对“填充”和“图案”等选项组中的选项进行相应设置。

2. 设置表格自动重复标题行

有些表格过长会导致表格被拆分显示在多页中，从第 2 页开始表格就没有标题行，为了让第 2 页开始能清晰展示表格表头信息，需要对表格设置重复标题行。

设置表格自动重复标题行的方法：选中表格，在“表格工具”选项卡中，单击“数据”组中的“标题行重复”按钮，如图 9-8 所示，第 2 页开始就会重复过长表格的标题行，再次单击该按钮，可以取消重复标题行。

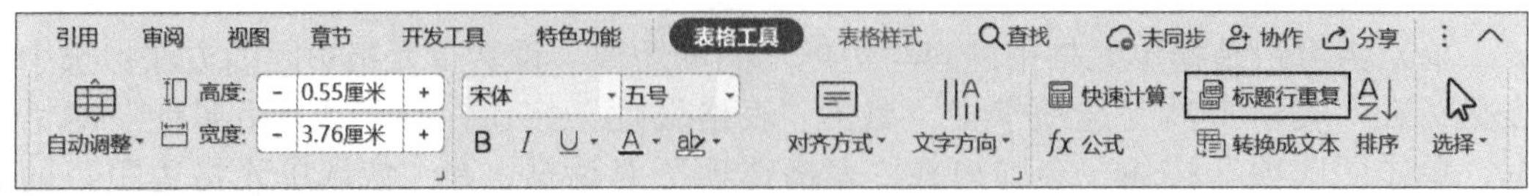

图 9-8　“标题行重复”按钮

3. 取消允许跨页断行

表格多于一页时，导致同一行的内容会被拆分到两个页面，这样不利用表格编辑和设置，为了让表格处于同一页面，取消允许跨页断行即可。

选中任意单元格后，右击单元格，从弹出的快捷菜单中选择“表格属性”命令，打开“表格属性”对话框。在“行”选项卡中，撤销钩选“选项”栏中的“允许跨页断行”复选框，单击“确定”按钮，如图 9-9 所示。

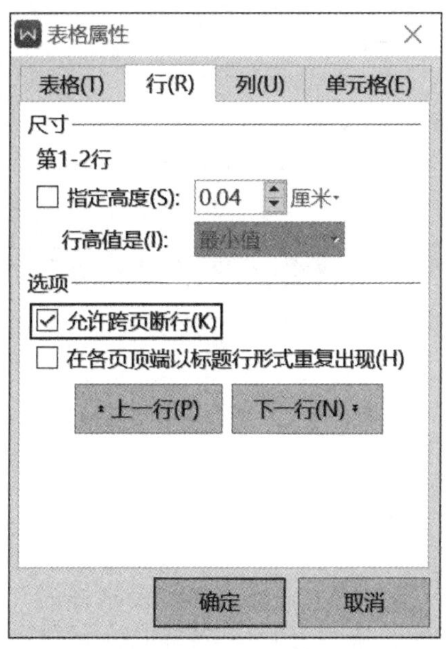

图 9-9　“允许跨页断行”复选框

任务 9.4　处理表格数据

9.4.1　计算表格数据

WPS 文档表格自带一些简单的公式，可以对表格中的数据进行简单的公式处理。若要对数据进行复杂处理，可使用 WPS 表格。WPS 文档表格包含有数据求和、求平均、求最大值、求最小值、统计等函数，每种函数的功能不一样，对应的函数名称也不一样。

对 WPS 文档表格数据进行计算的方法是：将光标置于选定的单元格内，在“表格工具”选项卡中，单击“公式”按钮，打开“公式”对话框，如图 9-10 所示，从“粘贴函数”下拉列表框中选择对应的函数，然后在公式栏中输入要处理的数据范围。

图 9-10　“公式”对话框

9.4.2　表格数据排序

对表格数据排序的方法：选中要对数据进行排序的表格，在“表格工具”选项卡中，单击“排序”按钮，打开“排序”对话框，如图 9-11 所示，在“主要关键字”栏中选择排序的列，从“类型”下拉列表框中选择数据类型，选择排序的方式，如降序或升序。另外也可以在“次要关键字”“第三关键字”栏中设置作为次要和第三排序依据的选项，进而实现更丰富的数据排序。

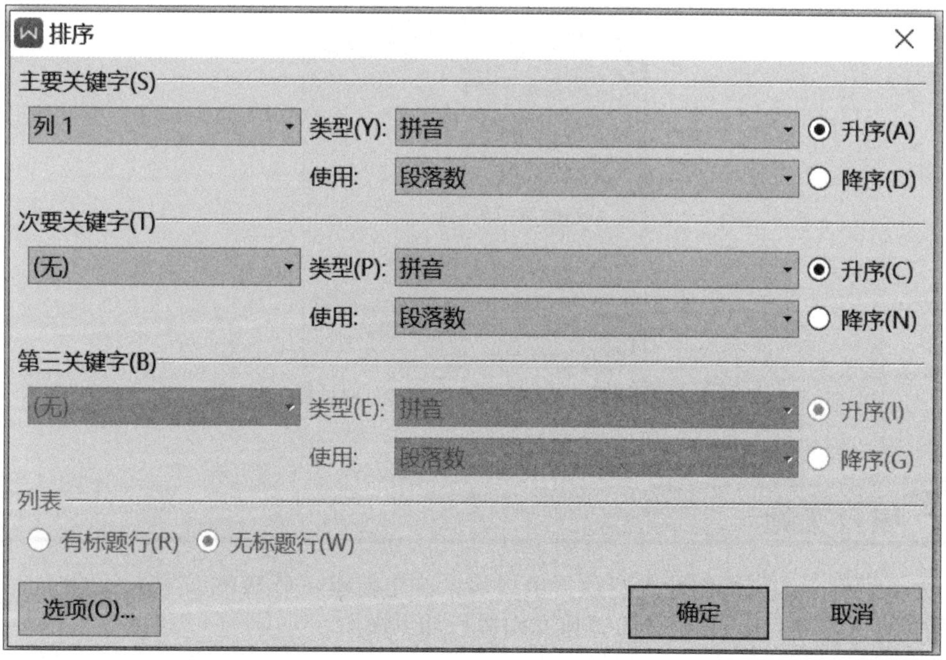

图 9-11　“排序”对话框

任务 9.5　转换表格与文本

1. 将有规律的文本内容转换成表格内容

选中相应的文本，在“插入”选项卡中，单击“表格”下拉按钮，从弹出的“表格”下拉列表中选择“文本转换成表格”选项，打开“将文字转换成表格”对话框，如图 9-12 所示。在“表格尺寸”栏中，设置“列数”微调框中的数值，在“文字分隔位置”栏中选文字间的分隔依据，单击“确定”按钮，即可得到转换后的表格。

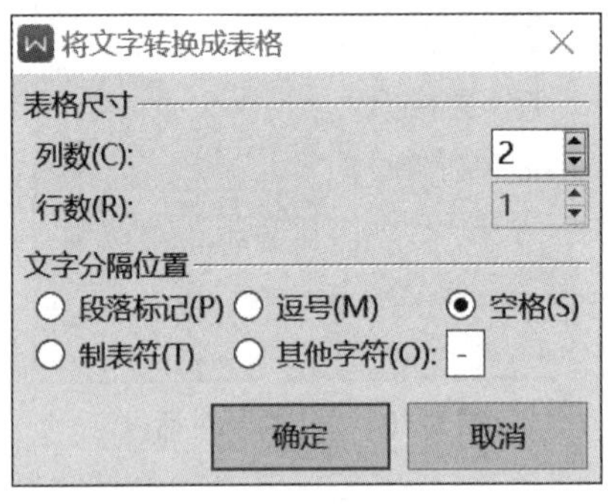

图 9-12　“将文字转换成表格”对话框

2. 将表格转换成排列整齐的文档

选中表格，在“插入”选项卡中，单击“表格”下拉按钮，从“表格”下拉列表中选择“表格转换成文本”选项，弹出“表格转换成文本”对话框，如图 9-13 所示，在“文字分隔符”栏中选择需要的分隔符号，单击“确定”按钮，即可将表格转换成文本。

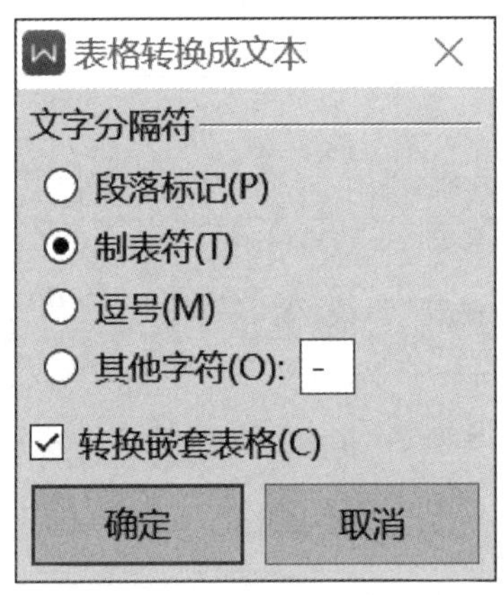

图 9-13　“表格转换成文本”对话框

项目实施

为了设计一个创新创业大赛项目申报表，首先新建一个 WPS 文档，文档重命名为“创新创业大赛项目申报表”，打开该文档进行如下操作。

（1）设置标题

输入标题内容，设置标题字体为华为楷体，字号为小二，字形为加粗。

在“开始”选项卡，选择“字体”为“华为行楷”，“字号”为“小二”，单击“加粗”按钮。

（2）新建表格

新建一个7列13行的表格。

在“插入”选项卡中，单击“表格”下拉列表中的“插入表格”命令，在“插入表格”对话框中输入列数为7列，行数为13行。

（3）调整表格

① 表格的第1列设置宽度为2.7厘米。选中表格，选中第一列，在“表格工具”选项卡中，设置“表格属性”组中列宽为2.7厘米。

② 合并单元格。

对表格第1行中除“项目名称”单元格外的所有单元格进行合并。

选中表格第1行中除“项目名称”单元格外的所有单元格，在“表格工具”选项卡中，单击“合并单元格”按钮即可完成合并。对第2行后3个单元格进行合并；对“项目负责人信息”所占3行的单元格进行合并；对“年级 / 专业”后2个单元格进行合并；对“项目实施情况”所占2行的单元格进行合并；将“项目简介及申报理由”后的所有单元格合并成1行；将“申请人承诺”后的全部单元格合并成1行；将“学院推荐意见及理由”后的单元全部合并成一行，整体合并后的效果如图9-1所示。

③ 拆分单元格。

对“项目负责人信息”下面的单元格进行拆分，先拆分成3行2列，然后将第1列的3行进行合并。

选中目标单元格，在“表格工具”选项卡中，单击“拆分单元格”按钮，弹出“拆分单元格”对话框，在其中填入列数为3列、行数为2行，单击“确定”按钮，即可完成单元格的拆分。合并单元格方法同②。

④ 输入表格内容。在表格中按图8-1所示填入相应的文字信息，并设置字体为华为行楷，字号为小四，对“项目名称”“项目负责人信息”“项目实施情况”“项目简介及申报理由”“申请人承诺”进项加粗处理。

⑤ 表格的行高和列宽格式按图9-1所示进行调整即可。

⑥ 参照图9-1所示在目标位置插入复选框符号“□”。在“插入”选项卡中，单击“符号”下拉列表中的“其他符号”命令，弹出“符号”对话框，在“符号”对话框的“字体”下拉列表中选择“Wingdings 2”，找到并选择复选框符号“□”，单击“插入”按钮，即完成符号的插入。

（4）美化表格

① 设置边框

为表格设置边框，将表格外边框设置为双线。先选中表格，在“表格样式”选项卡中，选择“边框”下拉列表中“边框和底纹”选项，弹出“边框和底纹”对话框，在“边框”选项卡的“线型”栏中选择“双线”，即可完成边框设置。

② 设置底纹

为表格设置底纹，参照图9-1所示将表格中目标单元格底纹设置为“灰色 -25%，背景2”。先选中目标表格，在“表格样式”选项卡的“底纹”下拉列表中选择“主题颜色”里的“灰色 -25%，背景2”。

项目评价

项目名称	创新创业大赛项目申报表制作		
职业技能	**WPS 文档表格制作和设计**		
序号	知识点	评价标准	分数
1	表格制作	能够正确新建表格（10 分）	
2	编辑表格内容	能够正确编辑表格内容，设置表格中字体格式（10 分）	
3	设置表格格式	能够正确进行合并单元格、拆分单元格、增加行或列等操作，并对表格对齐方式、边框底纹、行高列宽等进行设置（50 分）	
4	处理表格数据	能够正确处理表格数据（10 分）	
5	学习主动性	学习态度端正，学习兴趣浓厚，积极帮助他人（10 分）	
6	创新意识	具备创新意识，勇于探索，主动寻求创新方法（10 分）	

项目提升

为了加强学生对 WPS 文档表格设计的练习，按项目要求完成 WPS 文档表格设计提升项目，完成效果如图 9-14 所示。

2022 年 4 月中国新能源轿车销量排行榜 TOP10（附榜单）

中商情报网讯:2022 年 4 月,中国新能源轿车销量前十企业分别为宏光 MINI、比亚迪秦、比亚迪汉、比亚迪海豚、零跑 T03、QQ 冰淇淋、奔奔 EV、奇瑞 EQ、风神 E70、埃安(AIONS)。

榜单显示，宏光 MINI 销量最高，达 24908 辆，同比下降 6.3%。与去年同期相比，风神 E70 销量涨幅最明显，同比增长 466.5%；其次，比亚迪秦销量同比增长 268.9%；零跑 T03 新能源轿车销量同比增长 162.2%。

2022 年 4 月中国新能源轿车销量排行榜 TOP10			
排名	车型	销量(辆)	同比增长
1	宏光 MINI	24908	-6.3%
2	比亚迪秦	23520	268.9%
3	比亚迪汉	13406	64.0%
4	比亚迪海豚	11959	
5	零跑 T03	7156	162.2%
6	QQ 冰淇淋	7078	
7	奔奔 EV	6692	74.9%
8	奇瑞 EQ	6086	8.3%
9	风神 E70	4005	466.5%
10	埃安(AIONS)	3968	-21.8%

图 9-14　WPS 文档表格设计提升项目完成效果

提升项目的项目要求如下。

（1）将全文中的所有英文小写变为大写。

（2）将标题段文字（“2022 年 4 月中国新能源轿车销量排行榜 TOP10（附榜单）”）设置为三号、红色（标准色）、黑体、加粗、倾斜、居中、段后间距 0.5 行。

（3）正文部分设置字体为宋体、字号为小四，两端对齐，首行缩进 2 字符，行距设为固定值 18 磅，段后间距 0.5 行。

（4）将文中排行榜 12 行文字转换成一个 12 行 4 列的表格，设置表格第一列列宽为 1.8 厘米、第二列列宽为 3.8 厘米、其余为 2.8 厘米，行高为 0.85 厘米，设置表格居中，表格中内容水平居中。

（5）设置表格所有单元格的左边距为 0.5 厘米、右边距为 0.3 厘米；将第一行的所有单元格合并，并使合并后内容居中；按“同比增长”列依据“数字”类型升序排列表格内容；设置表格外框线为 1.5 磅蓝色（标准色）单实线，其余表格框线为 1 磅蓝色（标准色）单实线。

（6）将表格第 1 行设置为蓝色（标准色）底纹，第 2 行、第 4 行等设置底纹为“矢车菊蓝，着色 1，浅色 60%”。

项目 10　创新创业大赛项目申报书排版

项目概况

第六届中国国际“互联网 +”大学生创新创业大赛中，参赛队伍需填写创新创业大赛项目申报书，按申报书的要求对申报书进行排版，创新创业大赛项目申报书最终排版效果如图 10-1 所示。

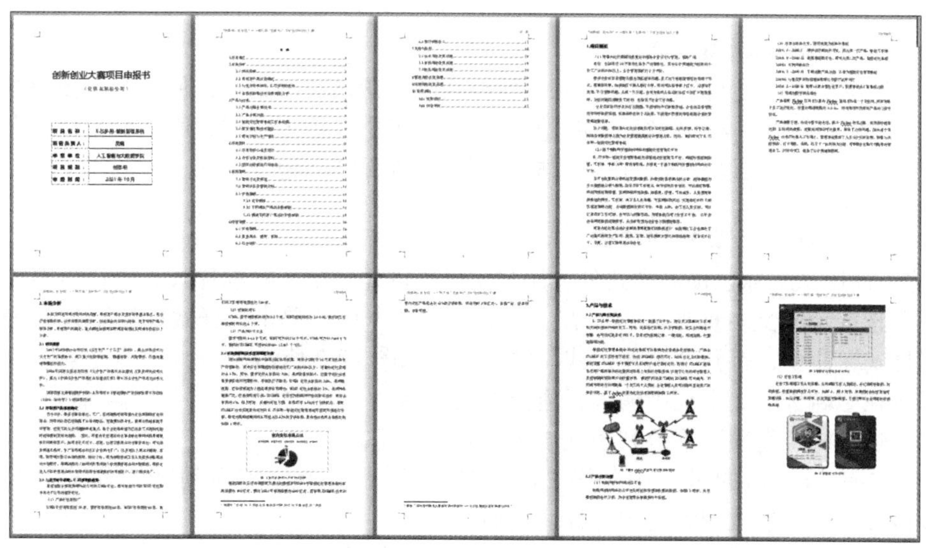

图 10-1　创新创业大赛项目申报书最终排版效果

项目分析

本项目是对创新创业大赛项目申报书进行排版，主要涉及页面设置、文档导航、标题样式、自定义修改样式、创建题注、创建脚注、设置页面页脚、制作文档目录、打印预览文档等内容。

项目必知

任务 10.1　设置文档页面

10.1.1　应用页面设置

页面设置是对文档页面进行设置，包括对纸张大小、纸张方向、页边距、文字方向、分栏等内容的设置。对于不同的文档样式，文档的页面设置会有所不同。页面设置是通过“页面布局”选项卡或者“页面设置”对话框来实现的，“页面设置”对话框包含 5 个选项卡，分别为“页边距”“纸张”“版式”“文档网络”“分栏”等选项卡，可在不同选项卡下完成相关设置。

10.1.2　文档精准导航

当编写、阅读、修订毕业论文或工作报告等长文档时，导航功能可以快速定位到文档相应位置，这样就可提高编辑、查阅文档的效率。文档导航除了使用大纲视图外，也可以“导航”窗格进行精确导航。

在“视图”选项卡中，单击“导航窗格”下拉按钮，在“导航窗格”下拉列表中可选择“靠左”“靠右”“隐藏”等选项，如果选中“靠左”，即可在文档左侧显示“导航”窗格。单击某个标题后，即可定位到标题所在的对应位置处。

任务 10.2　设置标题

10.2.1　使用标题预设样式

微课 10-1

设置标题

样式是指用有意义的名称保存的字符格式和段落格式的集合，使用系统预设样式的方法：选中对应标题文本内容，在“开始”选项卡中，单击“样式库”下拉按钮在下拉列表中选中对应的预设样式，比如“标题 1”“标题 2”“标题 3”等。

10.2.2　创建自定义标题样式

微课 10-2

自定义样式

除了使用系统标题预设样式外，用户也可以创建自定义标题样式，操作步骤如下。

① 选中对应文本标题内容，在“开始”选项卡中，单击“样式库”下拉列表中的“新建样式”命令，打开“新建样式”对话框，如图 10-2 所示。

② 在“名称”文本框中输入新建样式的名称。

③ 从“样式类型”下拉列表框中选择样式类型。

④ 在编辑文档的过程中，按 Enter 键后，下一段落如需自动套用样式，可以从“后续段落样式”下拉列表框中选择适当的选项。

⑤ 在“格式”栏中，可以设置字体或段落的常用格式。

⑥ 单击“确定”按钮，完成创建自定义标题样式。

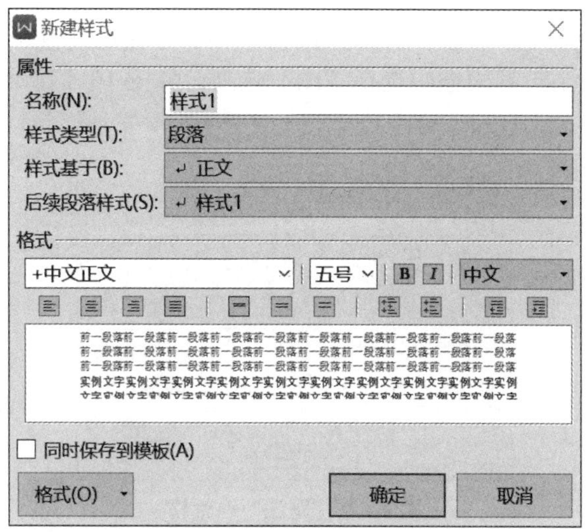

图 10-2　“新建样式”对话框

10.2.3　修改预设或自定义样式

在“开始”选项卡中，右击“样式库”列表框内要修改的样式名称，从弹出的快捷菜单中选择“修改样式”命令，如图 10-3 所示，在打开的“修改样式”对话框中重新设置样式，方法参照“新建样式”对话框的操作。

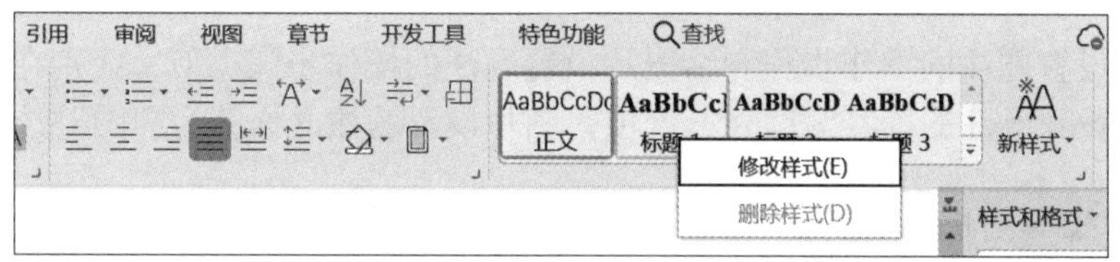

图 10-3　“修改样式”命令

10.2.4　删除自定义样式

在“样式库”列表框中，右击需要删除的自定义样式，在快捷菜单中单击“删除样式”命令，即可删除该自定义样式。若要清除文档中所有已应用的样式，可在“样式库”下拉列表中选择“清除格式”命令。

微课 10-3

创建题注和交叉引用

任务 10.3　创建题注和交叉引用

10.3.1　创建题注

在撰写论文或工作报告等长文档时，图表和公式通常按所在章节中出现的顺序分章编号，图表和公式信息形如图 3-1、表 3-1 和公式 3-1 等，当需要引用它们时，通常使用“如图 3-1 所示”“如表 3-1 所示”和“参考公式 3-1”字样。由于长文档的内容较多，在论文的编辑过程中，图表和公式的数量随文档的更改有所增加或减少，进而引起图表和公式的标注变化，手动去更改和维护这些标注，工作量很大，通过使用题注和交叉引用，就可省去对这些编号维护的工作量。

以给图片设置题注为例，其操作步骤如下。

① 先选中第一张图片，在“引用”选项卡中，单击“题注”按钮，打开“题注”对话框，从“标签”下拉列表框中选择“图”选项，如图 10-4 所示。

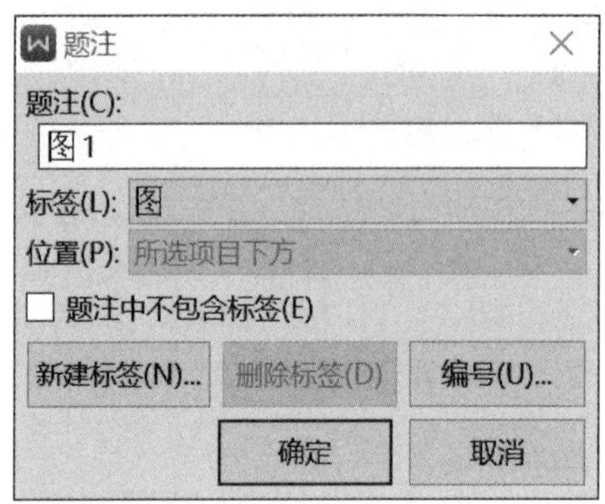

图 10-4 “题注”对话框

② 如果上述标签不能满足要求，单击“新建标签”按钮，打开“新建标签”话框。在“标签”文本框中输入自定义标签名，单击“确定”按钮，返回“题注”对话框。此时，新建的标签出现在“标签”下拉列表框中，选中该标签，单击“确定”按钮，即可在图片的下方自动插入标签和图号。

③ 依次选中文档中的图片，给对应图片添加题注。如果想删除题注，可先选中题注，然后按 Delete 键即可将其删除。删除题注后，WPS 文档将自动重新为其余题注进行编号。

给表格设置题注的操作步骤和给图片设置题注的操作步骤类似，区别在于标签选择不同，表格设置题注的标签为“表”选项，图片设置题注的标签为“图”选项。

10.3.2 交叉引用

交叉引用是指将图片、表格等内容与相关正文中的说明文字之间建立一一对应关系，从而为编辑操作提供自动更新手段。创建交叉引用的操作步骤如下。

① 输入如“如……所示”的介绍文字并选中，在“引用”选项卡中，单击“交叉引用”按钮，打开“交叉引用”对话框，如图 10-5 所示。

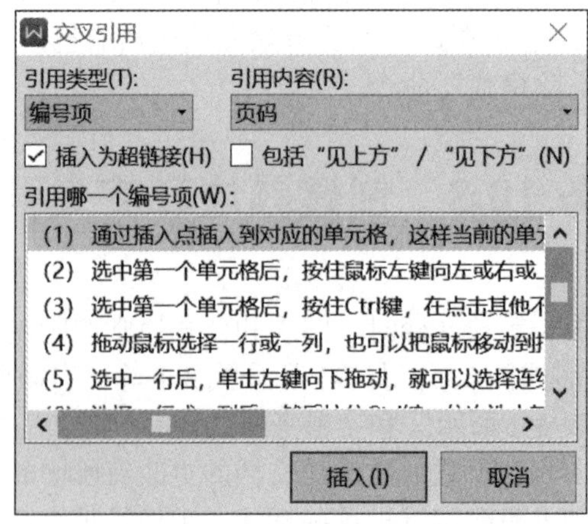

图 10-5 “交叉引用”对话框

② 从“引用类型”下拉列表框中选择“图”选项，从“引用内容”下拉列表框中选择一个选项以表明引用的内容，如图 10-6 所示，然后在“引用哪一个题注”列表框中选择要引用的项目。

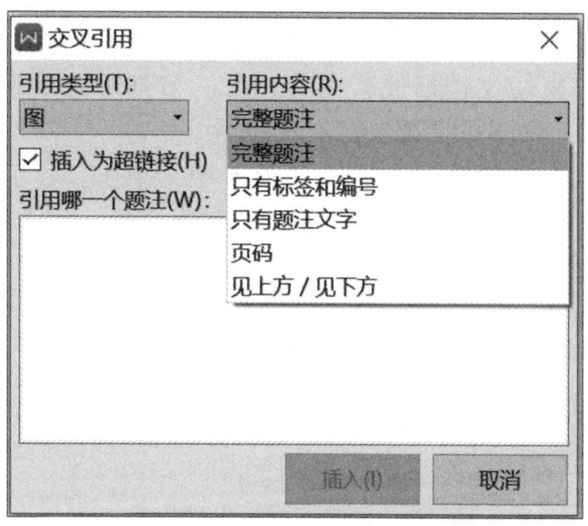

图 10-6　“引用内容”下拉列表框

③“插入为超链接”复选框用于将引用的内容以超链接方式插入到文档中。

④ 单击“插入”按钮，即可在当前位置添加相应图片或表格的引用说明。

⑤ 如果还要插入其他的交叉引用，输入所需的介绍文字，然后重复步骤②—④即可。

将插入点置于交叉引用文本范围内，其内容会显示为灰色的底纹。如果修改了被引用位置的内容，在右键快捷菜单中，点击“更新域”命令或者按 F9 键，即可完成交叉引用的更新。

任务 10.4　设置脚注和尾注

脚注和尾注是对文章添加的注释，在页面底部添加的注释称为脚注，在文档末尾添加的注释称为尾注。WPS 文档提供了插入脚注和尾注的功能，并且会自动为脚注和尾注添加编号。

将插入点放置在目标位置，在“引用”选项卡中，如果要插入脚注，单击“插入脚注”按钮，如果要插入尾注，单击“插入尾注”按钮。此时，WPS 文档会把插入点移至脚注或尾注区，接着输入相关注释内容即可。如果对脚注或尾注的编号格式不满意，单击“脚注和尾注”组的“对话框启动器”按钮，在“脚注和尾注”对话框中对编号格式进行自定义设置，如图 10-7 所示。

删除脚注或尾注时，先选中脚注或尾注编号，然后按 Delete 键，注释内容也随之消失。

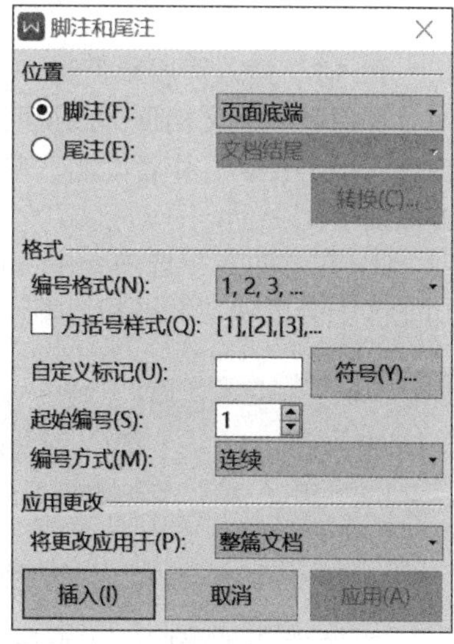

图 10-7　“脚注和尾注”对话框

任务 10.5　设置页眉和页脚

9.5.1　插入分节符

微课 10-4

设置页眉和页脚

节是 WPS 文档划分文档的一种方式。默认情况广，整个文档就是一节，只能用一种版面格式编排。为了对文档的多个部分使用不同的版面格式，就要把文档分成若干节，即通过插入分节符来使文档形成若干节。每一节都可以单独设置页眉、页脚的格式，形成不同版面格式，增强了文档灵活、多样性。

插入分节符的方法：在“页面布局”选项卡中，单击“页面设置”组中的“分隔符”下拉按钮，从弹出的“分隔符”下拉列表中选择“下一页分节符”选项，即可插入分节符，如图 10-8 所示。

图 10-8　“分节符”选项

如果要取消分节，先要显示分节符，在“开始”选项卡中，单击“段落”组中“显示 / 隐藏编辑标记”下拉列表中的“显示 / 隐藏段落标记”命令，即可显示文档中的标记符号，编辑区已可以看到分节符。将光标置于分节符上，然后按 Delete 键，即可删除分节符，完成取消分节操作。

10.5.2　插入页眉和页脚

页眉是位于文档顶部的说明信息，页脚是位于文档底部的说明信息，页眉、页脚的内容可以为日期、作者姓名、单位名称、徽标及章节名称等。为文档添加页眉和页脚的方法如下。

① 在“插入”选项卡中，单击“页眉和页脚”按钮，进入页眉页脚编辑区，同时功能区中会出现“页眉和页脚”选项卡，如图 10-9 所示。

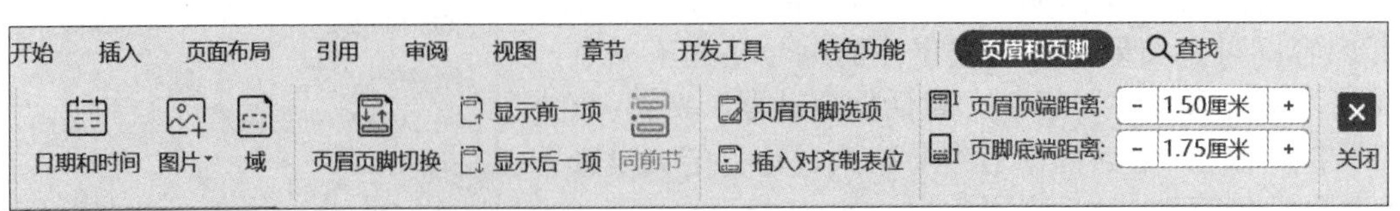

图 10-9　“页眉和页脚”选项卡

② 在页眉编辑区输入页眉的内容，一般来说页眉和页脚中输入的文本内容在每页

中显示都一样，如果需要设置不同的页眉和页脚的内容，需先将文本进行分节处理。

③ 在“页眉页脚”选项卡中，单击“页眉页脚转换”按钮，可将页眉编辑区切换到页脚编辑区，页脚的设置方法与页眉相同。也可以直接将鼠标从页眉区移动至页脚区，单击页脚区，即可对页脚进行编辑。

④ 单击“页眉和页脚”选项卡中的“关闭”按钮，即可关闭页眉页脚编辑状态。

在正文编辑状态下，页眉和页脚区呈灰色状态，表示页眉和页脚区不能编辑。对页眉和页脚区进行编辑时，正文文档区中呈灰色状态，正文不能进行被编辑。

任务 10.6　制作目录

10.6.1　设置目录

微课 10-5

制作目录

当各级标题应用了 WPS 文档定义的样式时，创建目录就十分方便。创建目录的方法：将插入点移至目标位置，在“引用”选项卡中，单击“目录”下拉按钮，从“目录”下拉列表中选择一种目录样式选项，如图 10-10 所示。

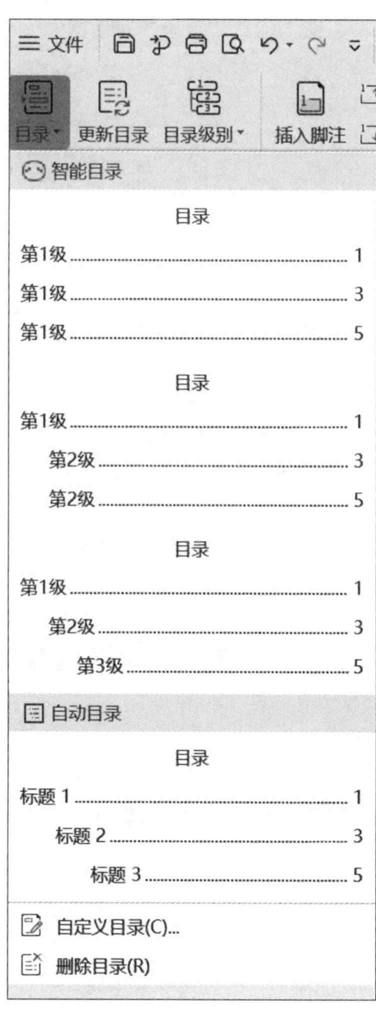

图 10-10　“目录”下拉列表

目录制作完成后，在目录中按住 Ctrl 键并单击其中的某标题行，即可快速跳转到正文中对应的位置。

如果要自定义目录样式，从“目录”下拉列表中选择“自定义目录”选项，打开“目录”对话框，如图 10-11 所示，在该对话框里进行相应设置。

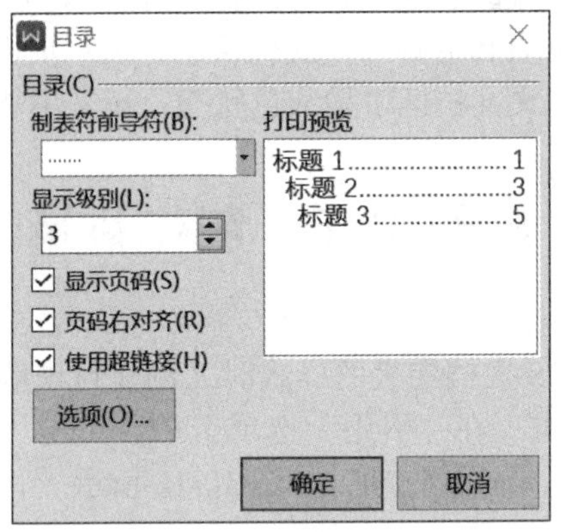

图 10-11　“目录”对话框

10.6.2　更新目录

单击“引用”选项卡中的“更新目录”按钮，或者右击目录，从快捷菜单中选择“更新域”命令，打开“更新目录”对话框，如图 10-12 所示，在该对话框中可选择“只更新页码”或“更新整个目录”选项，单击“确定”按钮即可更新目录。

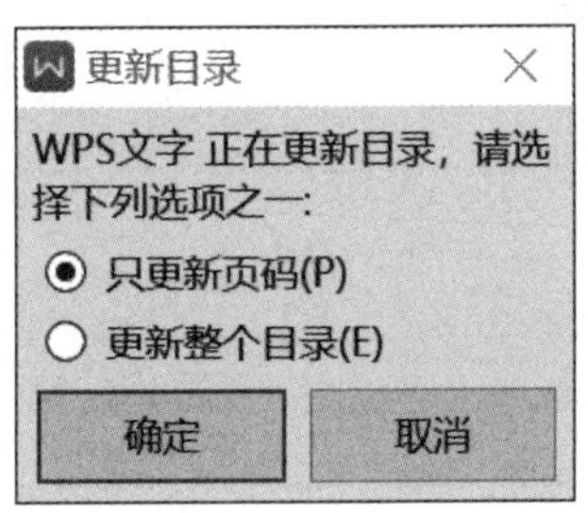

图 10-12　“更新目录”对话框

任务 10.7　预览和打印文档

1. 打印预览

打印预览是为了提前查看打印后的文档整体效果，打开打印预览的方法：单击快速访问工具栏中的“打印预览”按钮，显示“打印预览”功能区，如图 10-13 所示，此时编辑区文档进入打印预览状态。

图 10-13　“打印预览”功能区

2. 打印文档

单击“文件”选项卡下的“打印”命令，弹出“打印”对话框，如图 10-14 所示，在“份数”文本框中可设置打印的份数，在“页码范围”文本框中打印可指定所需打印页码的内容，单击“打印”按钮。

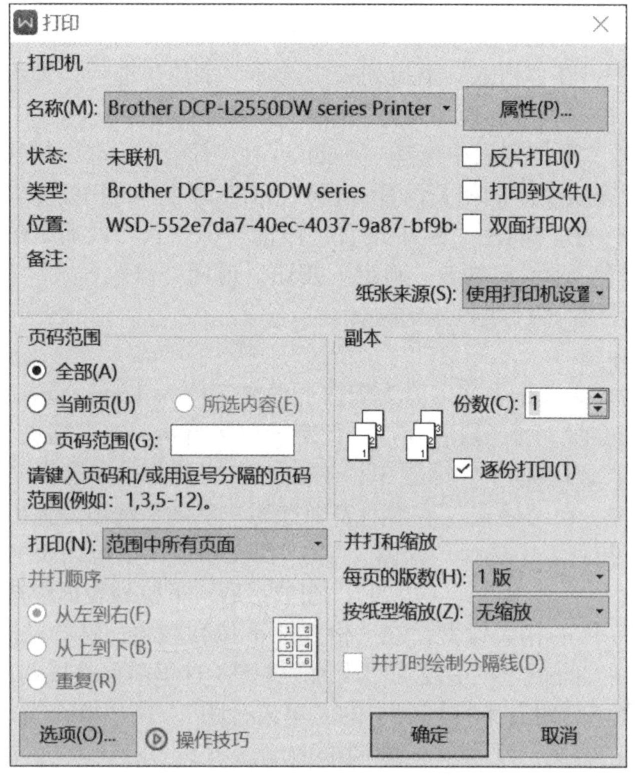

图 10-14 “打印”对话框

项目实施

参赛队伍需填写的创新创业大赛项目申报书，其排版实施过程如下。

（1）设置标题样式

① 设置一级标题

一级标题的格式要求是中文字体为宋体，西文字体为 Times New Roman，字号为小三，字形为加粗，段前 0.5 行，段后 0.5 行，行距为单倍行距，段前分页。

在“开始”选项卡中，选择“样式库”列表框中“标题 1”，右击，在快捷菜单中选择“修改样式”，弹出“修改样式”对话框，在“格式”下拉列表中选择“字体”选项，弹出“字体”对话框，在“中文字体”下拉列表中选择“宋体”，在“西文字体”下拉列表中选择“Times New Roman”，在“字号”下拉列表中选择“小三”，在“字形”下拉列表框中选择“加粗”，单击“确定”按钮完成字体的相关设置；在“格式”下拉列表中选择“段落”选项，弹出“段落”对话框，在“间距”栏中设置“段前”0.5 行、“段后”0.5 行，选择“行距”下拉列表中的“单倍行距”，然后在“换行和分页”选项卡中钩选“段前分页”复选框，单击“确定”按钮，返回“修改样式”对话框，再次单击“确定”按钮即可完成一级标题的设置。

② 设置二级标题

二级标题的格式要求是中文字体为宋体，西文字体为 Times New Roman，字号为小四，字形为加粗，段前 0.5 行，段后 0 行，行距为单倍行距。

选择“样式库”列表框中“标题 2”，右击，在快捷菜单中选择“修改样式”，弹出“修改样式”对话框，在“格式”下拉列表中选择“字体”选项，弹出“字体”对话框，在“中文字体”下拉列表中选择“宋体”，在“西文字体”下拉列表中选择“Times New Roman”，在“字号”下拉列表中选择“小四”，在“字形”下拉列表框中选择“加粗”，单击“确定”按钮完成字体的相关设置；在“格式”下拉列表中选择“段落”选项，弹出“段落”对话框，在“间距”栏中设置“段前”0.5 行，“段后”0 行，选择“行距”下拉列表中的“单倍行距”，单击“确定”按钮，返回“修改样式”对话框，再次单击“确定”按钮即可完成二级标题的设置。

③ 设置三级标题

三级标题的格式要求是中文字体为宋体，西文字体为 Times New Roman，字号为小四，字形为加粗，段前 3 磅，段后 0 行，行距为单倍行距，首行缩进 2 个字符。

选择“样式库”列表框中“标题 3”，右击，在快捷菜单中选择“修改样式”，弹出“修改样式”对话框，在“格式”下拉列表中选择“字体”选项，弹出“字体”对话框，在“中文字体”下拉列表中选择“宋体”，在“西文字体”下拉列表中选择“Times New Roman”，在“字号”列表中选择“小四”，在“字形”下拉列表框中选择“加粗”，单击“确定”按钮完成字体的相关设置；在“格式”下拉列表中，选择“段落”选项，弹出“段落”对话框，在“间距”栏中设置“段前”3 磅（这里需要将段前的单位设置成磅），“段后”0 行，选择“行距”下拉列表中的“单倍行距”，在“特殊格式”下拉列表中选择“首行缩进”，在右侧“度量值”微调框内输入“2”并选择“字符”，单击“确定”按钮，返回“修改样式”对话框，再次单击“确定”按钮即可完成三级标题的设置。

④ 套用标题样式

在长文档中，明确标题各属于哪一级，明确后，选中相应标题文字，单击“样式库”列表框中的“标题 1”“标题 2”“标题 3”，这样就可以依次套用各级标题样式。

（2）自定义样式

① 设置正文样式

设置正文样式，样式要求为中文字体为宋体，西文字体为 Times New Roman，字号为小四，首行缩进 2 个字符。

在“开始”选项卡中，选择“样式库”列表框中的“正文”，右击，在快捷菜单中选择“修改样式”，弹出“修改样式”对话框，在“格式”下拉列表中选择“字体”选项，弹出“字体”对话框，在“中文字体”下拉列表中选择“宋体”，在“西文字体”下拉列表中选择“Times New Roman”，在“字号”下拉列表中选择“小四”，单击“确定”按钮，返回“修改样式”对话框，再次单击“确定”按钮即可完成正文样式的设置。

② 创建图标题样式

创建图标题样式，样式要求为中文字体为宋体，西文字体为 Times New Roman，字号为五号，居中。

在“开始”选项卡中，单击“样式库”下拉列表中的“新建样式”命令，弹出“新

建样式”对话框，在“名称”文本框中输入新样式的名称“图标题样式”，在“格式”下拉列表中选择“字体”选项，弹出“字体”对话框，在“中文字体”下拉列表中选择“宋体”，在“西文字体”下拉列表中选择“Times New Roman”，在“字号”下拉列表中选择“五号”，单击“确定”按钮返回“新建样式”对话框，单击“居中”按钮，然后单击“确定”按钮即可完成图标题样式的创建。

③ 创建表标题样式

创建表标题样式，样式要求为中文字体为宋体，西文字体为 Times New Roman，字号为五号，居中。

在“开始”选项卡中，单击“样式库”下拉列表中的“新建样式”命令，弹出“新建样式”对话框，在“名称”文本框中输入新样式的名称“表标题样式”，在“格式”下拉列表中选择“字体”选项，弹出“字体”对话框，在“中文字体”下拉列表中选择“宋体”，在“西文字体”下拉列表中选择“Times New Roman”，在“字号”下拉列表中选择“五号”，单击“确定”按钮返回“新建样式”对话框，单击“居中”按钮，然后单击“确定”按钮即可完成表标题样式的创建。

④ 套用对应样式

选中文章中的正文，单击“样式库”中的“正文”样式，即可对其设置正文格式。选中正文中的图标题或表标题，单击“样式库”中的“图标题样式”或“表标题样式”，即可设置图标题或表标题的样式。

（3）添加题注、设置交叉引用

① 添加图题注

找到正文中的图片，依次给这些图片添加上图题注。这里要注意题注添加尽量依次按顺序完成。

选中第一个图片后，在“引用”选项卡中，单击“题注”按钮，弹出“题注”对话框，在“标签”下拉列表中选中“图”，“题注”文本框中的名称自动设为“图 1”，单击“确定”按钮完成第一张图片的图题注添加操作。依次选中其余的图片，添加每张图片的图题注。

② 添加表题注

找到正文中的表格，依次给这些表格添加上表题注。

选中第一张表格后，在“引用”选项卡中，单击“题注”按钮，弹出“题注”对话框，在“标签”下拉列表中选中“表”，“题注”文本框中的名称自动设为“表 1”，单击“确定”按钮完成第一张表的表题注添加操作。依次选中其余的表格，添加每张表格的表题注。

③ 设置交叉引用

在“引用”选项卡中，单击“交叉引用”按钮，弹出“交叉引用”对话框，“引用类型”下拉列表中选择“图”选项，“引用内容”下拉列表中选择“标签和编号”选项，依次对文中的图设置交叉引用。

在“引用”选项卡中，单击“交叉引用”按钮，弹出“交叉引用”对话框，“引用类型”下拉列表中选择“表”选项，“引用内容”下拉列表中选择“标签和编号”选项，依次对文中的表设置交叉引用。

（4）设置脚注

在“2.4 市场份额和技术前景调研分析”下“通过权威网站调查结合国家安监总局

披露，……占到 80% 以上”、“预计 2024 年市场规模为 600 亿元，……那将达到 378 亿元”这两处后分别插入脚注 1 和脚注 2。

将插入点放置到目标位置上，在“引用”选项卡中，单击“插入脚注”按钮，在当前页面底部即出现脚注“1.”，在脚注“1.”后输入内容“来源于‘全球 10 大悲惨化工事故及中国 2017 化工事故盘点’网页”，同样的方法设置脚注 2，脚注内容为“来源于‘2019 年中国无人零售市场分析报告——行业规模现状与发展潜力评估’”。

（5）自动生成目录

在封面后面，插入新的一页，在“引用”选项卡中，选择“目录”下拉列表中的“自动目录”选项，自动生成文章的目录。

（6）设置页眉和页脚

① 设置页眉

要求：封面不设置页眉，其他页眉按奇偶页不同来设置，奇数页页眉设置为“‘我敢闯、我会创’——第六届‘互联网 +’大学生创新创业大赛”，文字左对齐；偶数页页眉设置为一级标题，文字右对齐。

在“插入”选项卡中，单击“页眉和页脚”按钮，在“页眉页脚”选项卡中，单击“页面页脚选项”按钮，弹出“页眉 / 页脚设置”对话框，钩选“奇偶页不同”复选框，单击“确定”按钮。

在封面后插入分节符：在“页面布局”选项卡中，选择“页面设置”组中“分隔符”下拉列表中的“下一页分节符”选项，这样文章就可以分成两节。

封面上不设置页眉，将插入点放到第 2 节页眉处，在“页眉页脚”选项卡中，单击“同前节”按钮，这样就可以将两节之间的联系取消，两节就可分别设置。

在奇数页页眉上输入“‘我敢闯、我会创’——第六届‘互联网 +’大学生创新创业大赛”，设置为左对齐。偶数页页眉设置为一级标题，在“页眉页脚”选项卡中，单击“域”按钮，弹出“域”对话框，在“域名”下拉列表框中选择“样式引用”选项，然后再选择“样式名”下拉列表中的“标题 1”，如图 10-15 所示，将文字设置为右对齐。

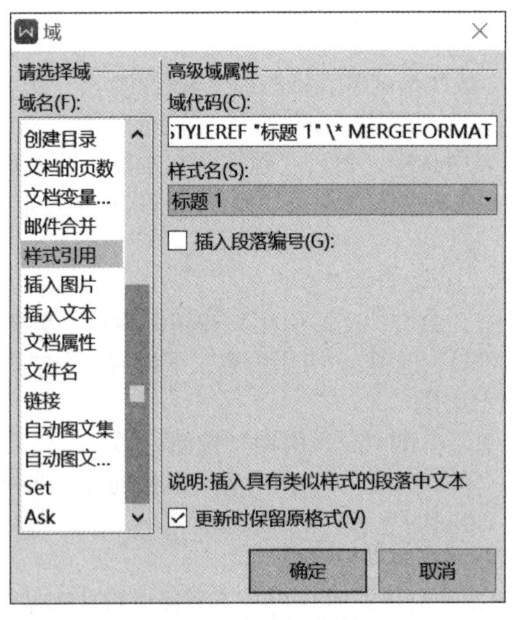

图 10-15　“域”对话框

② 设置页脚

封面不设置页脚，目录内容页脚设置为罗马数字，正文内容页脚设置阿拉伯数字。

在目录后插入分节符：在“页面布局”选项卡中，选择“页面设置”组中“分隔符”下拉列表中的“下一页分节符”选项，这样文章就可以分成三节。

封面上不设置页脚，将插入点放到第 3 节页脚处，在“页眉页脚”选项卡中，单击“同前节”按钮，这样就可以将两节之间的联系取消，文章就被分成了三节，三节都可以单独设置页脚。

将插入点放在第 2 节页脚处，在“页眉页脚”选项卡中，在“页码”下拉列表中选择“预设样式”下的“页脚中间”选项，这样页脚就可以自动生成。设置页脚罗马数字格式：在“页眉页脚”选项卡中选择“页码”下拉列表中的“页码”选项，弹出“页码”对话框，在“样式”下拉列表中选择罗马数字，在“页码编码”中钩选“起始页码”单选框，这样就完成了目录内容页的页脚设置。

将插入点放置在第 3 节页脚处，在“页眉页脚”选项卡中，选择“页码”下拉列表中的“页码”选项，弹出“页码”对话框，在“样式”下拉列表中选择阿拉伯数字，在“页码编码”中钩选“起始页码”单选框，这样就完成了正文内容页的页脚设置。

项目评价

项目名称	创新创业大赛项目申报书排版		
职业技能	对长文档进行排版设计及格式设置		
序号	知识点	评价标准	分数
1	页面设置	能够正确设置页面，并进行文档导航（10 分）	
2	标题设置	能够正确设置标题样式，创建自定义标题，修改标题样式（15 分）	
3	创建题注和交叉引用	能够正确设置题注，并对其进行交叉应用（15 分）	
4	设置脚注和尾注	能够正确设置脚注和尾注（10 分）	
5	设置页眉页脚	能够正确设置文档的页眉页脚（10 分）	
6	制作文档目录	能够正确制作文档目录（10 分）	
7	预览和打印长文档	能够对文档进行预览和打印（10 分）	
8	学习主动性	学习态度端正，学习兴趣浓厚，积极帮助他人（10 分）	
9	创新意识	具备创新意识，勇于探索，主动寻求创新方法（10 分）	

项目提升

为了巩固 WPS 文档的长文档排版相关知识，按项目要求完成长文档排版提升项目，完成效果如 10-16 所示。

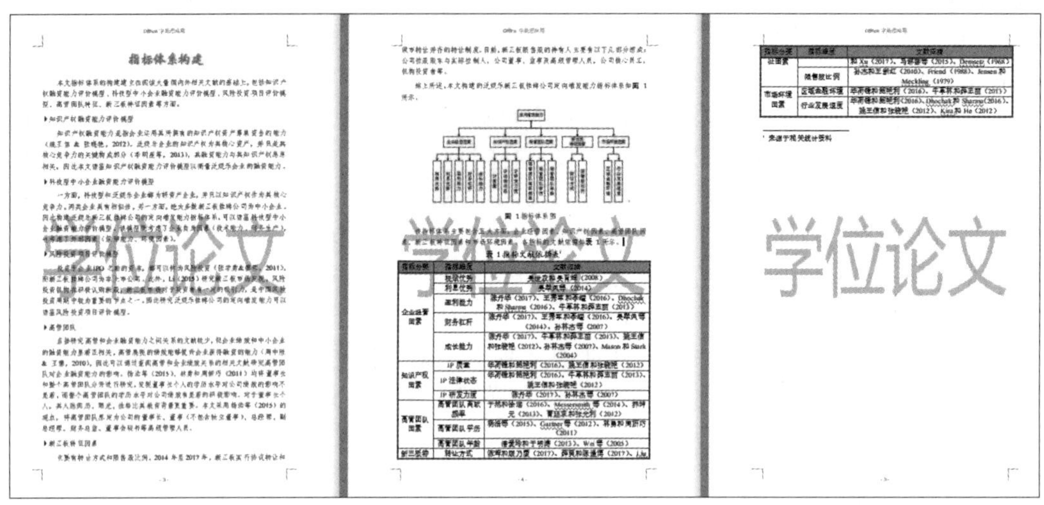

图 10-16　长文档排版提升项目效果

提升项目的项目要求如下。

（1）将标题段文字（“指标体系构建”）的字体设置为小一号、华文新魏、加粗、居中；将文本效果设置为填充：“深灰绿，填充色 5”，阴影：“外部→向右偏移，巧克力黄，着色 6”；将标题段文字间距紧缩 1.3 磅。

（2）将正文各段文字（“本文指标体系的构建……如表 1 所示。”）的中文字体设置为小四号仿宋，西文字体设置为 Times New Roman 字体，段落格式设置为 1.15 倍行距、段前间距 0.4 行；将正文中的 5 个小标题“（1）、（2）、（3）、（4）、（5）”修改成新定义的项目符号“►”（Webdings 字体中）。

（3）在正文倒数第二段（“综上所述，……如图 1 所示。”）前插入考生文件夹下的图片“图 3-1.jpg”，设置图片大小缩放：高度 80%，宽度 80%，图片居中，文字环绕为“上下型”。

（4）在页面底端插入“预设样式→页脚中间”样式页码，设置页码编号格式为“-1-、-2-、-3-、…”，起始页码为“-3-”。

（5）在文件菜单下编辑修改该文档的高级属性：作者“NCRE”，单位“NEEA”，文档主题“Office 字处理应用”。

（6）在页面顶端插入页眉，页眉内容为该文档主题，为页面添加文字水印“学位论文”。

（7）设置表标题名称为“表 1 指标文献依据表”，四号华文楷体、居中；图标题名称为“图 1 指标体系图”，五号华文楷体、居中。

（8）为图 1 和表 1 添加题注，并在指定位置上设置交叉引用，交叉引用只保留标签和编号。

（9）给表 1 添加尾注，尾注内容为“来源于相关统计资料”。

（10）将文中最后25行文字（即“表1指标文献依据表”以后的所有文字）按照制表符转换成一个16行3列的表格；合并第一列的第2—6、7—9、10—12、13—14、15—16单元格；将表格所有文字设置为字号：小四、字体：中文为仿宋，西文为Times New Roman、根据内容自动调整表格；设置表格居中、表格标题行重复。

（11）设置表格外框线和第一、二行间的内框线为蓝色（标准色）、1.5磅单实线，其余内框线为蓝色（标准色）、0.75磅单实线；为表格第一行、第一列填充底纹为“浅绿”。

模块小结

本模块包含4个文档处理的项目，分别为爱国词鉴赏编辑及排版、当代散文图文混排、创新创业大赛项目申报表制作、创新创业大赛项目申报书排版，通过这四个文档处理的项目实操，让读者能够循序渐进地掌握WPS文档的知识要点和操作技能。

理论测试

1. 在WPS文档中“字体”对话框中不能设定文字的（　　）。

A. 删除线　　B. 行距　　C. 字号　　D. 字符间距

2. 在WPS文档中“段落”对话框中不能设定文字的（　　）。

A. 首行缩进　　B. 对齐方式　　C. 段落间距　　D. 字符间距

3. 在WPS文档中，若在“段落”对话框中设置行距为20磅的格式，应先选中需设置的文本，再选择“行距”列表框中的（　　）。

A. 单倍行距　　B. 1.5倍行距　　C. 固定值　　D. 多倍行距

4. 在WPS中如果使用了项目符号或编号，则项目符号或编号在（　　）时会自动出现。

A. 每次按Enter键　　B. 一行文字输入完毕并按Enter键

C. 按Tab键　　D. 文字输入超过右边界

5. 在WPS文档中插入图片对象后，图片的默认文字环绕方式是（　　）。

A. 四周型　　B. 衬于文字下方　　C. 嵌入型　　D. 浮于文字上方

6. 在WPS文档中插入艺术字后，艺术字的默认文字环绕方式是（　　）。

A. 四周型　　B. 衬于文字下方　　C. 嵌入型　　D. 浮于文字上方

7. 在WPS文档中，预先定义好的多种格式集合称为（　　）。

A. 母版　　B. 项目符号　　C. 样式　　D. 格式

8. 在WPS文档中，下面关于页眉和页脚的叙述错误的是（　　）。

A. 一般情况下，页眉和页脚适用于整个文档

B. 在编辑“页眉与页脚”时可同时插入时间和日期

C. 在页眉和页脚中可以设置页码

D. 一次可以为每一页设置不同的页眉和页脚

9. 在 WPS 文档中，能显示各级标题层次分明的视图是（　　）。

A. 草稿视图　　B. Web 版式视图　　C. 页面视图　　D. 大纲视图

10. 在 WPS 文档中，能显示页面页脚等格式的视图是（　　）。

A. 草稿视图　　B. Web 版式视图　　C. 页面视图　　D. 大纲视图

11. 在 WPS 文档，要打印一篇文档的第 2、3、4、5、7、8 和 12 页，需在打印对话框的“页码范围”文本框中输入（　　）。

A. 2-4, 5-7, 12　　B. 2, 3, 4-8, 12

C. 2-4, 5-8, 12　　D. 2-5, 7-8, 12

12. 在 WPS 文档中，格式刷的作用是（　　）。

A. 复制文本和格式　B. 复制文本　　C. 复制格式　　D. 复制图形

13. 在 WPS 文档中，设置首字下沉的方法是单击（　　）选项卡，选择对应按钮即可。

A. 插入　　B. 页面布局　　C. 字体　　D. 段落

14. WPS 文档有中文字号和磅值字号两类，一般默认的字号是（　　）。

A. 五号　　B. 小四　　C. 10 磅　　D. 11 磅

15. 在 WPS 文档中，智能图形不包含下面（　　）。

A. 层次结构图　　B. 图表　　C. 流程图　　D. 循环图

16. 在 WPS 文档中，文字复制使用的组合键是（　　）。

A. Ctrl+S　　B. Ctrl+C　　C. Ctrl+X　　D. Ctrl+V

17. 在 WPS 文档中，文字粘贴使用的组合键是（　　）。

A. Ctrl+S　　B. Ctrl+Z　　C. Ctrl+Y　　D. Ctrl+V

18. 在 WPS 文档中，退出文件的组合键是（　　）。

A. Ctrl+F4　　B. Alt+F4　　C. Shift+F4　　D. Win+V

19. 在撰写论文或工作报告等长文档时，图表和公式通常按所在章节中出现的顺序分章编号，对文档中图表进行编号的方法是（　　）。

A. 创建题注和交叉引用　　B. 设置脚注

C. 设置尾注　　D. 设置页眉和页脚

20. 设置水印的方法：选择“页面布局”选项卡，单击“页面背景”组中的（　　）命令。

A. 首字下沉　　B. 水印　　C. 页眉和页脚　　D. 符号

技能测试

张静是一名高职院校的大三年级学生，面临毕业找工作，为了让自己从众多求职者中脱颖而出，她打算利用 WPS 文档精心制作一份简洁而醒目的个人简历，示例效果如图 10-17 所示。

个人简历制作要求如下。

（1）文件新建、文件命名：新建一个 WPS 文档，命名为“个人简历 .docx”。

（2）编辑文本：文本编辑的内容采用给定文件夹“WPS 文档素材 .txt”里的文本内容，参照图 10-17 所示设置文本内容及位置关系。

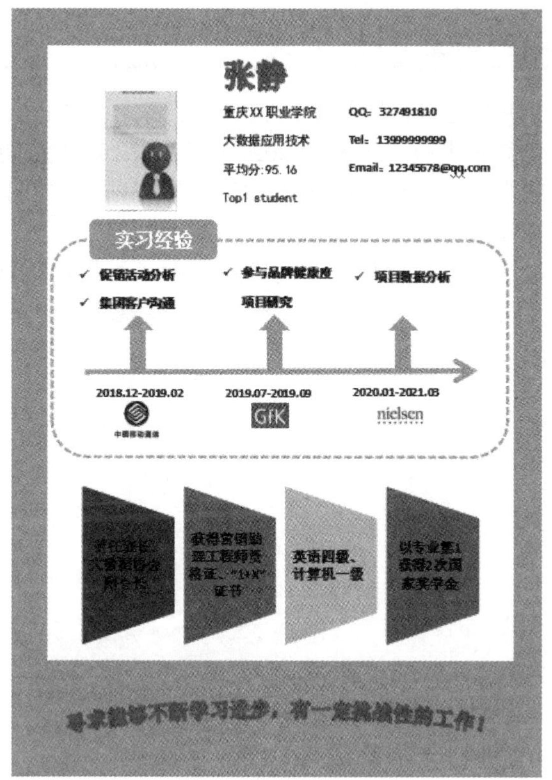

图 10-17　个人简历示例效果

（3）设置页面格式：调整文档版面，要求纸张大小为 A4，上、下页边距为 2.5 厘米，左、右页边距为 3.2 厘米。

（4）插入形状及设置形状：根据页面布局需要，在适当的位置插入标准色为橙色与白色的两个矩形，其中橙色矩形占满 A4 幅面，文字环绕方式设为“浮于文字上方”，作为简历的背景。

（5）插入形状及添加文字：参照图 9-17 所示，插入标准色为橙色的圆角矩形，并添加文字“实习经验”，插入 1 个短画线的虚线圆角矩形框。

（6）插入文本框、插入艺术字：参照图 9-17 所示，插入文本框和文字，并调整文字的字体、字号、位置和颜色。其中“张静”为橙色（标准色）的艺术字。“寻求能够……”文本效果应为跟随路径的“上弯弧”。

（7）插入图片：根据页面布局需要，插入给定文件夹中图片“1.png”，依据效果图进行裁剪和调整，并删除图片的剪裁区域；然后根据需要插入图片 2.jpg、3.jpg、4.jpg，并调整图片位置。

（8）插入形状、插入智能图形：参照图 9-17 所示，在适当的位置使用形状中的橙色（标准色）箭头（提示：其中横向箭头使用线条类型箭头），插入“智能图形”并对其进行适当编辑。

（9）插入项目符号并对其设置：参照图 9-17 所示，在“促销活动分析”“参与品牌健康度”等 4 处使用项目符号“√”。

自主创新综合实践项目

某高校为了使学生更好地进行职场定位和职业准备，提高其就业能力，该校学工处和就业处联合举办一个就业讲座，讲座于2021年3月22日（星期五）19:30—21:30在校会议中心举办，主题为“领慧讲堂——大学生人生规划”，特别邀请资深媒体人、著名艺术评论家赵某某担任演讲嘉宾。请根据上述活动的描述，利用WPS文档制作一份宣传海报，此宣传海报用于放在校内来进行宣传展示，海报包括就业讲座时间、地点、就业讲座主题、讲座流程等关键信息，同时要求海报美观、切中主题，富有吸引力。

模块四

WPS 表格数据处理

模块概要

WPS 表格 2019 是 WPS Office 2019 这个大家族组中的一员，是一款用来制作电子表格的软件，用它可以进行大量复杂数据的存储、处理、运算，也可通过公式、函数对数据进行分析，还可以通过图表的方式将数据以可视化的方式展示。WPS 表格广泛应用于各类企业日常办公中，也是目前应用最广泛的数据处理软件之一。无论现在学习的是什么专业，以后从事哪个职业，掌握这个办公利器，必将让你的学习和工作事半功倍，简捷高效。

本模块通过公司多个电子表格的设计与制作、数据的统计与分析等，让读者循序渐进地掌握 WPS 表格的应用。

学习目标

知识目标	职业技能目标	思政素养目标
1. 熟悉 WPS 表格的窗口组成和常用功能按钮； 2. 掌握 WPS 表格的基本操作方法； 3. 熟悉公式和函数的作用及其使用； 4. 了解常见的图表类型及其作用； 5. 了解数据透视表功能及应用场景	1. 掌握 WPS 表格的基本操作技能； 2. 能够对表格进行美化、数据分析； 3. 掌握常用函数的应用，并用来解决实际问题； 4. 能够使用图表对数据进行可视化展示； 5. 能够独立分析工作中的案例，使用多个函数组合解决问题	1. 增强数据保护安全意识； 2. 增强国产操作系统的应用意识； 3. 培养思考探究的学习精神； 4. 提高数据处理意识； 5. 培养做笔记的良好学习习惯

项目 11 员工信息表制作

项目概况

现在一般大型企业管理部门会将单位职工的联络方式及相关信息进行搜集汇总，制作成精美的员工信息表。企业员工及相关部门可以使用员工信息表方便地查询员工的基本信息，从而极大地提高了工作效率。本项目以三联科技有限公司为例，设计制作其员工信息表，如图 11-1 所示。

A	B	C	D	E	F	G	H	I
三联科技有限公司员工信息表								
更新日期 2022/2/22 15:30								
编号	**员工号**	**姓名**	**性别**	**学历**	**部门**	**职位**	**参加工作时间**	**身份证号**
001	SL-1	张超	男	专科	工程部	职员	2008年7月6日	411324198610152518
002	SL-2	李佳佳	女	本科	工程部	职员	2018年7月7日	361324198610152524
003	SL-3	王天明	男	本科	工程部	经理	2008年7月8日	371324198610152518
004	SL-4	宁东东	女	硕士	人事部	职员	2008年4月9日	521324199012162517
005	SL-5	王天民	男	硕士	工程部	经理	2008年7月10日	423424190008152518
006	SL-6	邓小明	男	专科	工程部	职员	2009年7月11日	356324198611172518
007	SL-7	张国蕾	女	博士	财务部	经理	2008年7月12日	211324198610152518
008	SL-8	高强	男	本科	人事部	职员	2010年7月13日	321324198409152518
009	SL-9	孙明志	女	专科	销售部	职员	2008年7月14日	411324198610152599
010	SL-10	邓颖	女	博士	人事部	经理	2020年4月16日	521324198610152518
011	SL-11	刘慧娟	女	本科	工程部	职员	2011年10月10日	531324199210152518
012	SL-12	张华	男	专科	销售部	职员	2020年1月10日	251324198610152518
013	SL-13	王佳琳	女	本科	销售部	经理	2009年6月7日	265324198610152518
014	SL-14	李晓丽	女	硕士	财务部	职员	2015年6月18日	411324198410202327
015	SL-15	李江	男	硕士	财务部	职员	2021年10月1日	400024198610152324
016	SL-16	韩磊	男	硕士	销售部	经理	2018年8月8日	411324198807152518
017	SL-17	李江涛	男	专科	销售部	职员	2016年6月6日	521324199908152518
018	SL-18	马冬梅	女	本科	营销部	职员	2020年1月14日	431324198610152516

图 11-1 三联科技有限公司员工信息表

项目分析

本任务根据员工信息表的应用场景，首先将收集的员工基本信息，通过 WPS 表格新建工作簿、创建工作表；其次为表格设置标题并输入数据，可使用填充输入、控制句柄、设置数据有效性来实现快速、准确的数据输入；最后设置好表格样式、密码加密等让表格更加精美、员工信息更加安全。

项目必知

任务 11.1　初识 WPS 表格

11.1.1　WPS 表格工作簿及其基本操作

1. 认识 WPS 表格工作簿

在 WPS 表格中，一个工作簿就是一个 WPS 表格文件，工作簿是工作表的集合体，就如同日常工作的文件夹。

2. WPS 表格工作簿的基本操作

（1）新建工作簿

单击 WPS 表格工作界面左上角“文件”选项卡右侧的下拉按钮，选择“文件”→“新建”命令，或按 Ctrl+N 组合键可新建名为“工作簿 2”“工作簿 3”“工作簿 4”…的工作簿。

（2）保存工作簿

单击 WPS 表格工作界面左上角“文件”按钮右侧的下拉按钮，选择“文件”→“保存”命令，或者按 Ctrl+S 组合键，在弹出的“另存文件”对话框中设置工作簿的文件名和保存路径后，单击“保存”按钮即可保存新建的工作簿。对于已经保存过的文档，可选择“文件”→“另存为”命令，打开“另存文件”对话框，在其中更改工作簿的文件名和保存路径。

（3）关闭工作簿

在当前工作簿“标题栏”右侧单击“关闭”按钮，可关闭当前工作簿但不退出 WPS Office；单击 WPS 表格工作界面右上角的“关闭”按钮，或按 Alt+F4 组合键，可关闭所有工作簿并退出 WPS 表格。

11.1.2　WPS 表格工作表及其基本操作

1. 认识 WPS 表格工作表

当打开一个新的工作簿文件时系统默认有 1 个工作表 Sheet1，用户可以根据需要增加工作表的数量，但是最多只能有 255 张工作表，WPS 表格编辑界面如图 11-2 所示。

微课 11-1

认识 WPS 表格工作表

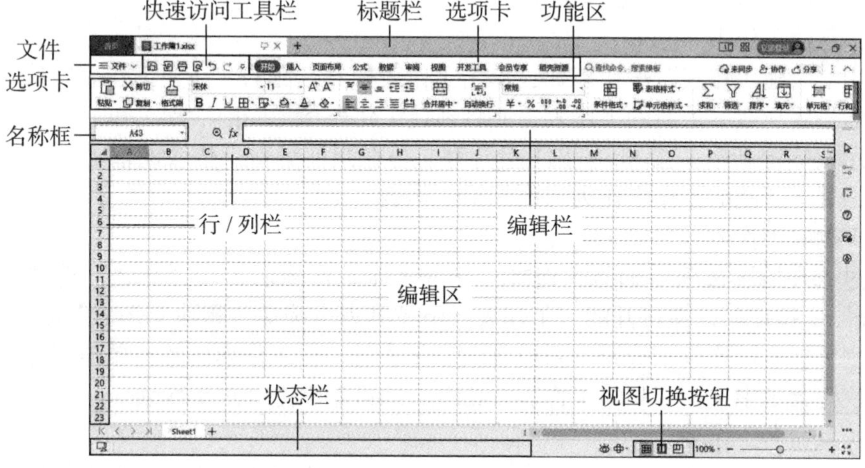

图 11-2　WPS 表格编辑界面

（1）文件选项卡

文件选项卡主要是对文件进行相关操作，比如在文件选项卡里可以创建新的工作簿，也可打开已经存在的 WPS 表格工作簿以及保存当前的工作簿等。

（2）快速访问工具栏

快速访问工具栏包含了使用频率最高的功能按钮，也可以自定义快速工具栏。

（3）标题栏

标题栏主要用来显示当前工作簿的标题信息。

（4）行 / 列栏

WPS 表格中行是按数字进行排序显示的，行号范围是从 1 到 1048576；列是以阿拉伯字母进行排序显示的，范围是从 A 到 XFD。

（5）状态栏

状态栏主要用来显示当前工作表状态信息。如果想更改状态栏的显示选项，可以在状态栏上鼠标右键，选择想显示的状态信息项即可。

（6）视图切换按钮

WPS 表格窗口中视图切换主要包含三个按钮：普通视图，分页预览，页面布局。

普通视图：正常情况下，WPS 表格是在普通视图下显示的；分页预览：预览当前工作表打印时的分页位置；页面布局：查看打印文档的外观。

（7）编辑区

编辑区用于显示表格的内容，供用户进行编辑，它占据了文档界面的绝大部分空间。

（8）选项卡

选项卡用于将 WPS 表格功能进行分类。

（9）功能区

功能区用于放置与所选选项卡对应的功能按钮等。

（10）名称框

名称框用于显示活动单元格（区域）的名称或地址。

（11）编辑栏

编辑栏用于显示或编辑当前活动单元格中的数据或公式。

2. WPS 表格工作表的基本操作

（1）新建工作表

使用“新建工作表”按钮新建：单击工作表标签右侧的“新建工作表”按钮，将在工作表的最后新建一个新的工作表，并将新建工作表作为当前活动工作表。

使用快捷键新建：按 Shift+F11 组合键，可在当前编辑工作表的前方新建一个新的工作表，并将新建的工作表作为当前编辑工作表。

（2）删除工作表

通过“开始”选项卡删除：选择一张或多张工作表后，在“开始”选项卡中单击“工作表”下拉按钮，在打开的“工作表”下拉列表中选择“删除工作表”命令。

使用鼠标右键删除：选择一张或多张工作表后，在工作表标签上单击鼠标右键，在弹出的快捷菜单中选择“删除工作表”命令，即可删除选择的工作表。

（3）重命名工作表

通过“开始”选项卡重命名：在“开始”选项卡中单击“工作表”下拉按钮，在打开的“工作表”下拉列表中选择“重命名”选项。此时，工作表标签名称呈蓝底白字的可编辑状态，输入工作表的名称，按 Enter 键确认输入。

也可以使用鼠标右键重命名或双击鼠标重命名的方式，快速完成工作表的重命名操作。

（4）移动或复制工作表

拖曳鼠标移动或复制工作表：选择所需工作表标签，按住鼠标左键不放，拖曳鼠标即可移动工作表的位置；若在拖曳鼠标的过程中，按住 Ctrl 键可复制工作表。

使用“移动或复制”对话框移动或复制工作表：在工作表的标签上单击鼠标右键，在弹出的快捷菜单中选择“移动或复制工作表”命令，打开“移动或复制工作表”对话框，在该对话框中设置移动或复制工作表的操作。

任务 11.2　快速录入表格内容

11.2.1　编辑单元格

1. 选中单元格

（1）选中相邻的多个单元格：选中单元格后按住鼠标左键不放，拖曳到目标单元格；也可选中单元格后按住 Shift 键不放，再单击目标单元格，即可选择多个相邻的单元格。

（2）选中不相邻的多个单元格：按住 Ctrl 键不放，再依次单击需要选中的单元格，即可选择不相邻的多个单元格。

（3）选中整行或整列单元格：将鼠标指针移到需选择行或列的单元格的行号或列标上，当鼠标指针变为“→”或“↓”形状时，单击即可选择该行或该列的所有单元格。

（4）选择连续行或列单元格：将鼠标指针移至行号或列标上，当鼠标指针变为“→”或“↓”形状时按住鼠标左键，并拖曳鼠标指针选择连续行或列的所有单元格。

（5）选择工作表中的所有单元格：单击工作表左上角行标与列号交叉处的三角形按钮或按 Ctrl+A 组合键可选择工作表中的所有单元格。

2. 插入单元格

在需要插入单元格的位置处选择邻近的单元格，在“开始”选项卡中单击“行和列”下拉按钮，在打开的“行和列”下拉列表中选择“插入单元格”二级列表中的“插入单元格”命令，打开“插入”对话框来插入单元格，如图 11-3 所示。

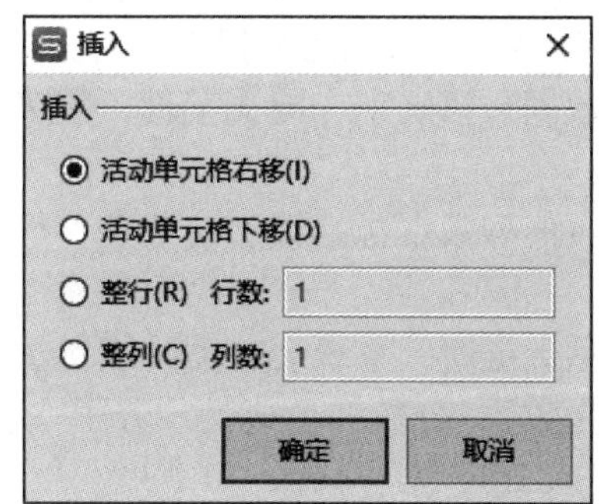

图 11-3　“插入”对话框

3. 合并与拆分单元格

（1）合并单元格

合并单元格可以通过在“开始”选项卡中单击“合并后居中”按钮下方的下拉按钮，在打开的下拉列表中选择对应的选项。

（2）拆分合并单元格

选择已合并的单元格，在“开始”选项卡中单击“合并后居中”按钮下方的下拉按钮，在打开的下拉列表中选择“取消合并单元格”选项。

4. 删除单元格

（1）通过“删除”对话框删除：在“开始”选项卡中，单击“行和列”下拉按钮，在打开的下拉列表中选择“删除单元格”二级列表中的“删除单元格”命令，打开“删除”对话框，在该对话框中，选择相应的删除方式。

（2）使用右键删除：在选中的单元格或单元格区域上单击鼠标右键，在弹出的快捷菜单中选择“删除”二级列表中的相应选项。

5. 调整行高和列宽

通过“行高”或“列宽”对话框调整：选择单元格，在“开始”选项卡中单击“行和列”下拉按钮，在打开的下拉列表中选择“行高”或“列宽”选项，在打开的“行高”或“列宽”对话框中输入适当的数值来进行调整。

（1）自动调整：选择相应的单元格，在“开始”功能选项卡中单击“行和列”下拉按钮，在打开的列表中选择“最合适的行高”或“最合适的列宽”命令，WPS 表格将根据单元格中的内容自动调整行高和列宽。

（2）拖动鼠标调整行高和列宽：将鼠标指针移到行号或列标的分割线上，当鼠标指针变为双向箭头形状时，按住鼠标左键不放，此时在鼠标指针右上角出现一个提示条，并显示当前位置处的行高或列宽值，拖曳鼠标即可调整行高或列宽，改变后行高或列宽的值将显示在鼠标指针右上角的提示条中。

（3）精确调整：选择需要调整行高和列宽的区域，在“行和列”下拉列表中，分别单击“行高”和“列宽”，在弹出的“行高”和“列宽”对话框中，输入具体的行高和列宽数值，单击“确定”按钮即可。

11.2.2　输入常用数据

微课 11-2

数据输入

1. 常规输入

在 WPS 表格中输入数据时需要先选中对应单元格，再输入数据。此外，选中单元格后，也可通过在编辑栏的编辑框中输入数据的方式来实现。

WPS 表格中数据有很多类型，最常用的数据类型有文本型、数值型和日期型等。

（1）输入文本：文本型数据包括汉字、英文字母、数字、拼音符号等，其对齐方式默认为左对齐。

（2）输入数值型数据：数值型数据包括数字、正数、负数和小数点，其对齐方式默认为右对齐。

一个单元格放不下数值型数据时，系统会自动改成科学计数法表示，科学计数法的数据输入格式为“尾数 .E+ 指数”；分数的形式是“分子 / 分母”，输入分数时应在数字前加个“0”和空格。如：输入 2/3，则应输入“0 2/3”。

（3）输入日期和时间：输入日期一般将年、月、日中间用“-”或“/”隔开，设置日期格式可以使日期以不同的形式显示出来，如日期格式可输入为“2022-5-17”。在“单元格格式”对话框“数字”选项卡中的“分类”列表框中选择“日期”选项，然后设置日期的类型和所属区域。

（4）输入货币：货币格式用于表示一般货币数值，常用的两种货币符号分别是￥和$。在“单元格格式”对话框“数字”选项卡的“分类”列表框中选择“货币”选项，然后设置保留小数位数、货币符号及负数的表示方式等。

（5）创建自定义格式：可以自定义一些格式样式，如显示日期的同时，显示星期几。电话号码、区号或其他必须以特定格式显示的数据也可进行设置。在“单元格格式”对话框“数字”选项卡的“分类”列表框中选择“自定义”选项，然后在右侧列表框中选择一个最接近需要的自定义格式并在上方文本框中进行修改即可。

2. 填充输入

在制作表格的过程中，输入一些相同或有规律的数据，可以使用 WPS 表格所提供的数据填充功能完成相同或有规律的数据输入。填充输入可以增加数据输入的准确性，还可以提高数据输入的效率。

使用拖曳法输入相同或有规律的数据。选择起始单元格并在该单元格中输入数据，然后将鼠标指针指向该单元格的右下角，当指针变为黑色十字形状时，按住鼠标左键并向上或下拖曳，即可填充相同或有规律的数据。

使用自动填充功能输入相同或有规律的数据。在数据区域的起始单元格中输入数据，选中需要输入相同数据的单元格区域。在“开始”选项卡中单击“填充”下拉按钮，在打开的“填充”下拉列表中选择相应填充选项，选择的单元格区域会快速填充相同的数据，如图 11-4 所示。

图 11-4　“填充”下拉列表

11.2.3　输入限制

当需要输入大量数据时，有时难免会出错，用户可以把一部分检查工作交给计算机来处理，这就需要提前对单元格数据的有效性进行设置。

微课 11-3

输入限制

1. 设置文本长度限制

根据需要的数据文本长度来设置数据的有效性规则。例如，在“姓名”列中，根据姓名的特点，为要输入客户信息的单元格区域设置数据有效性，名字长度介于 3 和 11

之间，则可以在“数据有效性”对话框中进行设置，如图 11-5 所示。

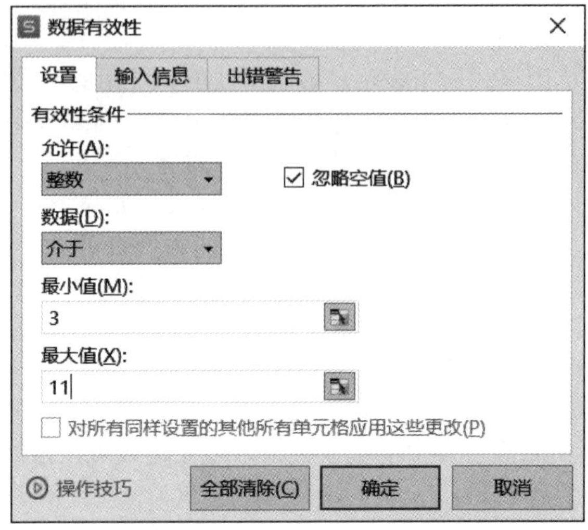

图 11-5 “数据有效性”对话框

2. 设置数字输入限制

对于数字型数据，可以根据要输入的数字大小来设置限制规则。例如，通常客户的年龄为 1 ~ 100 岁。

3. 设置提示信息

当用户选择单元格时，屏幕行会自动显示设置的提示信息。提示信息的设置一般在“数据验证”对话框中的“输入信息”选项卡中实现，如图 11-6 所示。

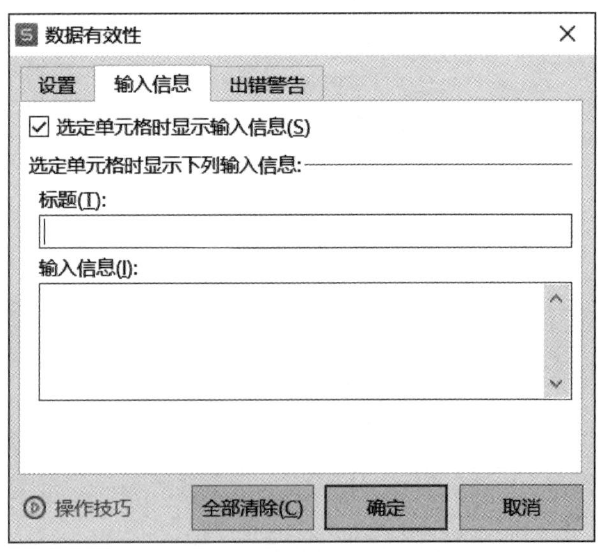

图 11-6 “输入信息”选项卡

4. 设置警告信息

警告信息的设置一般在“数据验证”对话框中的“出错警告”选项卡中实现，如图 11-7 所示。

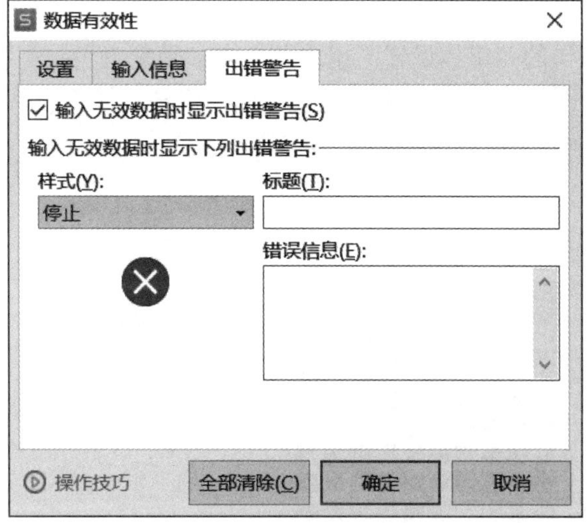

图 11-7　“出错警告”选项卡

任务 11.3　美化工作表

微课 11-4

美化工作表

在 WPS 表格中，可以为工作表中的单元格或单元格区域设置边框和底纹，从视觉上起到一种强调或区分的作用。WPS 表格一般采用系统默认的外观，用户在设计和使用工作表的过程中，可以利用自定义格式来进行外观设置。

11.3.1　设置边框

在 WPS 表格中，设置边框和底纹的操作在“开始”选项卡的“字体设置”组中进行。在“字体设置”组的“框线”和“填充颜色”下拉列表中可以选择边框样式和填充颜色效果。如果要自定义边框效果，则可以在“框线”下拉列表中选择“其他边框”选项，打开“单元格格式”对话框，在“边框”选项卡中来设置边框效果，如图 11-8 所示。

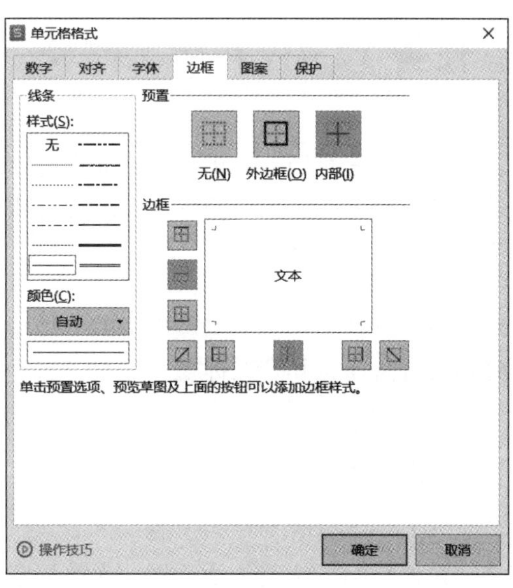

图 11-8　“边框”选项卡

11.3.2　设置底纹

在“开始”选项卡的“字体设置”组中，单击“填充颜色”下拉按钮，打开“填充颜色”下拉列表，如图 11-9 所示，可为选择的单元格区域设置底纹填充颜色。

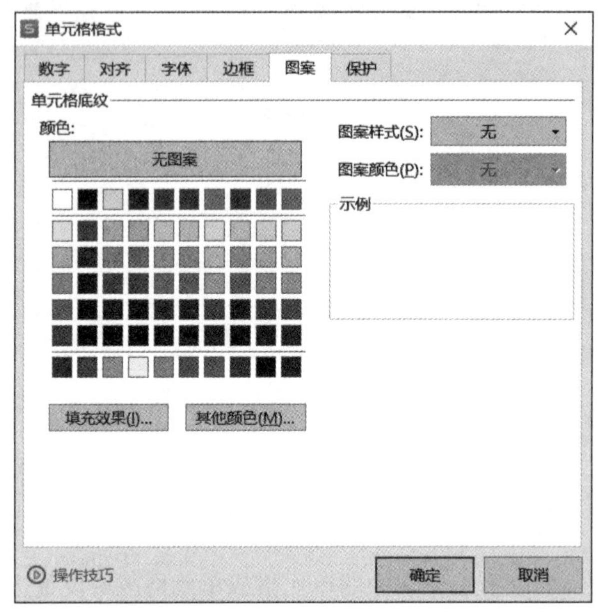

图 11-9　“填充颜色”下拉列表

11.3.3　设置表格样式

在 WPS 表格中，系统预置了多种专业性的表格样式供选择，可以选择其中一种格式自动套用到选定的工作表单元格区域。

单击“页面布局”选项卡中的“主题”下拉按钮，在打开的下拉列表中选择需要套用的预置表格样式即可。

任务 11.4　打印工作表

1. 设置打印区域

首先选中打印区域，单击“页面布局”选项卡“页面设置”组中的“打印区域”下拉按钮，在下拉列表中选择“设置打印区域”命令，在所选打印区域会自动添加虚线状的边框线，系统将只打印边框线所围部分的内容。

2. 设置打印行和列的标题

打开“页面设置”对话框，在“工作表”选项卡下的“顶端标题行”文本框和“左端标题列”文本框中可分别设置打印行和列的标题。

任务 11.5　保护工作表

1. 设置密码加密

单击“文件”选项卡，在弹出的下拉菜单中选择“文档加密”中的“密码加密”选

项，弹出“密码加密”对话框，在该对话框中可设置密码加密，如图 11-10 所示。

微课 11-5

保护工作表

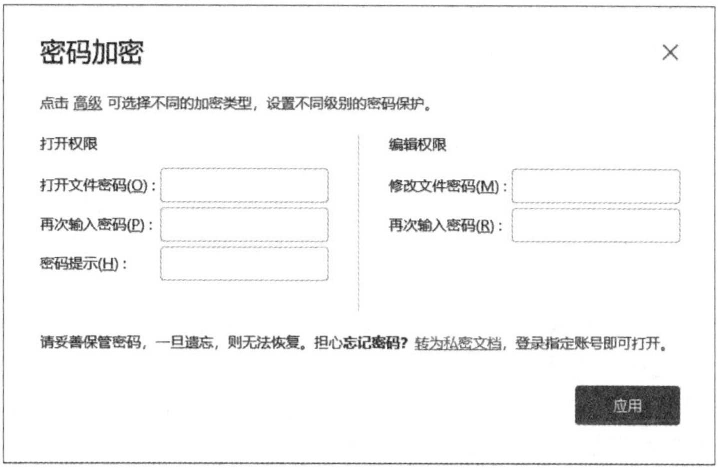

密码加密

点击 高级 可选择不同的加密类型，设置不同级别的密码保护。

打开权限

打开文件密码(O)：

再次输入密码(P)：

密码提示(H)：

编辑权限

修改文件密码(M)：

再次输入密码(R)：

请妥善保管密码，一旦遗忘，则无法恢复。担心忘记密码？转为私密文档，登录指定账号即可打开。

应用

图 11-10　“密码加密”对话框

2. 保护工作簿

打开工作簿，单击“审阅”选项卡中的“保护工作簿”按钮，弹出“保护工作簿”对话框。在该对话框中可设置密码用来保护工作簿，如图 11-11 所示。

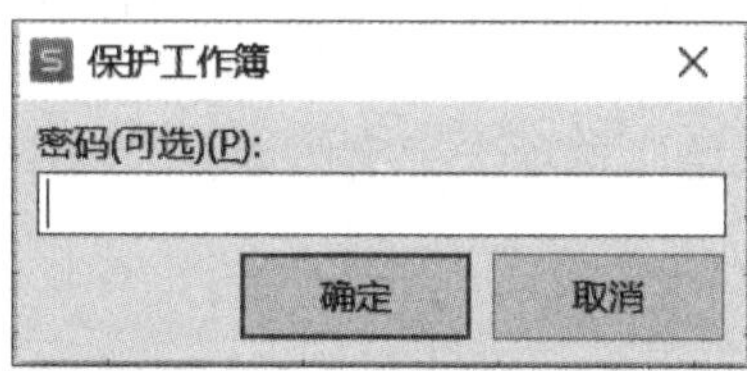

图 11-11　“保护工作簿”对话框

3. 保护工作表

如果工作表的内容不想被更改，可对工作表设置保护。方法是：单击“审阅”选项卡中的“保护工作表”按钮，打开“保护工作表”对话框，在该对话框中可设置对工作表的保护，如图 11-12 所示。

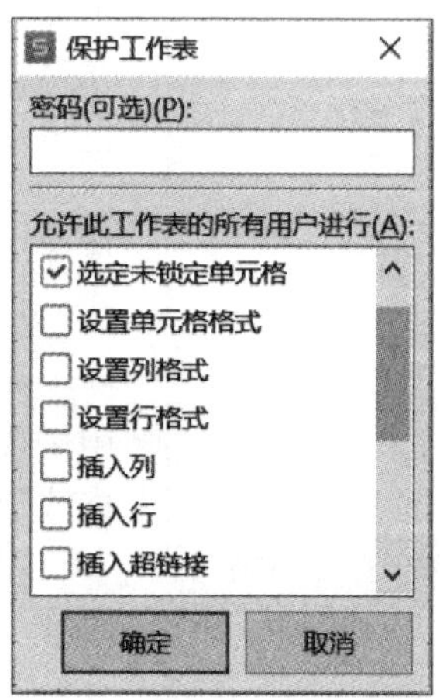

图 11-12　“保护工作表”对话框

项目实施

设计制作三联科技有限公司员工信息表，具体操作步骤如下。

1. 新建工作簿

启动 WPS 表格程序，在“文件”选项卡中选择“新建”命令，再选择“空白工作簿”，即可创建一个新的工作簿，保存文件名为“三联科技有限公司 .xlsx”。在此工作簿中有一个名为 Sheet1 的工作表，右击 Sheet1 工作表标签，选择“重命名”命令，将 Sheet1 重命名为“三联科技有限公司”。

2. 设置表格标题

（1）插入列名。双击 A3 单元格，进入单元格编辑状态，在其中输入“编号”。用此方法，依次在 B3—I3 单元格中分别输入“员工号”“姓名”“性别”“学历”“部门”“职位”“参加工作时间”和“身份证号”。如果文本越过网格线，可以适当拖动网格线加大列宽，使得输入文本完整显示，如图 11-13 所示。

◢	A	B	C	D	E	F	G	H	I
1	编号	员工号	姓名	性别	学历	部门	职位	参加工作时间	身份证号

图 11-13　设置表格标题

（2）设置标题。选择第一行，在 A1 单元格中编辑标题“三联科技有限公司员工信息表”。选择 A1—I1 单元格区域，单击“开始”选项卡中的“对齐方式”选项组中的“合并及居中”按钮，在“开始”选项卡“字体设置”组中设置填充颜色为蓝色，字体为微软雅黑、20 磅、白色。

3. 输入数据

（1）输入编号列数据。选中编号列 A4—A21 单元格并右击，在弹出的快捷菜单中选择“设置单元格格式”命令，打开“单元格格式”对话框，在“数字”选项卡“分类”列表框中选择“文本”，使得编号列的数据类型为文本格式，如图 11-14 所示；在 A4、A5 单元格中分别输入 001、002。选中 A4:A5 单元格区域，向下拖曳该区域右下角黑色十字状填充柄至 A21 单元格。

图 11-14　设置编号列的数据类型为文本格式

（2）采用固定内容输入方式输入员工号。选中输入区域 B4:B21，在“设置单元格格式”对话框“数字”选项卡中，选择“自定义”中的“G/ 通用格式”，在类型中输入“!SL-G/ 通用格式”。然后在“员工号”列中输入数字，可以发现数字前会自动出现固定内容“SL-”。

（3）利用数据有效性将“姓名”

列长度限制为2～6个字。选中姓名列数据区域，单击“数据”选项卡“有效性”按钮，弹出“数据有效性”对话框。在“允许”下拉列表中选择“文本长度”选项，“数据”介于2与6之间，单击“确定”按钮，此列的数据验证即设置完成，如图11-15所示。

图11-15　为姓名列设置数据验证

（4）设置提示信息。在“数据有效性”对话框的“输入信息”选项卡中，如图11-16所示，在“标题”和“输入信息”文本框中输入要显示的信息，单击“确定”按钮。选中设置的单元格，即可显示设置的提示信息。也可用同样的方式在“出错警告”选项卡中设置警告信息。

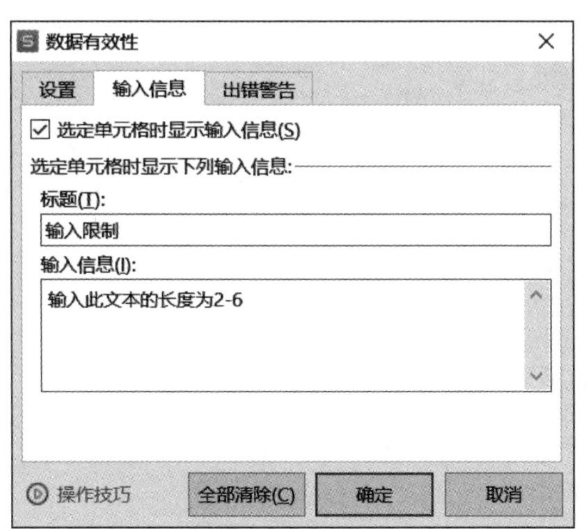

图11-16　“数据有效性”对话框的“输入信息”选项卡

（5）设置“性别”列为下拉列表方式（男，女）。选择“性别”列数据区域，打开“数据有效性”对话框，在“设置”选项卡中，“允许”下拉列表选择“序列”，“来源”中输入“男,女”，注意其中的逗号用英文半角输入，单击“确定”按钮完成数据验证条件的设置，如图11-17所示。

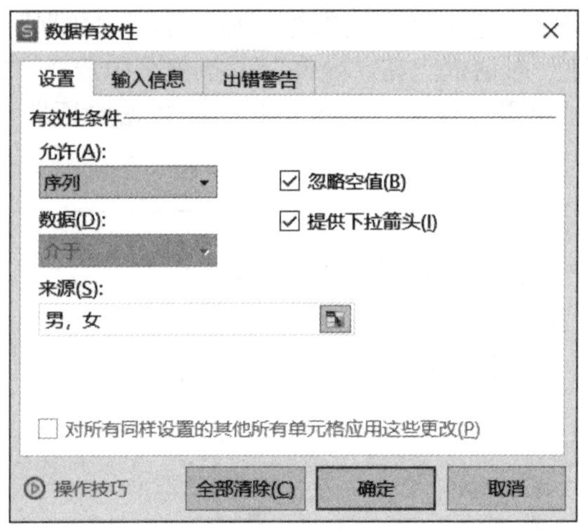

图 11-17　设置“性别”列的数据验证条件

用上述数据有效性的方式设置“学历”列为下拉列表方式（博士，硕士，本科，专科）。

（6）在“部门”和“职位”列批量录入相同的数据。按住 Ctrl 键选中要输入相同数据的单元格，在最后选中的单元格中输入数据，按 Ctrl+Enter 键来批量录入。

（7）选择“参加工作时间”列数据区域，打开“单元格格式”对话框，设置数据类型为日期格式，如 2022 年 10 月 10 日；将“身份证号”列设置为文本类型数据，如图 11-18 所示。

图 11-18　“身份证”列设置为文本类型数据

4. 套用表格样式

在 WPS 表格中，通过套用表格样式，可以快速美化表格。具体操作如下。

选中 A3:I21 单元格区域，单击“开始”选项卡“样式”工具组中的“表格样式”下拉按钮，在弹出的“表格样式”下拉列表中有多种表格预设样式，如图 11-19 所示，为表格套用“表样式浅色 6”。套用格式后，表格会进入数据筛选模式，单击“确定”按钮即可。

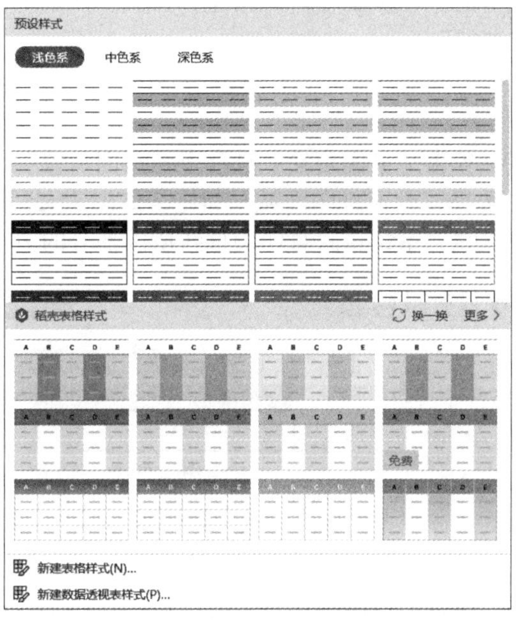

图 11-19　套用表格样式

5. 设置满足条件

设置满足条件的单元格突出显示。给“参加工作时间”列设置条件格式：2000 年之前参加工作的用黄色填充，2000 至 2009 年参加工作的用浅绿色填充，2010 年及 2010 年之后参加工作的用蓝色填充。

单击“开始”选项卡的“条件格式”下拉按钮，在打开的下拉列表中选择“新建规则”命令，弹出“新建格式规则”对话框，如图 11-20 所示。在“新建格式规则”对话框中按满足条件设置单元格值的范围以及对应的格式。

图 11-20　“新建格式规则”对话框

6. 页面设置

（1）右击工作表标签，在弹出的快捷菜单中将工作表标签的颜色设为红色。

（2）设置页边距。在“页面设置”对话框中的“页边距”选项卡中，设置上、下、左、右以及页眉、页脚的页边距为默认值，居中方式设置为水平垂直居中。

7. 工作簿密码设置

单击“审阅”选项卡的“保护工作簿”按钮，弹出“保护工作簿”对话框，在“密码”文本框中输入“slkj123”。

8. 打印工作表

（1）设置打印区域

首先选中数据区域，单击“页面布局”选项卡“页面设置”组中的“打印区域”下拉按钮，在下拉列表中选择“设置打印区域”命令，如图 11-21 所示，在所选区域四周会自动添加虚线状的边框线，系统将只打印边框线所围部分的内容。

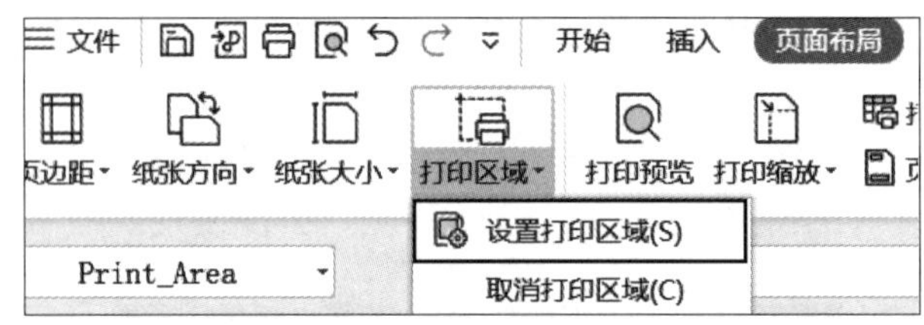

图 11-21　“设置打印区域”命令

选择“文件”选项卡中的“打印”命令，在弹出的“打印”对话框中有多个选项可以对打印机的打印范围和份数、打印内容等进行设置，如图 11-22 所示。

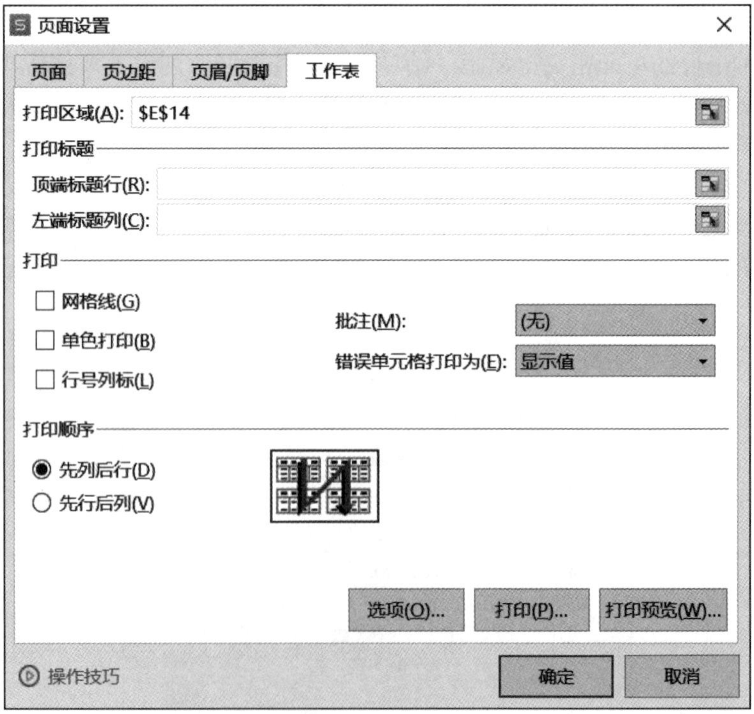

图 11-22　“打印”对话框

设置完毕，单击“确定”按钮，将工作表打印输出，打印效果如图 11-23 所示。

三联科技有限公司员工信息表

更新日期 2022/2/22 15:30

编号	员工号	姓名	性别	学历	部门	职位	参加工作时间	身份证号
001	SL-1	张超	男	专科	工程部	职员	2008年7月6日	411324198610152518
002	SL-2	李佳佳	女	本科	工程部	职员	2018年7月7日	361324198610152524
003	SL-3	王天明	男	本科	工程部	经理	2008年7月8日	371324198610152518
004	SL-4	宁东东	女	硕士	人事部	职员	2008年4月9日	521324199012162517
005	SL-5	王天民	男	硕士	工程部	经理	2008年7月10日	423424190008152518
006	SL-6	邓小明	男	专科	工程部	职员	2009年7月11日	356324198611172518
007	SL-7	张国蕾	女	博士	财务部	经理	2008年7月12日	211324198610152518
008	SL-8	高强	男	本科	人事部	职员	2010年7月13日	321324198409152518
009	SL-9	孙明志	女	专科	销售部	职员	2008年7月14日	411324198610152599
010	SL-10	邓颖	女	博士	人事部	经理	2020年4月16日	521324198610152518
011	SL-11	刘慧娟	女	本科	工程部	职员	2011年10月10日	531324199210152518
012	SL-12	张华	男	专科	销售部	职员	2020年1月10日	251324198610152518
013	SL-13	王佳琳	女	本科	销售部	经理	2009年6月7日	265324198610152518
014	SL-14	李晓丽	女	硕士	财务部	职员	2015年6月18日	411324198410202327
015	SL-15	李江	男	硕士	财务部	职员	2021年10月1日	400024198610152324
016	SL-16	韩磊	男	硕士	销售部	经理	2018年8月8日	411324198807152518
017	SL-17	李江涛	男	专科	销售部	职员	2016年6月6日	521324199908152518
018	SL-18	马冬梅	女	本科	营销部	职员	2020年1月14日	431324198610152516

图 11-23　打印效果

项目评价

项目名称	员工信息表制作		
职业技能	使用 WPS 表格正确、快速的录入数据，并能对表格进行美化和打印		
序号	知识点	评价标准	分数
1	输入数据	能够输入各种类型数据并能在单元格区域内快速填充（10 分）	
2	单元格格式	能够设置单元格各种数据类型格式、通用数据格式、边框底纹等样式（10 分）	
3	数据有效性	能够设置各种数据验证条件（10 分）	
4	表格美化	能够套用表格样式并设置边框和底纹（10 分）	
5	页面设置	能够设置页面大小、页边距、纸张方向等（20 分）	
6	保护工作表	能够对工作表和工作簿设置保护（10 分）	
7	打印工作表	能够设置打印区域、打印标题等（10 分）	
8	学习态度	学习态度端正，主动解决问题，积极帮助他人（10 分）	
9	创新能力	具备创新意识，勇于探索，主动寻求创新方法和创新表达（10 分）	

 项目提升

根据项目要求完成学生会干部基本情况表中所有内容的输入和表格的相关设置，完成效果如图 11-24 所示。

学生会干部基本情况表									
									制表人：谢如康
序号	姓名	职务	院系	学号	性别	身份证号	出生日期	专业	入职时间
0001	杜学江	纪检部干事	大数据学院	2021240103	男	340826200312200816	2003年12月20日	大数据技术应用	2021-11-1
0002	齐飞扬	纪检部干事	大数据学院	2021240104	男	150402200502071720	2005年02月07日	物联网应用技术	2021-11-2
0003	苏芳	宣传部部长	大数据学院	2021240105	男	341222200401010339	2004年01月01日	物联网应用技术	2021-11-3
0004	谢如康	文艺部部长	大数据学院	2021240106	男	372325200305241516	2003年05月24日	物联网应用技术	2021-11-4
0005	曾令煊	宣传部干事	大数据学院	2021240107	女	429003200212301557	2002年12月30日	大数据技术应用	2021-11-5
0006	张桂花	学习部干事	管理学院	2021240208	女	340781200308104411	2003年08月10日	工商管理	2021-11-6
0007	陈万地	学习部干事	管理学院	2021240309	男	371067200406203234	2004年06月20日	工商管理	2021-11-7
0008	李北大	文艺部干事	管理学院	2021240210	男	420881200302284448	2003年02月28日	工商管理	2021-11-8
0009	刘康锋	纪检部干事	管理学院	2021240511	男	372130200410214152	2004年10月21日	工商管理	2021-11-9
0010	刘鹏举	宣传部干事	城建学院	2021240321	男	420881200308224526	2003年08月22日	轨道运营管理	2021-11-10
0011	孙玉敏	学习部部长	城建学院	2021240522	女	340804200409032207	2004年09月03日	轨道运营管理	2021-11-11
0012	王清华	文艺部干事	城建学院	2021240323	女	370922200302183418	2003年02月18日	轨道运营管理	2021-11-12
0013	包宏伟	纪检部部长	城建学院	2021240324	男	42900420031007096X	2003年10月07日	建筑设计	2021-11-13
0014	符合	文艺部干事	电梯学院	2021240401	女	150401200208072115	2002年08月07日	电梯工程技术	2021-11-14
0015	吉祥	文艺部干事	电梯学院	2021240202	女	429006200203041215	2002年03月04日	机电一体化	2021-11-15
0016	李娜娜	纪检部干事	电梯学院	2021240303	女	372325200308064219	2003年08月06日	电梯工程技术	2021-11-16
0017	倪冬声	文艺部干事	电梯学院	2021240404	男	429006200312120644	2003年12月12日	机电一体化	2021-11-17
0018	闫朝霞	纪检部干事	医药学院	2021240509	女	377325200206064279	2002年06月06日	护理	2021-11-18
0019	吴涛	文艺部干事	医药学院	2021240610	男	377325200311128251	2003年11月12日	护理	2021-11-19
0020	周吉	文艺部干事	医药学院	2021240111	女	411324200310162223	2003年10月16日	护理	2021-11-20

图 11-24　学生会干部基本情况表完成效果

提升项目的项目要求如下。

1. 启动 WPS 表格应用程序，创建一个工作簿，保存为“学生会干部基本情况表 .xlsx”文档，重命名工作表“Sheet1”为“学生会干部基本情况表”，并设置标签颜色为蓝色。

2. 按照图 11-24 所示效果，选中相应单元格，输入标题文字、日期及表头文字；输入学生会干部基本情况信息，包括序号、姓名、职务、院系、学号、性别、身份证号和出生日期等。

3. 设置单元格合并。将 A1:J1 单元格区域合并且居中对齐；标题文字设置为隶书、24 号、加粗；表头文字设置为宋体、11 号；设置数据区域文字为宋体、9 号。

4. 在“学生会干部基本情况表”下方插入一行，并合并单元格，添加制表人姓名并加粗。

5. 设置“序号”统一为 4 位数字，不足 4 位的，高位补零；设置“出生日期”统一为“2001 年 12 月 20 日”格式。

6. 设置第一行的行高为“30”，第 2 ～ 23 行的行高为“15”；设置各列列宽为自动调整；设置整张工作表水平对齐和垂直对齐方式均为居中。

7. 设置表格的外边框线为深红色双线，内边框线为蓝色实线，给标题行文字添加“金色、背景 2、深色 25%”底纹。

8. 给姓名为“谢如康”的学生添加批注，内容为“学生会主席候选人”。

9. 复制“学生会干部基本情况表”，并将复制后的工作表重命名为“学生会干部基

本情况表备份”。

10. 设置文件纸张大小为 A4，方向为横向，上、下页边距为 5 cm，左、右页边距为 2.5 cm，并且表格打印在纸张正中间。

项目 12　员工工资信息统计

项目概况

财务部员工小张需要对三联科技有限公司员工工资表进行计算和统计，以此分析员工的工资收入情况，并以图表的方式展示出来，员工工资表效果如图 12-1 所示。

三联科技有限公司员工工资表

编号	员工号	姓名	身份证号	部门	基本工资	奖金	补贴	应发工资	房租	水电费	其他扣款	实发工资	工资排名
001	SL-1	张超	411324198610152518	工程部	¥ 5,200.00	¥ 500.00	¥ 320.00	¥ 6,020.00	¥ 40.00	¥ 20.00	¥ 102.00	¥ 5,858.00	13
002	SL-2	李佳佳	361324198610152524	工程部	¥ 8,680.00		¥ 320.00	¥ 9,000.00	¥ 50.00	¥ 15.00	¥ 98.00	¥ 8,837.00	6
003	SL-3	王天明	371324198610152518	工程部	¥ 4,860.00	¥ 500.00	¥ 320.00	¥ 5,680.00	¥ 60.00	¥ 32.00	¥ 86.00	¥ 5,502.00	16
004	SL-4	宁东东	521324199012162517	人事部	¥ 5,195.00		¥ 320.00	¥ 5,515.00	¥ 50.00	¥ 36.00	¥ 65.00	¥ 5,364.00	17
005	SL-5	王天民	423424190008152518	工程部	¥ 8,862.00		¥ 320.00	¥ 9,182.00	¥ 60.00	¥ 20.00	¥ 75.00	¥ 9,027.00	5
006	SL-6	邓小明	356324198611172518	工程部	¥ 8,378.00	¥ 500.00	¥ 320.00	¥ 9,198.00	¥ 40.00	¥ 25.00	¥ 73.00	¥ 9,060.00	4
007	SL-7	张国蕾	211324198610152518	财务部	¥ 6,050.00		¥ 320.00	¥ 6,370.00	¥ 50.00	¥ 23.00	¥ 68.00	¥ 6,229.00	12
008	SL-8	高强	321324198409152518	人事部	¥ 6,150.00	¥ 500.00	¥ 320.00	¥ 6,970.00	¥ 60.00	¥ 28.00	¥ 77.00	¥ 6,805.00	8
009	SL-9	孙明志	411324198610152599	销售部	¥ 6,350.00		¥ 320.00	¥ 6,670.00	¥ 50.00	¥ 49.00	¥ 60.00	¥ 6,511.00	10
010	SL-10	邓颖	521324198610152518	人事部	¥ 6,550.00		¥ 320.00	¥ 6,870.00	¥ 40.00	¥ 36.00	¥ 89.00	¥ 6,705.00	9
011	SL-11	刘慧娟	531324199210152518	工程部	¥ 10,550.00		¥ 320.00	¥ 10,870.00	¥ 40.00	¥ 32.00	¥ 109.00	¥ 10,689.00	2
012	SL-12	张华	251324198610152518	销售部	¥ 7,100.00		¥ 320.00	¥ 7,420.00	¥ 60.00	¥ 30.00	¥ 116.00	¥ 7,214.00	7
013	SL-13	王佳琳	265324198610152518	销售部	¥ 5,800.00	¥ 500.00	¥ 320.00	¥ 6,620.00	¥ 50.00	¥ 29.00	¥ 122.00	¥ 6,419.00	11
014	SL-14	李晓丽	411324198410202327	财务部	¥ 5,050.00	¥ 500.00	¥ 320.00	¥ 5,870.00	¥ 40.00	¥ 27.00	¥ 117.00	¥ 5,686.00	14
015	SL-15	李江	400024198610152324	财务部	¥ 5,000.00	¥ 500.00	¥ 320.00	¥ 5,820.00	¥ 60.00	¥ 25.00	¥ 118.00	¥ 5,617.00	15
016	SL-16	韩磊	411324198807152518	销售部	¥ 12,450.00	¥ 500.00	¥ 320.00	¥ 13,270.00	¥ 50.00	¥ 22.00	¥ 119.00	¥ 13,079.00	1
017	SL-17	李江涛	521324199908152518	销售部	¥ 4,850.00		¥ 320.00	¥ 5,170.00	¥ 50.00	¥ 30.00	¥ 145.00	¥ 4,945.00	18
018	SL-18	马冬梅	431324198610152516	营销部	¥ 9,800.00		¥ 320.00	¥ 10,120.00	¥ 40.00	¥ 32.00	¥ 132.00	¥ 9,916.00	3

图 12-1　员工工资分析

项目分析

WPS 表格可以很好地管理与分析表格中的数据，通过常用的求和、平均、计数等函数及较为复杂的 RANK 函数，完成本项目的数据计算与分析。另外相对引用、绝对引用和条件格式将能大大提高表格数据的分析与处理的效率。

项目必知

微课 12-1

单元格引用

任务 12　掌握数据处理

12.1　相对引用、绝对引用和混合引用

1. 相对引用

相对引用的意义是指当公式在复制或移动时，公式中引用单元格的地址会随着公式

的移动而自动改变，比如用“H2”这样的方式来表示相对引用。

2. 绝对引用

绝对引用是指当公式在复制或移动时，公式中的各单元格的地址不会随着公式的移动而改变，比如用“$H$2”这样的方式来表示绝对引用。

3. 混合引用

当用户需要固定某行引用而改变列引用，或者要固定某列引用而改变行引用时就要用到混合引用。混合引用采用如“$H2”或“H$2”这样的形式表示，如果公式所在单元格的位置改变，则相对引用部分将改变，而绝对引用部分将不变。

4. 三维地址引用

在 WPS 表格中，不但可以引用同一工作表中的单元格，还能引用同一工作簿中不同工作表的单元格，也能引用不同工作簿中的单元格（即外部引用）。不同的工作簿中单元格的引用格式为“[工作簿名] + 工作表名 !+ 单元格引用”，比如 [成绩表] sheet1!H2。

12.2 条件格式引用

微课 12-2

条件格式引用

WPS 表格提供的“条件格式”功能可以对选中区域中各单元格中的数值进行判断，如果判断结果在指定的范围内，则动态地为选中区域中的单元格设定格式，包括数字、字体、边框线和填充等设置，如图 12-2 所示。

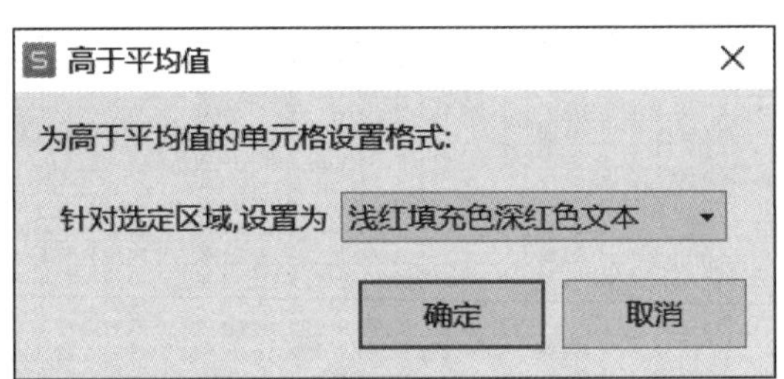

图 12-2 “条件格式”设置

12.3 认识公式、函数

微课 12-3

公式和函数

1. 运算符号

公式中的运算符有以下 4 类。

（1）算数运算符：用来完成基本的数学运算，返回值为数值。如 +（加）、–（减）、*（乘）、/（除）、%（百分比）和 ^（指数）。

（2）比较运算符：用来比较两个数大小的运算符，返回值只有 TRUE 和 FALSE 两种。如 =（等于）、>（大于）、<（小于）、>=（大于或等于）、<=（小于或等于）和 <>（不等于）。

（3）文本运算符 (&)：用于将一个或多个文本连接为一个组合文本的运算符。如在单元格 A1 中输入“山东”，B1 中输入“青岛”，C1 中输入“=A1&B1”，返回结果为“山东青岛”。

（4）引用运算符 (:)：用于合并多个单元格区域。例如，A1:G1 表示引用 A1 到 G1 之间的所有单元格（以 A1 和 G1 为顶点的长方形区域）。

2. 公式

WPS 表格能够快速有效地对表格中的数据进行各种不同种类的计算，其中包括了

函数和公式两种方式。

WPS 表格的函数计算是指按照特定的算法引用单元格数据执行的计算，它分成了若干种类，包括“财务”“文本”“日期和时间”“查找与引用”等，在“公式”选项卡中就可以找到这些函数功能按钮。

公式是在工作表中对数据进行分析的等式，可以对工作表中的数值进行加、减、乘、除等运算。公式以等号“=”开始，其后跟公式的内容。公式的输入和编辑等操作都可以在编辑栏中完成。在单元格中显示的并不是公式本身，而是公式计算的结果。

3. 常用函数

微课 12-4

常用函数

WPS 表格函数共有 13 类，包含 400 多个函数，涵盖了财务、日期时间、数学与三角函数、统计、文本等各种不同领域的函数类别，如图 12-3 所示。

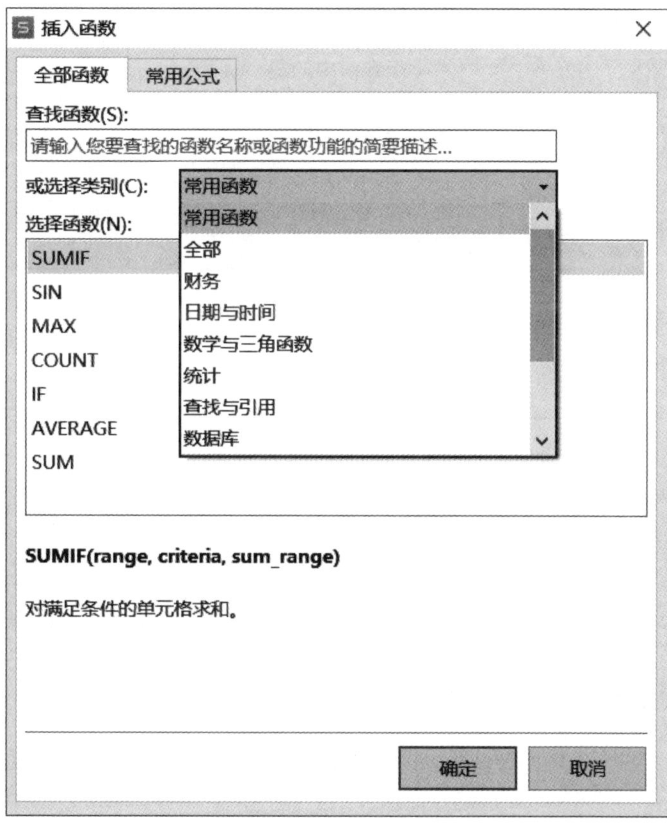

图 12-3　各种不同领域的函数类别

（1）函数的基本格式

WPS 表格函数的基本格式为：函数名（参数 1，参数 2，…，参数 n），其中函数名是每个函数的唯一标识，它决定了函数的功能和用途，参数是一些可以变化的量，写在括号里，参数与参数之间用逗号分隔。

（2）函数的输入方法

单击“公式”选项卡中的“插函数”按钮或单击“开始”选项卡中的“求和”下拉按钮，在弹出的下拉列表中选择“其他函数”选项，均可打开“插入函数”对话框来输入函数。

（3）常用函数及常见错误提示

常用函数介绍见表 12-1。

表 12-1　常用函数介绍

函数名	格式	功能	应用举例
求和	SUM(N1，N2，…)	N1，N2…代表需要进行求和计算的值，可以是具体的数值、引用的单元格（区域）、逻辑值等	=SUM(D2:D63)
条件判断	IF(Logical，Value_if_true，Value_if_false)	根据对指定条件的逻辑判断的真假结果，返回相对应的内容	=IF(6>5，11，22)
最大值	MAX(N1，N2，…)	求一组数值中的最大值	=MAX(6，5)
最小值	MIN(N1，N2，…)	求一组数值中的最小值	=MIN(1，2，3)
平均数	AVERAGE(N1，N2，…)	求一组数值的平均值。	=AVERAGE(1，2，3)
条件计数	COUNTIF(区域，条件)	统计指定区域中满足条件的单元格个数	=COUNTIF(B1:B13，“>=80”)

常见错误提示说明见表 12-2。

表 12-2　常见错误提示

常见错误提示	说　明
#####	当某一列的宽度不够而无法在单元格中显示所有字特时，或者单元格包含错误的日期或时间值时。例如，用过去的日期减去将来的日期（如＝06/12/2008-07/01/2008），将得到负的日期值
#DIV/0!	当一个数除以零（0）或公式中分母引用了空的单元格时，WPS 表格将显示此错误
#N/A	当某个值不允许被用于函数或公式但却被引用时，WPS 表格将显示此错误
#NAME?	当 WPS 表格无法识别公式中的文本时，将显示此错误。例如，区域名称或函数名称拼写错误
#NULL!	当指定两个不相交的区域求交集时，WPS 表格将显示此错误。交集运算符是分隔公式中的两个区域地址间的空格字符例，如区域 A1:A2 和 C3:C5 不相交，因此，输入公式：＝ SUM（A1:A2 C3:C5）将返回# NULL! 错误。
#NUM!	当公式或函数包含无效数值时，WPS 表格将显示此错误
#REF!	当单元格引用无效时，WPS 表格将显示此错误。例如，如果删除了某个公式所引用的单元格，该公式将返回# REF! 错误
#VALUE!	如果公式所包含的单元格有不同的数据类型，则 WPS 表格将显示此错误。如果启用了公式的错误检查，则屏幕提示会显示“公式中所用的某个值是错误的数据类型”。通常，通过对公式进行较少更改即可修复此问题

项目实施

根据项目实施要求，具体要完成的内容有：工资的计算应发工资 = 基本工资 + 奖金 + 补贴，使用公式函数填充工资表，并完成工资表统计，身份证号的引入为了做到工资准确发放。

1. 设置货币格式

选中表中需要设置货币格式的数据区域，右键单击，在快捷菜单中选择“设置单元格格式”命令，在弹出的“单元格格式”对话中，“分类”列表框中选择“会计专用”，小数位数保留 2 位，货币符号选择“¥”，如图 12-4 所示。

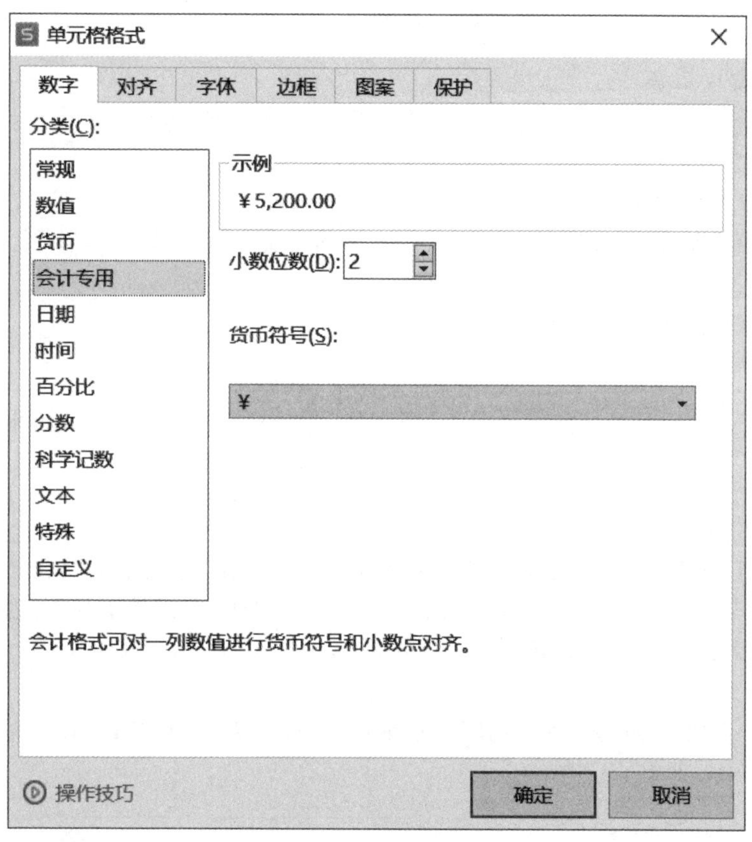

图 12-4　设置货币格式

2. 计算应发工资

应发工资计算思路：应发工资 = 基本工资 + 奖金 + 补贴，使用公式来实现应发工资的计算。

（1）使用 SUM 函数求出应发工资的金额：选中 I3 单元格，插入 SUM 函数，选择区域 D3:F3，求出第一位员工的工资，如图 12-5 所示。

（2）将指针移动到 G3 单元格的右下角，当指针变成 + 时，双击鼠标，其他员工的应发工资即可快速求出。

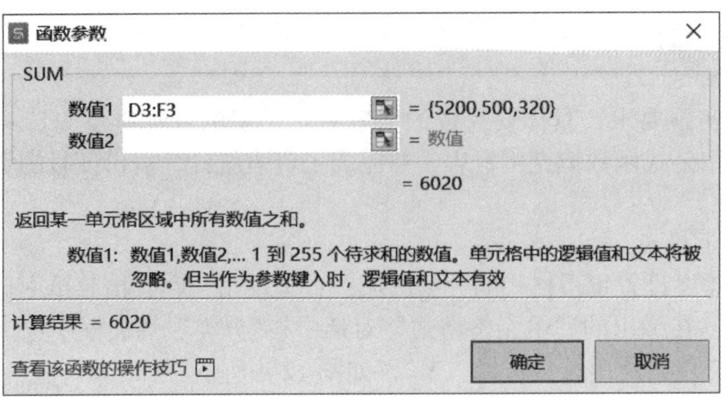

图 12-5 求出第一位员工的工资

3. 计算实发工资

实发工资计算思路：实发工资 = 应发工资 − 房租 − 水电费 − 其他扣款，使用公式来现实实发工资的计算。

在 M3 单元格中编辑输入“=G3-SUM(H3:J3)”，单击“确定”按钮，求出第一位员工的实发工资，如图 12-6 所示。计算其他人员的实发工资，可用自动填充来完成。

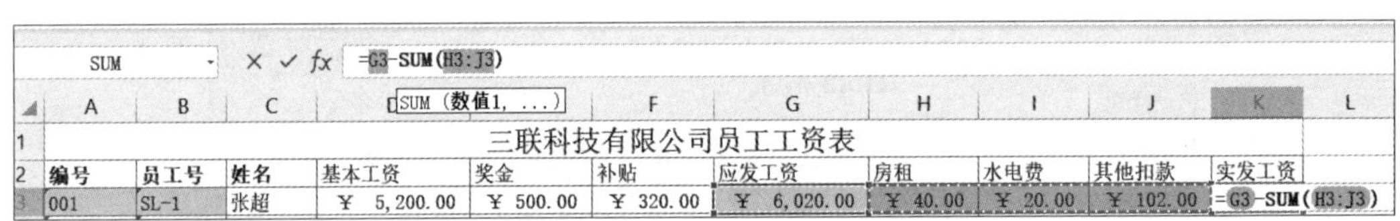

图 12-6 求第 1 位员工的实发工资

4. 引入身份证号及部门

以员工工资表中的员工号为对应关系来引入员工信息表中的身份证号，方便后期进行数据统计，采用 VLOOKUP 函数从员工信息表中查找员工号对应的身份证号，VLOOKUP 函数格式为 VLOOKUP (Lookup_value, Table_array, Col_index_num, Range_lookup)。

微课 12-5

VLOOKUP 函数的使用

单击 D3 单元格，通过“插入函数”对话框中插入函数 VLOOKUP，弹出 VLOOKUP “函数参数”对话框，如图 12-7 所示。

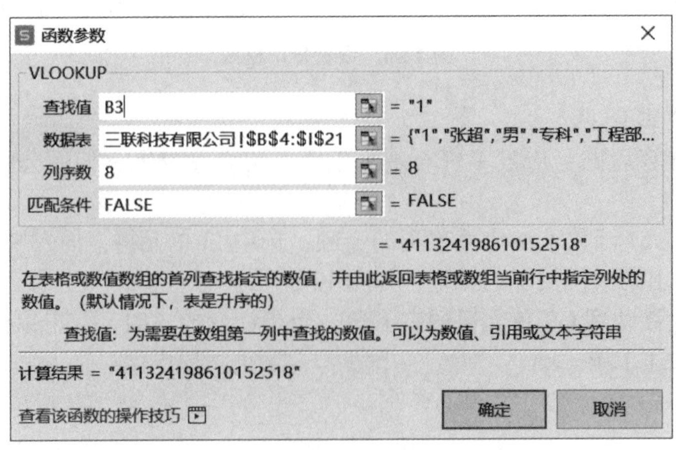

图 12-7 VLOOKUP “函数参数”对话框

第一个参数 Lookup_value：为已知参照值。此处是指员工号所在单元格。

第二个参数 Table_array：是指要查找的区域。在此区域里已知参照值必须是首列；而要查找的身证号也必须在这个区域里，以选定这段区域为“三联科技有限公司 !$B$4:$I$21”。

第三个参数 Col_index_num：表示要查找的列在查找区域属于第几列。从查找区域首列“姓名”列开始计数，要查找的“身份证号”列在查找区域属第 8 列，所以填“8”。

第四个参数 Range_lookup：表示匹配方式，此处采用精确匹配，填 FALSE。

对应的 D3 单元格编辑栏内的公式如图 12-8 所示，“单击“确定按钮，函数插入成功。拖曳 D3 单元格的填充柄，填充公式至单元格 D20，“身份证号”列填充完成。

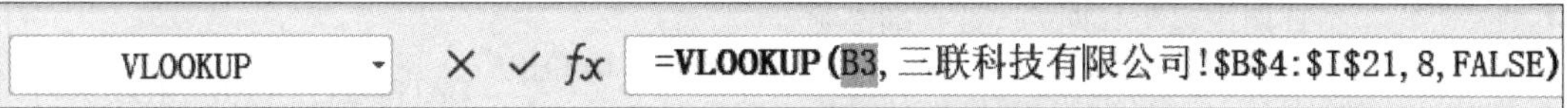

图 12-8　D3 单元格编辑栏内的公式

同样的方法，使用 VLOOKUP 函数引入员工信息表中的部门，如图 12-9 所示。

1	三联科技有限公司员工工资表												
2	编号	员工号	姓名	身份证号	部门	基本工资	奖金	补贴	应发工资	房租	水电费	其他扣款	实发工资
3	001	SL-1	张超	411324198610152518	工程部	￥ 5,200.00	￥ 500.00	￥ 320.00	￥ 6,020.00	￥ 40.00	￥ 20.00	￥ 102.00	￥ 5,858.00
4	002	SL-2	李佳佳	361324198610152524	工程部	￥ 8,680.00		￥ 320.00	￥ 9,000.00	￥ 50.00	￥ 15.00	￥ 98.00	￥ 8,837.00
5	003	SL-3	王天明	371324198610152518	工程部	￥ 4,860.00	￥ 500.00	￥ 320.00	￥ 5,680.00	￥ 60.00	￥ 32.00	￥ 86.00	￥ 5,502.00
6	004	SL-4	宁东东	521324199012162517	人事部	￥ 5,195.00		￥ 320.00	￥ 5,515.00	￥ 50.00	￥ 36.00	￥ 65.00	￥ 5,364.00
7	005	SL-5	王天民	423424190008152518	工程部	￥ 8,862.00		￥ 320.00	￥ 9,182.00	￥ 60.00	￥ 20.00	￥ 75.00	￥ 9,027.00
8	006	SL-6	邓小明	356324198611172518	工程部	￥ 8,378.00	￥ 500.00	￥ 320.00	￥ 9,198.00	￥ 40.00	￥ 25.00	￥ 73.00	￥ 9,060.00
9	007	SL-7	张国蕾	211324198610152518	财务部	￥ 6,050.00		￥ 320.00	￥ 6,370.00	￥ 50.00	￥ 23.00	￥ 68.00	￥ 6,229.00
10	008	SL-8	高强	321324198409152518	人事部	￥ 6,150.00	￥ 500.00	￥ 320.00	￥ 6,970.00	￥ 60.00	￥ 28.00	￥ 77.00	￥ 6,805.00
11	009	SL-9	孙明志	411324198610152599	销售部	￥ 6,350.00		￥ 320.00	￥ 6,670.00	￥ 50.00	￥ 49.00	￥ 60.00	￥ 6,511.00
12	010	SL-10	邓颖	521324198610152518	人事部	￥ 6,550.00		￥ 320.00	￥ 6,870.00	￥ 40.00	￥ 36.00	￥ 89.00	￥ 6,705.00
13	011	SL-11	刘慧娟	531324199210152518	工程部	￥ 10,550.00		￥ 320.00	￥ 10,870.00	￥ 40.00	￥ 32.00	￥ 109.00	￥ 10,689.00
14	012	SL-12	张华	251324198610152518	销售部	￥ 7,100.00		￥ 320.00	￥ 7,420.00	￥ 60.00	￥ 30.00	￥ 116.00	￥ 7,214.00
15	013	SL-13	王佳琳	265324198610152518	销售部	￥ 5,800.00	￥ 500.00	￥ 320.00	￥ 6,620.00	￥ 50.00	￥ 29.00	￥ 122.00	￥ 6,419.00
16	014	SL-14	李晓丽	411324198410202327	财务部	￥ 5,050.00	￥ 500.00	￥ 320.00	￥ 5,870.00	￥ 40.00	￥ 27.00	￥ 117.00	￥ 5,686.00
17	015	SL-15	李江	400024198610152324	财务部	￥ 5,000.00	￥ 500.00	￥ 320.00	￥ 5,820.00	￥ 60.00	￥ 25.00	￥ 118.00	￥ 5,617.00
18	016	SL-16	韩磊	411324198807152518	销售部	￥ 12,450.00	￥ 500.00	￥ 320.00	￥ 13,270.00	￥ 50.00	￥ 22.00	￥ 119.00	￥ 13,079.00
19	017	SL-17	李江涛	521324199908152518	销售部	￥ 4,850.00		￥ 320.00	￥ 5,170.00	￥ 50.00	￥ 30.00	￥ 145.00	￥ 4,945.00
20	018	SL-18	马冬梅	431324198610152516	营销部	￥ 9,800.00		￥ 320.00	￥ 10,120.00	￥ 40.00	￥ 32.00	￥ 132.00	￥ 9,916.00

图 12-9　引入身份证号及部门

5. 计算年龄

身份证号是公民的唯一信息编码，它由 18 位数字组成，包含了丰富的信息。可用 MID、TEXT、TODAY、DATEDIF 这些函数可根据身份证号求出员工的年龄。计算年龄所用到的函数介绍见表 12-3。

表 12-3　计算年龄所用到函数介绍

函数	格式及参数说明	功能	本案例应用
MID	MID(Text, Start_num, Num_chars) Text: 要提取字符的文本字符。Start_num：文本中要提取的第一个字符的位置。文本中第一个字符的 Startnum 为 1，以此类推。 Num_chars：指定从文本中返回字符的个数	从文本字符中指定起始位置返回指定长度的字符	身份证号中的出生日期，它们是从第7位开始长度为8的字符串，可写作“MID(D3,7,8)”

续 表

函数	格式及参数说明	功能	本案例应用
TEXT	TEXT (Value, Format_text) Value：数值、计算结果为数字值的公式，或对包含数字值的单元格的引用。Format_text：文本形式的数字格式	将截取的字符串转换为日期格式	TEXT(MID(D3,7,8), “0000-00-00”)
TODAY	TODAY( )	返回日期格式的当前日期	TODAY( )
DATEDIF	DATEDIF (Start_date, End_date, Unit) Start_date：它代表时间段内的第一个日期或起始日期（起始日期必须在 1900 年之后）。 End_date：它代表时间段内的最后一个日期或结束日期。 Unit：所需信息的返回类型。其中，Y 表示时间段中的整年数，M 表示时间段中的整月数，D 表示时间段中的天数	求当前日期和出生日期之间的年份差，从而求得年龄	DATEDIF(TEXT(MID(D3, 7, 8), “0000-00-00”), TODAY( ), “Y”)

6. 引入工资排名

完成实发工资排名，用 RANK 函数计算工资排名并引入工资排名列。引用区域是实发工资区域 M3:M20，在复制公式时此区域要保持不变，这里必须采用绝对引用，可改为“$M$3:$M$20”；参数 Order 为排名方式 (0 或省略为降序，非 0 值为升序)，本项目排名方式采用降序，可省略也可填 0，参数设置如图 12-10 所示。这里查看编辑栏，可看到编辑栏中的内容为“=RANK(M3, $M$3:$M$20)”。

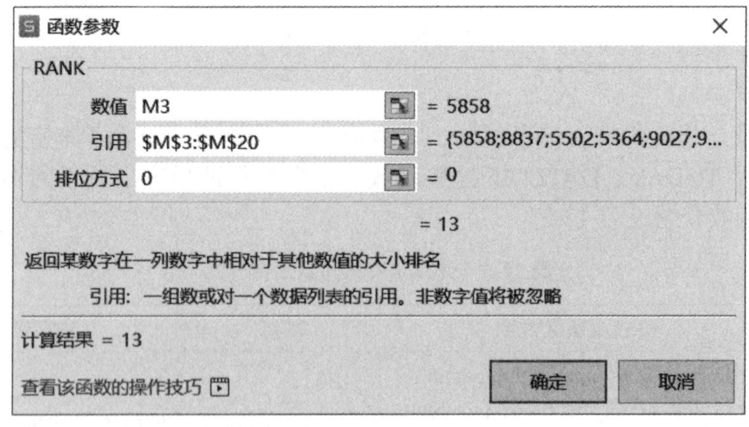

图 12-10 RANK 函数参数设置

7. 完成员工工资统计表

在“三联公司员工工资 .xlsx.”工作簿中插入新工作表，命名为“工资统计表”。在“工资统计表”中输入相应内容，设置相应格式，效果如图 12-11 所示。

工资统计表	
统计项目	统计结果
实发工资总值	￥ 133, 463. 00
实发平均工资	￥ 7, 414. 61
实发最低工资	￥ 4, 945. 00
实发最高工资	￥ 13, 079. 00
基本工资>6000的人数	12
获得奖金的总人数	8
工程部的总工资	￥ 48, 973. 00

图 12-11　工资统计表效果

（1）实发工资总值

用 SUM 函数来计算实发工资总值。选中相应单元格，通过插入函数 SUM，来计算实发工资总值，参数设置如图 12-12 所示，编辑栏中的内容为“=SUM(员工工资表 !M3:M20)”。

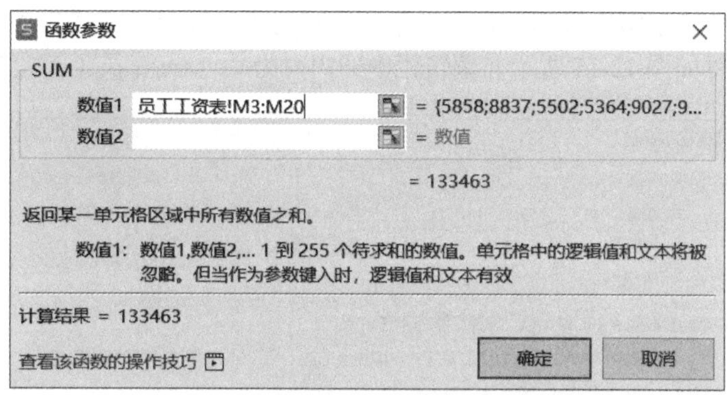

图 12-12　计算实发工资总值参数设置

（2）实发平均工资

用 AVERAGE 函数来计算实发平均工资。选中相应单元格，通过插入函数 AVERAGE 来计算实发平均工资，参数设置如图 12-13 所示，编辑栏中的内容为“=AVERAGE(员工工资表 !M3:M20)”。

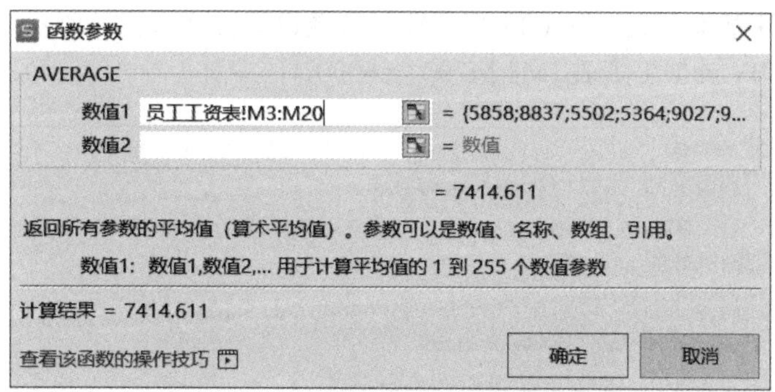

图 12-13　计算实发平均工资参数设置

（3）实发最低工资

用 MIN 函数来求实发最低工资。选中相应单元格，通过插入函数 MIN 来求实发最低工资，参数设置如图 12-14 所示，编辑栏中的内容为“=MIN(员工工资表 !M3:M20)”。

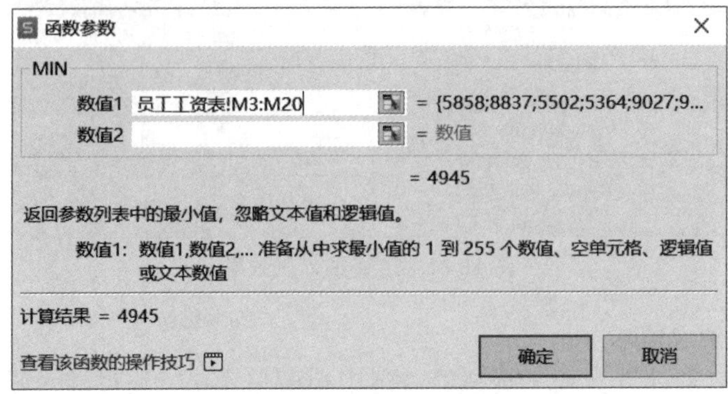

图 12-14　计算实发最低工资参数设置

（4）实发最高工资

用 MAX 函数来求实发最高工资。选中相应单元格，通过插入函数 MAX 来求实发最高工资，参数设置如图 12-15 所示，编辑栏中的内容为“=MAX(员工工资表 !M3:M20)。

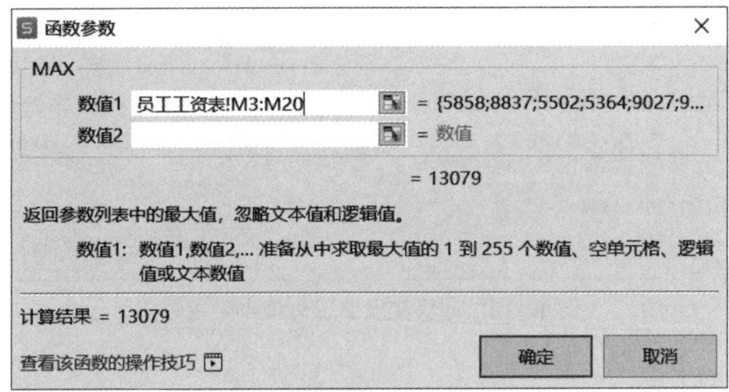

图 12-15　实发最高工资

（5）基本工资 >6 000 的人数

用 COUNTIF 函数来统计满足条件的人数。选中相应单元格，通入插入函数 COUNTIF 来统计基本工资 >=6 000 的人数，参数设置如图 12-16 所示。编辑栏中的内容为“=COUNTIF(员工工资表 !M3:M20,">=6000")”。

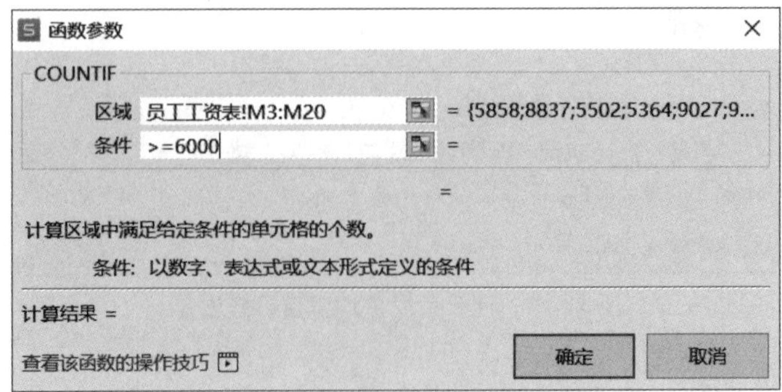

图 12-16　统计工资 >6 000 的人数参数设置

（6）获得奖金的总人数

用 COUNTA 函数来统计满足条件的总人数。选择相应单元格，通过插入函数 COUNTA 来统计获得奖金的总人数，参数设置如图 12-17 所示，编辑栏中的内容为“COUNTA(员工工资表 !G3:G20)”。

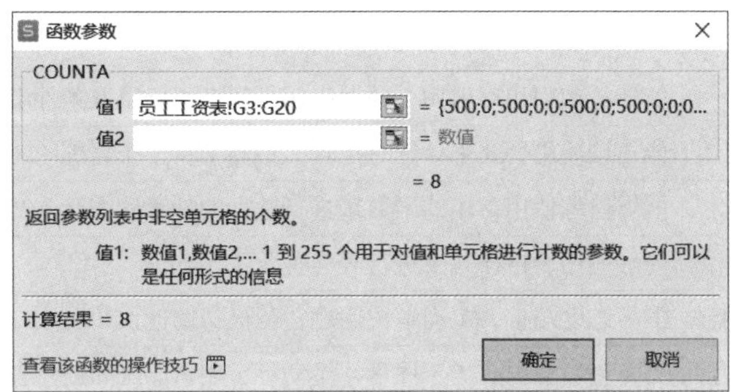

图 12-17　统计获得奖金的总人数参数设置

（7）工程部的总工资

用 SUMIF 函数来统计工程部的总工资。选中相应单元格，通过 SUMIF 函数来统计工程部的总工资，参数设置如图 12-18 所示，编辑栏中的内容为：“=SUMIF(员工工资表 !E3:E20, “工程部” , 员工工资表 !M3:M20)”。

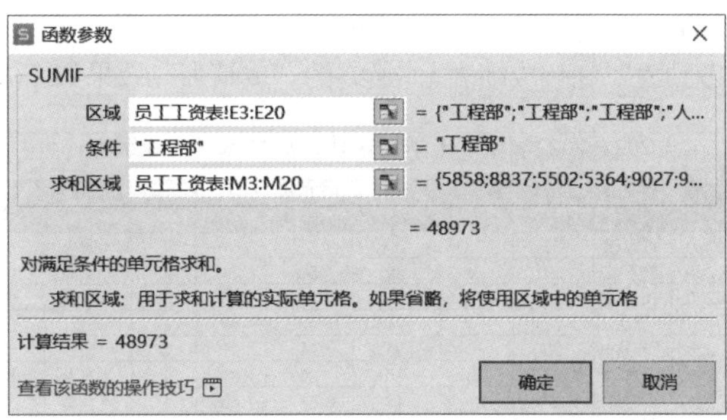

图 12-18　统计工程部的总工资参数设置

8. 美化工资统计表

选定 A3:B9 单元格区域，单击“开始”选项卡“表格样式”下拉按钮，在弹出的下拉列表中选择“中色系”的“表样式中等深浅 2”，效果如图 12-19 所示。

1	工资统计表	
2	统计项目	统计结果
3	实发工资总值	¥ 133,463.00
4	实发平均工资	¥ 7,414.61
5	实发最低工资	¥ 4,945.00
6	实发最高工资	¥ 13,079.00
7	基本工资>6000的人数	12
8	获得奖金的总人数	8
9	工程部的总工资	¥ 48,973.00

图 12-19　美化工资统计表效果

 项目评价

项目名称	员工工资信息统计		
职业技能	熟练使用公式和函数对数据进行快速、准确的处理和统计		
序号	知识点	评价标准	分数
1	引用	能熟练使用相对引用、绝对引用、混合引用以及条件引用（20分）	
2	公式的使用	能正确使用公式来计算总工资、最高工资、排名等（20分）	
3	函数应用	能够熟练使用常用的函数来进行数据的计算和统计（20分）	
4	表格美化	能够应用表格样式来进行表格美化（20分）	
5	学习态度	学习态度端正，主动解决问题，积极帮助他人（10分）	
6	创新能力	具备创新意识，勇于探索，主动寻求创新方法和创新表达（10分）	

 项目提升

学期结束时，根据学校安排，教授现代信息技术课程的刘老师需要对任课班级中学生的成绩、名次和等级等进行统计，根据课程考核安排，学生的总评分由考勤评分、作业评分、期中评分和期末评分组成，刘老师想使用电子表格完成，他制作了3张Excel工作表，分别为“作业表”“考勤表”和“成绩表”，最终的“成绩表”效果如图12-20所示。

2021-2022学年下半学期现代信息技术学生成绩表									
学号	姓名	考勤（10%）	作业（20%）	期中（20%）	期末（50%）	总评分	名次	三好学生资格	考试等级
2020302201	包宏伟	80	79	69	58	67	25	不具备	及格
2020302202	陈万地	100	74	82	59	71	20	不具备	中等
2020302203	杜学江	95	78	79	71	76	13	不具备	中等
2020302204	符合	95	77	94	95	91	4	具备	优秀
2020302205	吉祥	95	88	98	91	92	2	具备	优秀
2020302206	李北大	90	72	75	86	81	9	不具备	良好
2020302207	李娜娜	100	78	46	51	60	29	不具备	及格
2020302208	刘康锋	100	85	88	89	89	5	具备	良好
2020302209	刘鹏举	100	78	78	85	84	7	不具备	良好
2020302210	倪冬声	75	77	81	82	80	10	不具备	良好
2020302211	齐飞扬	95	87	96	98	95	1	具备	优秀
2020302212	苏解放	90	78	65	54	65	27	不具备	及格
2020302213	孙玉敏	95	74	52	52	61	28	不具备	及格
2020302214	王清华	90	80	85	50	67	24	不具备	及格
2020302215	谢如康	95	85	86	95	91	3	具备	优秀
2020302216	闫朝霞	95	69	69	59	67	25	不具备	及格
2020302217	曾令煊	95	69	85	77	79	11	不具备	中等
2020302218	张桂花	95	77	52	85	78	12	不具备	中等
2020302219	孟天祥	100	79	69	69	74	15	不具备	中等
2020302220	陈祥通	95	70	89	59	71	19	不具备	中等
2020302221	王天宇	100	88	80	60	74	17	不具备	中等
2020302222	方文成	80	73	90	62	72	18	不具备	中等
2020302223	钱顺卓	95	77	45	51	59	30	不具备	不及格
2020302224	王崇江	95	65	84	89	84	6	不具备	良好
2020302225	黎浩然	100	87	90	74	82	8	不具备	良好
2020302226	刘露露	90	84	59	65	70	21	不具备	中等
2020302227	陈祥通	100	77	77	69	75	14	不具备	中等
2020302228	徐志晨	85	72	85	68	74	16	不具备	中等
2020302229	张哲宇	100	68	70	60	68	23	不具备	及格
2020302230	王炫皓	95	67	88	58	70	22	不具备	及格

图12-20　最终的“成绩表”效果

1. 计算作业评分：在“作业表”中，利用 AVERAGE 函数计算每个学生 6 次作业成绩的“平均分”作为作业评分。

2. 计算考勤评分：在“考勤表”中，利用 COUNTIF 函数统计每位同学的考勤情况，并用公式计算考勤评分。

3. 计算总评分：把考勤评分和作业评分粘贴到“成绩表”中，利用公式计算总评分。

4. 计算名次：根据总评分使用 RANK.AVG 函数计算名次。

5. 判断三好学生资格及考试等级。

（1）根据总评分成绩，使用 IF 函数判定是否具备三好学生资格。

（2）根据总评分计算相应的考试等级。

项目 13　电子产品销量统计图表展示

项目概况

三联科技有限公司销售部要对 2021 年电子产品销量的统计结果进行分析，要求利用 WPS 表格软件的图表制作功能制作柱形图、折线图、饼图、条形图、数据透视图等一系列图表，以便于更加直观、形象地展示产品销量的变化，给公司决策者提供清楚、直观的数据依据。

项目分析

图表可使繁杂的数据更加生动、易懂，可以直观、清晰地显示不同类别数据间的差异或规律，在实际工作中，图表的应用非常广泛。为清晰、生动展示数据及挖掘数据之间的关联性，为三联科技有限公司 2021 年销量统计表创建不同类型的图表，以图表的方式来展现。

项目必知

任务 13　掌握图表的创建与设置

13.1　图表的创建

在 WPS 表格中，图表是指将工作表中的数据用图形表示出来，使用图表会使得用 WPS 表格编制的工作表更易于理解和交流，使数据内部更加有趣、吸引人、易于阅读和评价，也可以帮助用户分析和比较数据。

微课 13-1

图表制作

1. 创建图表

（1）建立一张数据工作表

在 WPS 表格中，新建一张工作表，输入数据并根据需要设置各单元格数据的字符、段落格式、边框线、底纹等，设置完毕后重命名该工作表，如命名为“成绩表”。

（2）选定数据区域

在建立的数据工作表中，选中要制作图表的数据区域（包括标题行），可以是连续的数据区域，也可以是不连续的数据区域，应根据实际需要而定。

（3）创建图表

单击“插入”选项卡“图表”组中的某类型图表按钮，在弹出的下拉列表中选择一个该类型图表的子类型，编辑区中即出现该选择图表。

WPS 表格下的“图表”组中提供的图表类型有柱形图、条形图、折线图、饼图、XY 散点图等，各类型又有若干子类型供选择，如柱形图下有簇状柱形图、堆积柱形图、百分比堆积柱形图等。若单击“图表”组中“全部图表”按钮将弹出“图表”对话框，在该对话框中提供更多的图表类型及子类型供用户选择。

2. 图表类型

常用图表类型及其特点见表 13-1。

表 13-1 常用图表类型及其特点

类 型	特 点
柱形图	柱形图用于显示一段时间内的数据变化或显示各项之间的比较情况，通常沿水平轴组织类别，而沿垂直轴组织数值
折线图	折线图可以显示随时间而变化的连续数据，类别数据沿水平轴均匀分布，所有值数据沿垂直轴均匀分布
饼 图	饼图用于显示一个数据系列中各项的大小与各项总和的比例

3. 编辑图表

图表是按系统的默认格式生成的，用户可根据实际需要对其进行编辑，图表编辑主要包括更改图表类型、重新选择数据等内容。

（1）更改图表类型

选中图表后，单击“图表工具”选项卡中的“更改类型”按钮，在弹出的“更改图表类型”对话框中，可重新选择图表类型。也可右键单击该图表，在弹出的快捷菜单中选择“更改图表类型”命令。

（2）重新选择数据

选中图表后，单击“图表工具”选项卡中的“选择数据”按钮，在弹出的“编辑数据源”对话框中，可重新选择数据源，如图 13-1 所示。也可右键单击该图表，在弹出的快捷菜单中选择“选择数据”命令。

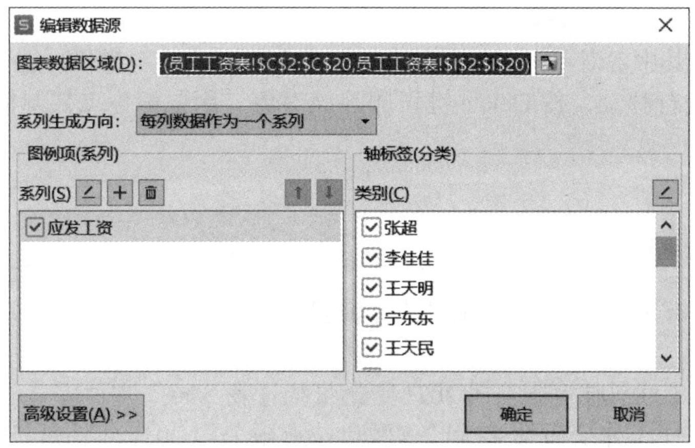

图 13-1　选择数据

13.2　图表的设置

1. 图表布局

选中图表后，单击“图表工具”选项卡“图表布局”功能区中的相应功能按钮，可重新对图表布局进行设置，比如，图表标题的添加与取消，为图表下方添加数据表、饼图，添加与取消百分比等。

2. 更改图表样式

选中图表后，单击“图表工具”选项卡“图表样式”功能区中的相应功能按钮，可更改图表样式。WPS 表格提供了多种预设样式供用户选择。

3. 设置图表中的对象格式

对于图表中的 X 轴坐标、Y 轴坐标、标题、文本、图例等对象，单击选中后，可在相应选项卡的功能区中进行格式设置，也可在右键快捷菜单中对其格式进行详细设置，“坐标轴选项”设置如图 13-2 所示。

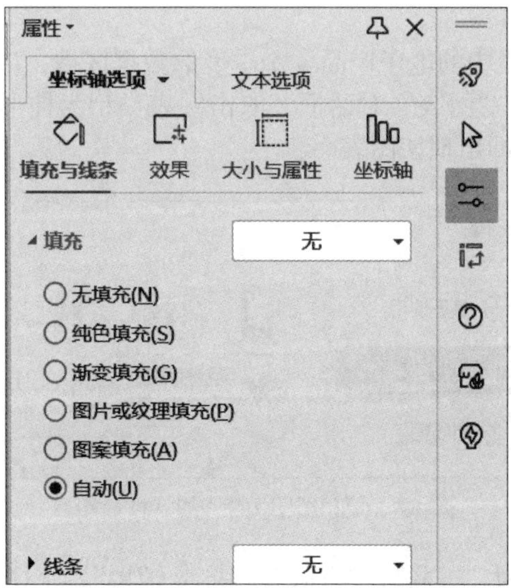

图 13-2　“坐标轴选项”设置

4. 编辑图表整体及其中各对象

图表整体及其中各对象可以进行移动、删除和调整大小等操作。选中目标对象，拖曳鼠标可对其进行移动、按 Delete 键可删除该对象、用鼠标拖曳控制柄可调整该对象的大小。

项目实施

为三联科技有限公司 2021 年销量统计表创建不同类型的图表，操作步骤如下。

1. 数据汇总

（1）打开“三联科技有限公司 2021 年销量统计表 .xlsx”文件。

（2）将 Sheet1 工作表重命名为“三联科技有限公司 2021 年销量统计表”，在当前工作表后面依次新建“汇总结果表”“柱形图”“条形图”“折线图”“饼图”和“数据透视图”6 张新的工作表，以便存放对应的统计结果。

（3）在素材表中利用公式与函数计算“合计“列。

（4）在素材表中，按照产品名称对 4 个季度的销量进行汇总，汇总结果表效果如图 13-3 所示。

三联科技有限公司2021年销量统计表					
产品名称	第一季度	第二季度	第三季度	第四季度	合计
智能手环	106	165	139	107	517
笔记本	63	36	28	86	213
平板	52	62	120	102	336
智能台灯	25	36	42	30	133
无线路由器	20	18	16	18	72
无线鼠标	60	87	56	46	249

图 13-3　汇总结果表效果

2. 创建柱形图

（1）选中汇总结果表中的电子产品 4 个季度的数据区域，单击“插入”选项卡中的“全部图表”按钮，打开“图表”对话框，双击图表类型为柱形图中的“簇状柱形图”，如图 13-4 所示，编辑区即出现该图表。

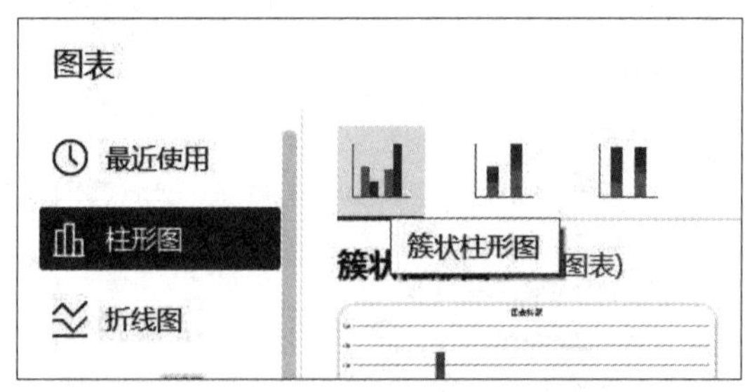

图 13-4　柱形图中的“簇状柱形图”

（2）设置图表标题为“三联科技有限公司产品销售”，字体设置为宋体、12 号、加粗，如图 13-5 所示。

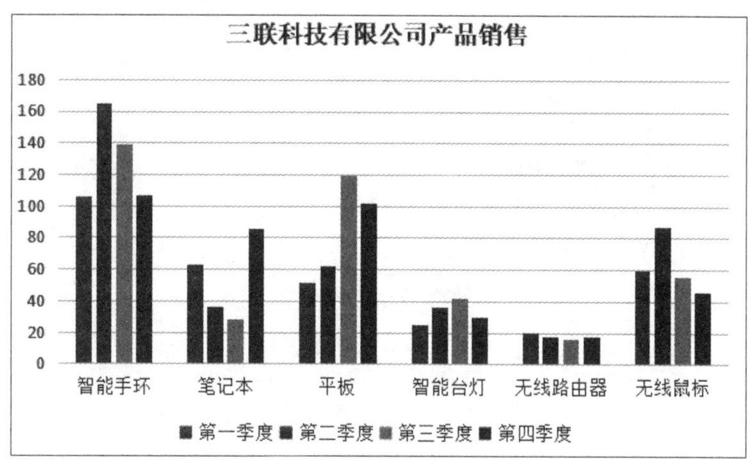

图 13-5　设置图表标题

（3）选中该图表，在“图表工具”选项卡中，单击“移动图表”按钮，在弹出的“移动图表”对话框中，选择“对象位于”下拉列表中的“柱形图”，单击“确定”按钮，即将图表移动到“柱形图”工作表中。

3. 创建条形图

（1）仿照插入柱形图的操作，插入“堆积条形图”。

（2）选中该图表，在“图表工具”选项卡的“样式”下拉列表框中选择“预设样式”下的“样式 6”，套用图表样式 6，如图 13-6 所示。设置图表标题为“2021 三联科技有限公司产品销售条形图”。

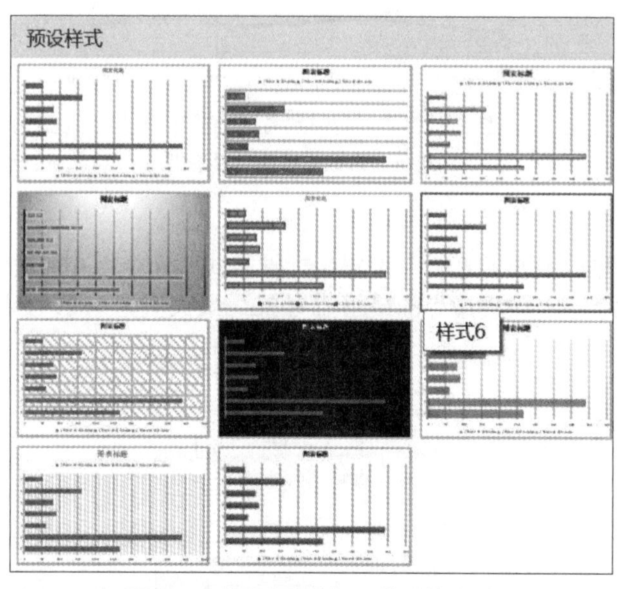

图 13-6　“预设样式”下的“样式 6”

（3）选中该图表，在“图表工具”选项卡的“图表元素”下拉列表中选择“图表区”，单击“设置格式”按钮，在“属性”窗格中设置填充颜色为“亮天蓝色，着色 1，浅色 60%”；同样的方法，设置绘图区的填充颜色为“亮天蓝色，着色 1，浅色 80%”，如图 13-7 所示，将图表移动到“条形图”工作表中。

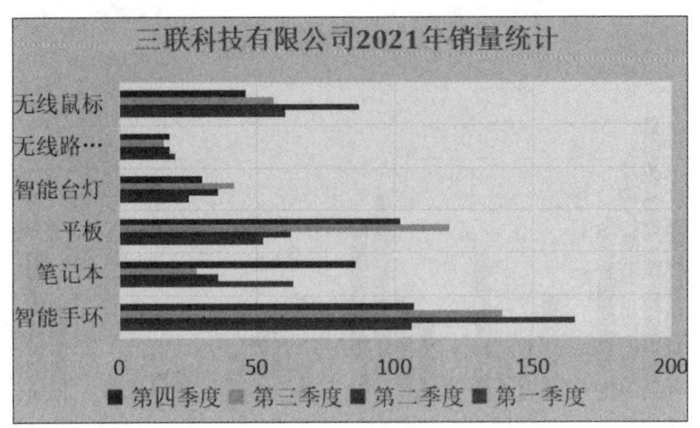

图 13-7　设置图表填充颜色

4. 创建折线图

（1）插入折线图

在汇总结果表中，按住 Ctrl 键并单击选择智能手环、平板和智能台灯、无线鼠标 4 个季度销量数据及它们对应的标题行，插入带数据标记的折线图，如图 13-8 所示。

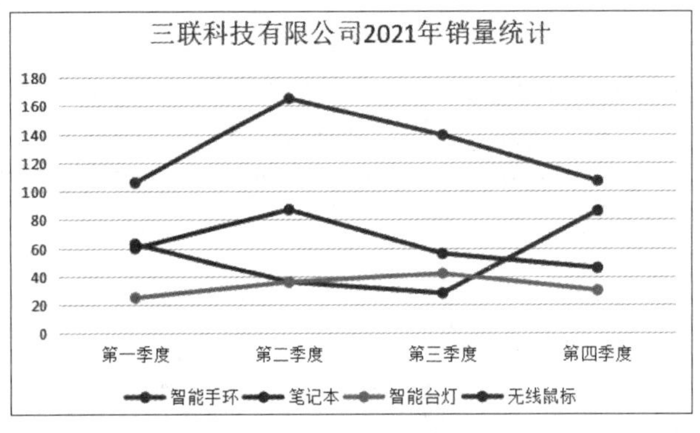

图 13-8　带数据标记的折线图

（2）设置格式

单击垂直坐标轴，右击并选择“设置坐标轴格式”命令，在右边弹出的“属性”窗格的“坐标轴选项”中，设置边界的最小值为 20，最大值为 180，如图 13-9 所示。

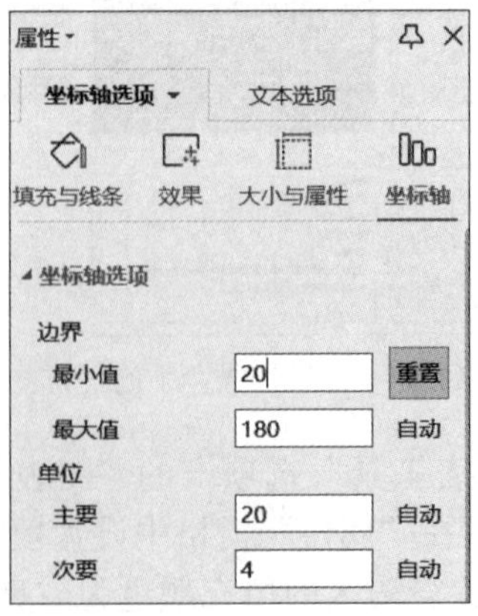

图 13-9　设置坐标轴格式

设置图表标题为“三联科技有限公司 2021 年销量统计”，图表区加黑色边框，创建的折线图最终效果如图 13-10 所示，将该图表移动到“折线图”工作表中。

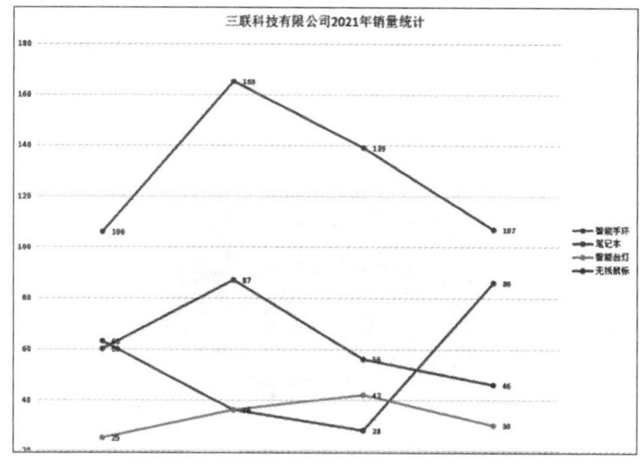

图 13-10　创建的折线图最终效果

5. 创建饼图

（1）插入饼图

仿照插入柱形图的操作，插入“三维饼图”，效果如图 13-11 所示。

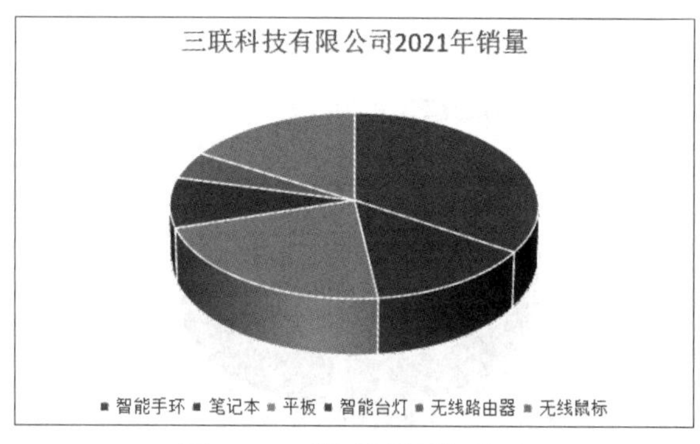

图 13-11　“三维饼图”效果

（2）添加数据标签

单击图表区，在“图表工具”选项卡的“添加元素”下拉列表中，选择“数据标签”中的“数据标签内”选项，为饼图添加内部数据标签，如图 13-12 所示。

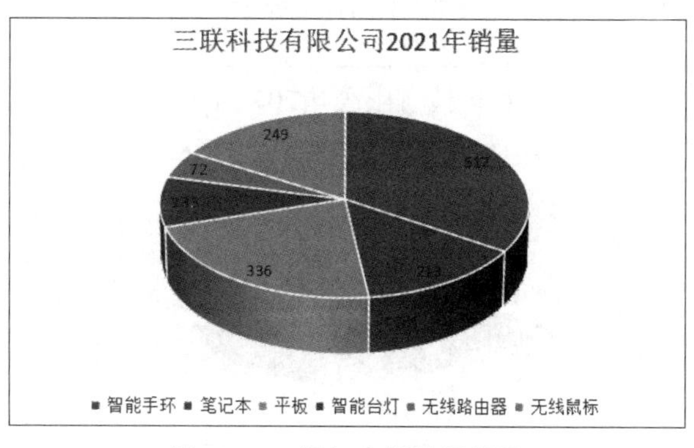

图 13-12　添加内部数据标签

（3）设置图表标签格式

单击图表中的数据标签，单击“图表工具”选项卡的“设置格式”按钮，打开“属性”窗格，在“标签选项”中进行设置，使其显示百分比以及类别名称，并在“开始”选项卡中将字体设置为宋体、12 磅、黄色，设置标签格式后的效果如图 13-13 所示。

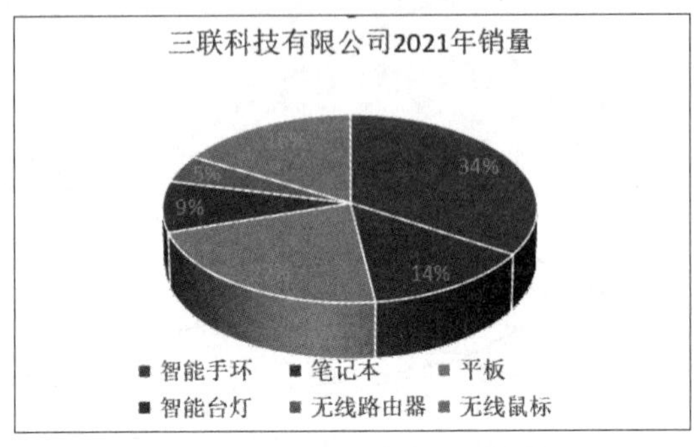

图 13-13　设置标签格式后的效果

（4）设置数据系列格式

双击绘图区，在打开的“属性”窗格中单击“绘图区选项”右侧的下拉按钮，在弹出的下拉列表中选择“系列选项”，将“系列”中的“饼图分离程度”设为 10%，效果如图 13-14 所示。

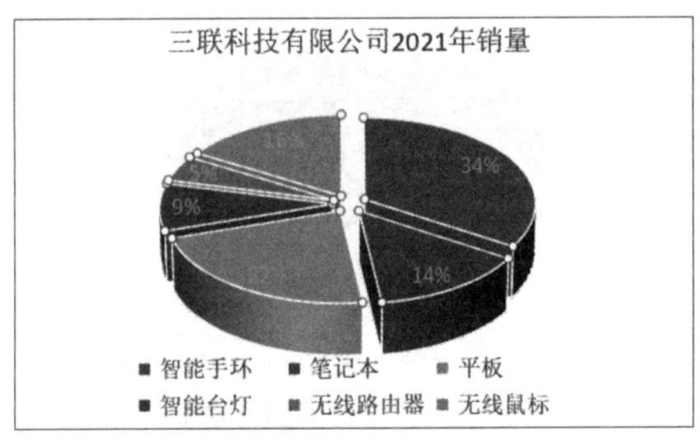

图 13-14　设置“饼图分离程度”效果

（5）美化图表

单击图表区，在“图表工具”选项卡的“样式”下拉列表中选择“预设样式”下的“样式 4”，设置预设样式 4 后的效果如图 13-15 所示。

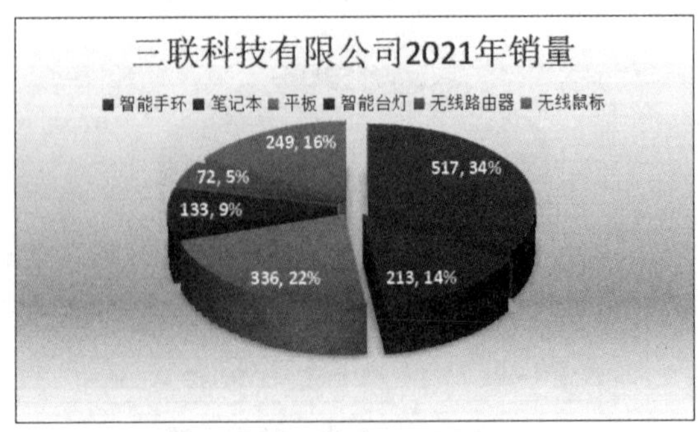

图 13-15　设置预设样式 4 后的效果

（6）存为模板

选中饼图，调整“饼图分离程度”为69%，右击图表区，在弹出的快捷菜单中选择“另存为模板”命令，在弹出的“另存为”对话框中将其保存到默认的目录下，并命名为“饼图模板”，在“更改图表类型”对话框的“模板”选项中可以看到该模板，如图13-16所示。

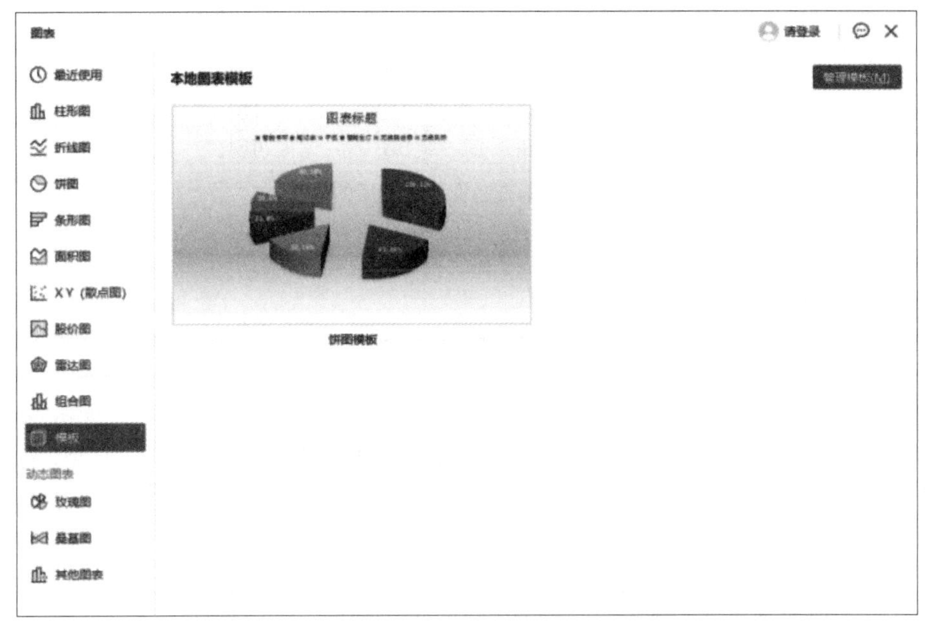

图13-16　“更改图表类型”对话框的“模板”选项

6. 在汇总结果表中添加迷你图

（1）在单元格中创建迷你折线图

在汇总结果表中添加“迷你图”列，单击G3单元格，选择“插入”选项卡中的“折线”按钮，打开“创建迷你图”对话框，在“数据范围”文本框中输入数据区域（B3:E3），如图13-17所示，单击“确定”按钮，在G2单元格中创建了一个折线迷你图。

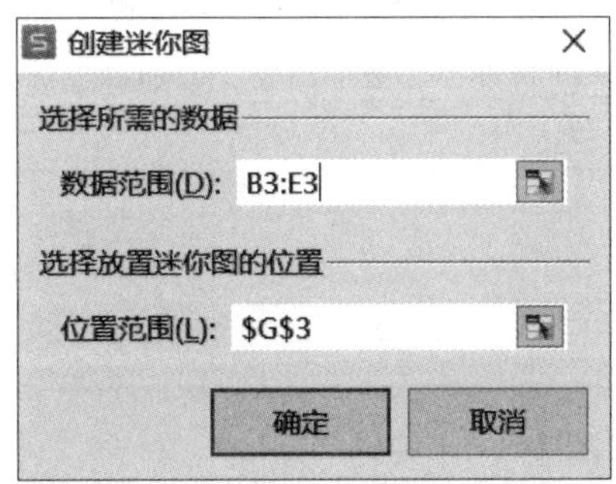

图13-17　“创建迷你图”对话框

（2）填充迷你折线图

单击单元格G2并向下拖曳填充柄，可自动创建其他单元格的迷你折线图，填充迷你折线图后的效果如图 13-18 所示。

三联科技有限公司2021年销量统计表						
产品名称	第一季度	第二季度	第三季度	第四季度	合计	迷你图
智能手环	106	165	139	107	517	
笔记本	63	36	28	86	213	
平板	52	62	120	102	336	
智能台灯	25	36	42	30	133	
无线路由器	20	18	16	18	72	
无线鼠标	60	87	56	46	249	

图 13-18　填充迷你折线图后的效果

 项目评价

项目名称	电子产品销量统计图表展示		
职业技能	熟练创建图表并能对其进行设置，使数据直观的显示		
序号	知识点	评价标准	分数
1	数据汇总	能快速汇总出合计数据（10 分）	
2	图表的创建	正确选择数据区域，插入对应的图表（10 分）	
3	图表的编辑	能熟练的对图表标题、背景、样式等进行设置（10 分）	
4	图表的移动	能快速移动图表，并命名（10 分）	
5	图表的更改	能修改图表类型、设置图表的基础属性（20 分）	
6	图表模板	能完成图表模板编辑制作并进行保存（10 分）	
7	迷你折线图	能插入迷你折线图（10 分）	
8	学习态度	学习态度端正，主动解决问题，积极帮助他人（10 分）	
9	创新能力	具备创新意识，勇于探索，主动寻求创新方法和创新表达（10 分）	

 项目提升

制作学生成绩统计数据图表

学生成绩表，如图 13-19 所示，要求根据此表做出更加直观的各类图表，以便进行数据分析和总结汇报。

学生成绩表										
学号	姓名	班级	语文	数学	英语	生物	地理	历史	政治	总分
120305	包宏伟	3班	91.5	89	94	92	91	86	86	630
120203	陈万地	2班	93	99	92	86	86	73	92	621
120104	杜学江	1班	102	116	113	78	88	86	73	656
120301	符合	3班	99	98	101	95	91	95	78	657
120306	吉祥	3班	101	94	99	90	87	95	93	659
120206	李北大	2班	100.5	103	104	88	89	78	90	653
120302	李娜娜	3班	78	95	94	82	90	93	84	616
120204	刘康锋	2班	95.5	92	96	84	95	91	92	646
120201	刘鹏举	2班	93.5	107	96	100	93	92	93	675
120304	倪冬声	3班	95	97	102	93	95	92	88	662
120103	齐飞扬	1班	95	85	99	98	92	92	88	649
120105	苏解放	1班	88	98	101	89	73	95	91	635
120202	孙玉敏	2班	86	107	89	88	92	88	89	639
120205	王清华	2班	103.5	105	105	93	93	90	86	676
120102	谢如康	1班	110	95	98	99	93	93	92	680
120303	闫朝霞	3班	84	100	97	87	78	89	93	628
120101	曾令煊	1班	97.5	106	108	98	99	99	96	704
120106	张桂花	1班	90	111	116	72	95	93	95	672

图 13-19 学生成绩表

提升项目的项目要求如下。

1. 创建 1 班学生语文、数学、英语成绩的簇状柱形图，并设置图表格式，使其美观大方，完成效果如图 13-20 所示，将其移动到“柱形图”工作表中。

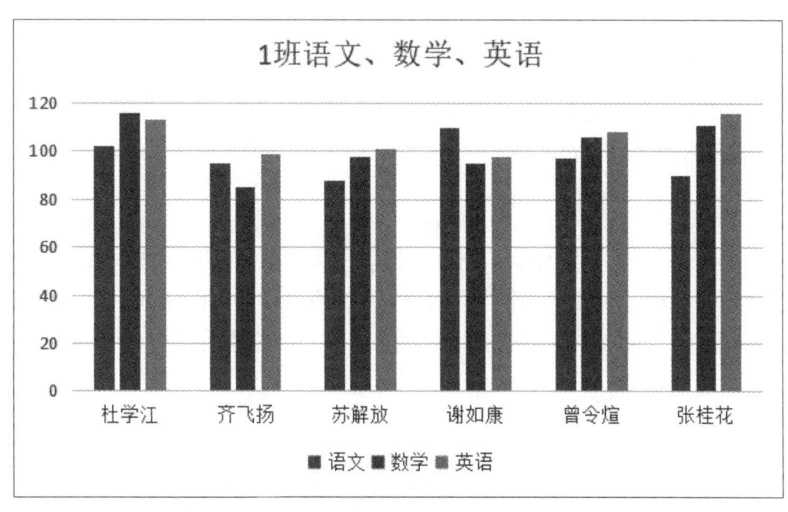

图 13-20 学生成绩表簇状柱形图完成效果

2. 创建成绩表中不连续的三位同学的语文、数学、英语成绩折线图，并美化图表。将其移到“折线图”工作表中。

3. 将“折线图”工作表中的折线图调整为条形图，将其移动到“图”工作表中。

4. 将“条形图”中的条形图调整为饼图，显示数据标签，并设置系列选项，图饼分离程度为 10%；美化图表，设置图表标题，并将其移动到“饼图”工作表中，保存工作簿。

项目 14　产品销售数据统计与分析

项目概况

三联科技有限公司要对 2021 年销量统计表进行统计与分析。文涵是销售部助理，负责对全公司的销售情况进行统计分析。年底，她根据各门店提交的销售报表进行统计分析，并将结果提交给销售部经理。

项目分析

要实现 WPS 表格的数据管理功能，必须先将数据创建成为数据清单，然后再对数据进行管理操作。数据管理功能包括：排序、数据筛选、分类汇总、数据透视表。

项目必知

任务 14.1　了解排序功能

14.1.1　简单排序

在简单排序时，WPS 表格将根据某一列的内容按升序或降序排列，如按数值的大小或字母的先后次序进行排序。

微课 14-1

数据排序

14.1.2　复杂排序

复杂排序也称多关键字排序，指有多个字段参与的排序。选择需要排序的数据区域，单击“开始”选项卡中的“排序”下拉按钮在弹出的下拉列表中选择“自定义排序”选项，根据需要从弹出的“排序”对话框中，在该对话框中进行复杂排序的设置，如图 14-1 所示。

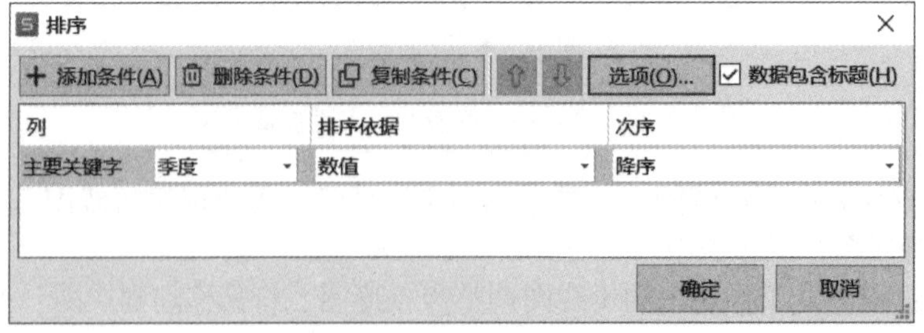

图 14-1　复杂排序的设置

14.1.3　自定义排序

当“升序”和“降序”排序方式不能满足实际需求时，则可使用 WPS 表格提供的

自定义排序功能。

选中需要排序的单元格区域中任意单元格，打开“排序”对话框，在“次序”下拉列表框中选择“自定义序列”，打开如图 14-2 所示的“自定义序列”对话框，在“自定义序列”列表框中可选择系统提供的自定义序列，也可在“输入序列”列表框中输入需要的序列，最后单击“确定”按钮。

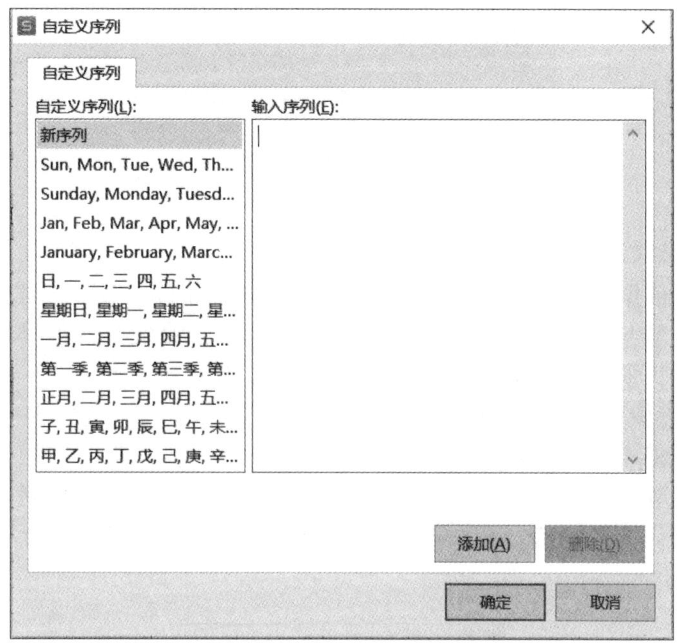

图 14-2　“自定义序列”对话框

任务 14.2　了解数据筛选功能

数据筛选功能用于显示数据清单中满足给定条件的记录，暂时隐藏不满足条件的记录。筛选数据的方法有两种：自动筛选和高级筛选。

14.2.1　自动筛选

自动筛选就是根据用户设定的筛选条件，自动将表格中符合条件的数据显示出来，而将表格中的其他数据进行隐藏。

选择任意数据单元格，单击“开始”选项卡中的“筛选”按钮，表格的各个表头右侧将出现筛选按钮，单击需要筛选数据的表头右侧的筛选按钮，在弹出的筛选器（图 14-3）中取消钩选“（全选）”复选框，然后钩选需要显示的数据的复选框，单击“确定”按钮完成自动筛选操作。

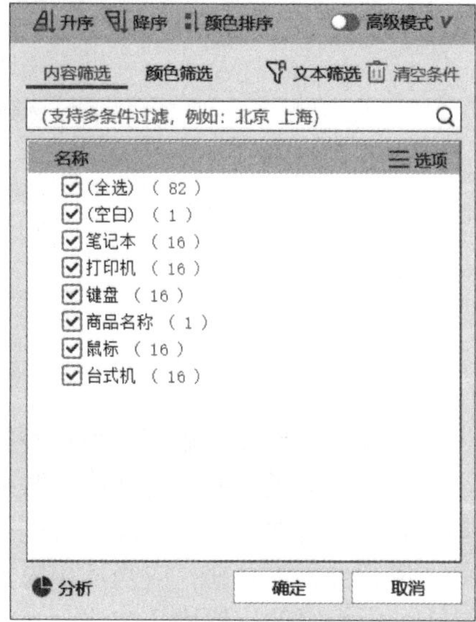

图 14-3　筛选器

微课 14-2

自动筛选

14.2.2　自定义筛选

自定义筛选是在自动筛选的基础上进行，可以按照内容、颜色、数字等条件进行筛选。如对于数值数据，可以自动筛选前 10 个，如图 14-4 所示。

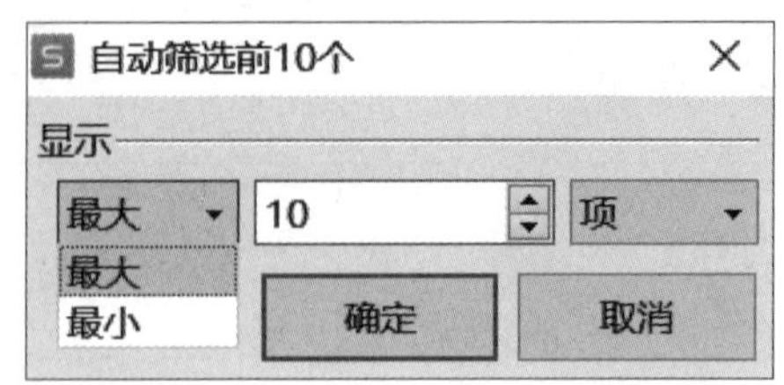

图 14-4　自动筛选前 10 个

微课 14-3

高级筛选

14.2.3　高级筛选

高级筛选可依据多个字段进行复杂的筛选，筛选的条件（条件区域）放置在数据区域之外，条件区域与数据区域至少要留一个空行（列）。高级筛选可以将符合筛选条件的数据复制到另一张工作表或当前工作表的其他空白位置上。

“高级筛选”应有 3 个区域：数据区域、条件区域、结果区域。进行高级筛选前应先在非数据区域的单元格中输入条件（必须带有标题）。然后按步骤操作：先选中数据区域（光标定位其中也可以），选择“开始”选项卡的“筛选”下拉列表中的“高级筛选”命令，弹出“高级筛选”对话框，如图 14-5 所示。根据需要进行相应设置，单击“确定”按钮。

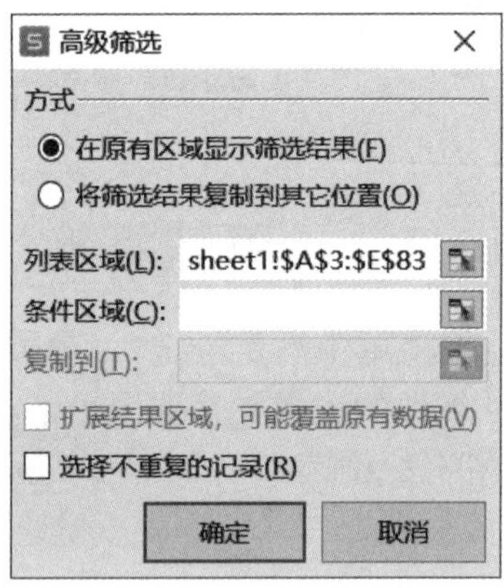

图 14-5　“高级筛选”对话框

微课 14-4

数据分类汇总

任务 14.3　了解分类汇总功能

分类汇总操作的顺序：筛选→排序→分类→汇总。分类汇总就是将工作表数据按某个字段进行分类，并对这些同类数据进行求和、求平均值、计数、求最大值、求最小值等运算。针对同一分类字段，可进行简单汇总和嵌套汇总。

进行分类汇总前，应当按相应关键字段进行排序，否则分类汇总就没有意义。

分类汇总的一般操作方法：光标定位于已排序好的数据区中，单击“数据”选项卡

中的“分类汇总”按钮，弹出“分类汇总”对话框，然后根据实际情况设置“分类字段”“汇总方式”等选项，以对分类数据进行求和、求平均值、计数、求最大值、求最小值等运算，如图 14-6 所示。

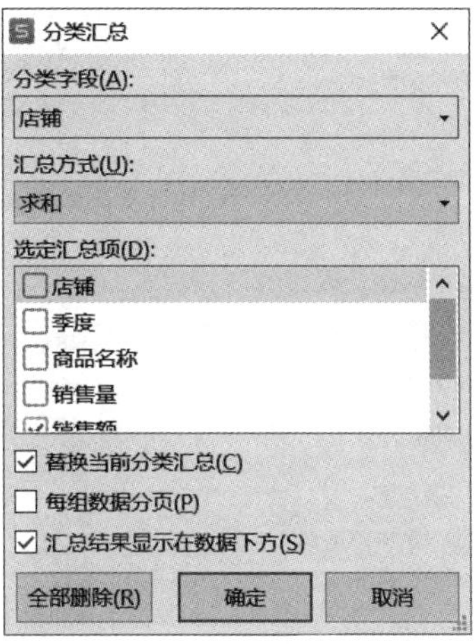

图 14-6　“分类汇总”对话框

任务 14.4　了解数据透视表功能

微课 14-5

创建数据透视表

1. 数据透视表的组成

（1）筛选

该区域位于数据透视表的顶部，主要用于对数据透视表进行整体数据的筛选。报表筛选区中主要放置一些要重点统计的数据类别。

（2）行

该区域位于数据透视表的左侧，包括具有水平方向的字段，行标签区中的标题可以有多个层次，它们的关系类似于父文件夹和子文件夹。在行标签区中主要放置一些可用于进行分组或分类的内容。

（3）列

该区域位于数据透视表各列的顶端，包括具有垂直方向的字段。与行标签区类似，列标签区中的标题也可以有多个层次。在列标签区中主要放置一些随时间变化的内容。

（4）值

该区域主要用于显示明细数据，并进行各种不同类型的统计工作。

2. 数据透视表的布局

在创建数据透视表时，除了在“数据透视表”窗格中的“字段列表”列表框中选择要出现在数据透视表中的字段名外，也可以拖曳字段名放置到下方的 4 个区域列表框中，每个区域列表框都可以包含多个字段，但要注意先后顺序，因为先后顺序会影响数据透视表的显示结果。另外，字段也可以在 4 个区域列表框中任意拖曳来排序，以改变显示布局。

3. 数据透视表中的数据汇总方式

在默认创建的数据透视表中，数据汇总方式为求和，可以根据实际需要改变数据汇总方式。例如，可能需要统计出每个产品的平均数量，其实现方式是：右击该列中包含数据的任意一个单元格，在弹出的快捷菜单中选择“值汇总依据”中的“平均值”命令，如图 14-7 所示。

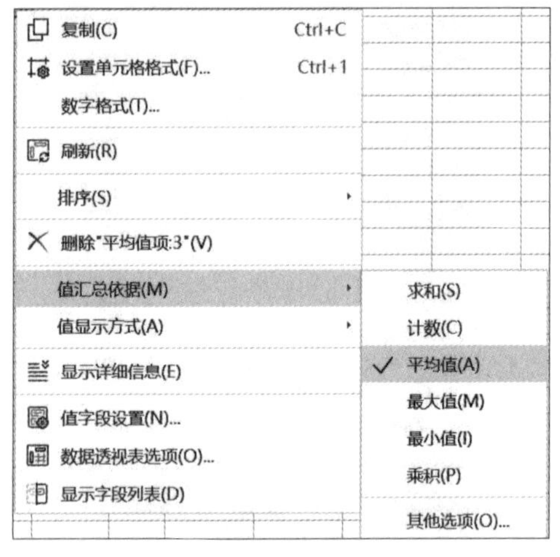

图 14-7　改变数据汇总方式

项目实施

为销量统计表中的销售数据创建一个数据透视表，放置在一张名为“数据透视分析”的新工作表中，要求针对各类商品各门店每个季度的销售额创建数据透视表，其中商品名称为报表筛选字段、店铺为行标签、季度为列标签，并对销售额求和，最后对数据透视表进行格式设置，使其更加美观。

根据生成的数据透视表，在透视表下方创建一个簇状柱形图，图表中仅对各门店四个季度笔记本的销售额进行比较，保存“三联科技有限公司 2021 年销量统计表 .xlsx”文件。

1. 创建统计表

打开“三联科技计算机设备全年销量统计表”工作簿，在其后依次新建排序工作表、筛选工作表、分类汇总工作表和数据透视表，用于存放相应数据分析结果。

2. 对相关数据进行排序

（1）按照“销售额”列升序排列。

选中“销售额”列数据区域中的任意单元格。单击“开始”选项卡的“排序”按钮，如图 14-8 所示。

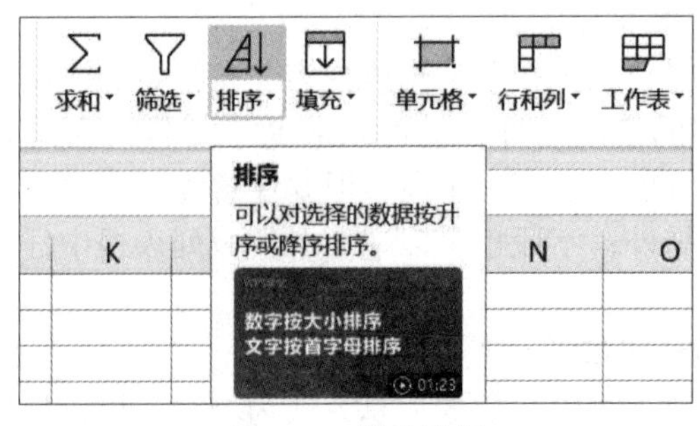

图 14-8　排序按钮

（2）按照“销售量”列降序排列。“销售额”列数据相同的再按“销售量”降序排列。

选择销售额列数据区域任意单元格，单击“开始”选项卡中的“排序”下拉按钮，在弹出的“排序”下拉列表中选择“自定义排序”选项，打开“排序”对话框进行多列排序条件的设置。

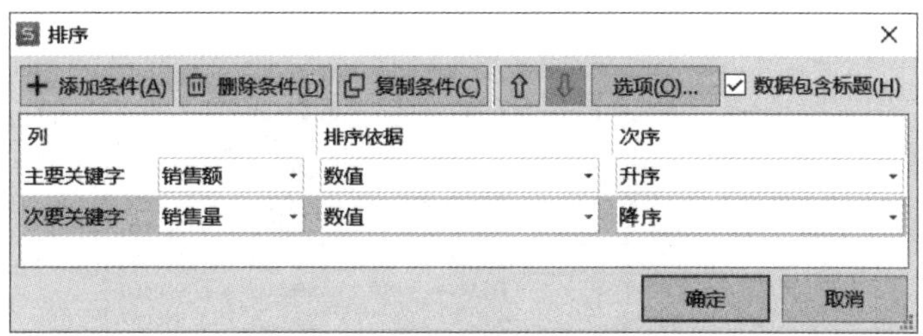

图 14-9　完成多列排序条件的设置

① 在“主要关键字”下拉列表中选择“销售额”选项，在其“排序依据”下拉列表中选择“数值”选项，排列次序设置为“升序”。

② 单击“排序”对话框中的“添加条件”按钮，添加第二个条件。在“次要关键字”下拉列表中选择“销售量”，在其“排序依据”中选择“数值”，排序次序设置为“降序”。

完成多列排序条件的设置，如图 14-9 所示。单击“确定”按钮，排序完成，将排序结果复制到排序工作表的合适位置。

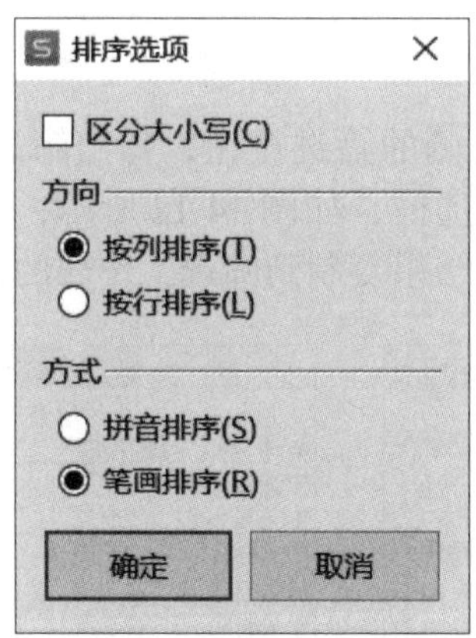

图 14-10　设置排序方法为笔画排序

（3）按照商品名称的笔画顺序升序排列。

排序依据可以按照默认字母顺序，也可以按照汉字的笔画顺序进行排序。具体操作如下。

① 选择商品名称列数据区域的任意单元格，并打开“排序”对话框。

② 在“主要关键字”下拉列表中选择“商品名称”选项，在其“排序依据”下拉列表中选择“数值”选项。单击“选项”按钮，在弹出的“排序选项”对话框中钩选“笔画排序”单选钮，如图 14-10 所示。

单击“确定”按钮，返回“排序”对话框，在“次序”下拉列表中选择“升序”选项，单击“确定”按钮即可。

3. 对相关数据进行筛选

（1）利用“自动筛选”命令筛选出中关村店的记录。

① 选中数据区域的任意单元格，单击“开始”功能选项卡中的“筛选”按钮，进入筛选状态，此时，在数据区域首行每个标题的右侧显示一个筛选按钮，如图 14-11 所示。

A	B	C	D	E
三联科技有限公司计算机设备全年销量统计表				
店铺	季度	商品名称	销售量	销售额
上地店	1季度	笔记本	180	1456740
西直门店	2季度	笔记本	150	1378457
西直门店	4季度	笔记本	300	1007780
上地店	2季度	笔记本	140	1001508
上地店	4季度	笔记本	280	910462
西直门店	3季度	笔记本	250	888082
上地店	3季度	笔记本	220	819416
中关村店	1季度	笔记本	230	686828
中关村店	2季度	笔记本	180	673022
中关村店	3季度	笔记本	290	509656
亚运村店	1季度	笔记本	210	139968
亚运村店	2季度	笔记本	170	119622
中关村店	4季度	笔记本	350	118219
西直门店	1季度	笔记本	200	82160
亚运村店	3季度	笔记本	260	67809
亚运村店	4季度	笔记本	320	56526
上地店	1季度	打印机	500	1455682
西直门店	3季度	打印机	430	1216286
上地店	2季度	打印机	428	1183601
上地店	4季度	打印机	597	1047032
西直门店	4季度	打印机	585	953723
中关村店	1季度	打印机	597	663818
上地店	3季度	打印机	548	637324

图 14-11 进入筛选状态

② 单击“分公司名称”右侧的筛选按钮，弹出筛选器，取消钩选“（全选）”复选框，仅钩选“中关村店”复选框，如图 14-12 所示，单击“确定”按钮，得到如图 14-13 所示的筛选结果，将筛选结果复制到筛选工作表的合适位置。

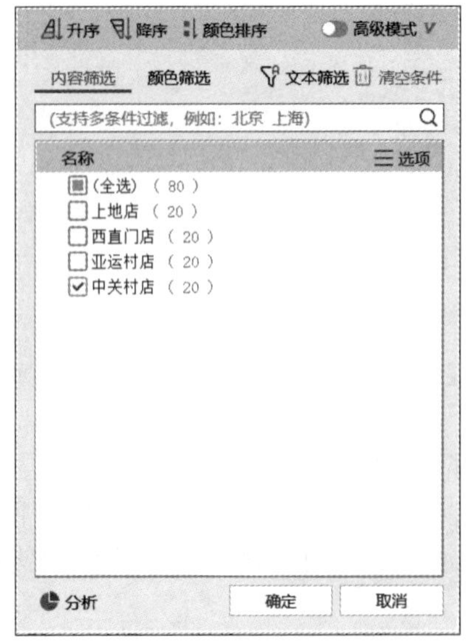

图 14-12 筛选器中仅钩选“中关村店”复选框

A	B	C	D	E
三联科技有限公司计算机设备全年销量统计表				
店铺	季度	商品名称	销售量	销售额
中关村店	1季度	笔记本	230	686828
中关村店	2季度	笔记本	180	673022
中关村店	3季度	笔记本	290	509656
中关村店	4季度	笔记本	350	118219
中关村店	1季度	打印机	597	663818
中关村店	2季度	打印机	510	630455
中关村店	3季度	打印机	585	586737
中关村店	4季度	打印机	590	578684
中关村店	3季度	键盘	768	686828
中关村店	1季度	键盘	754	531515
中关村店	2季度	键盘	527	492399
中关村店	4季度	键盘	798	134355
中关村店	3季度	鼠标	582	673022
中关村店	2季度	鼠标	643	575233
中关村店	1季度	鼠标	586	487797
中关村店	4季度	鼠标	733	114009
中关村店	2季度	台式机	349	678775
中关村店	3季度	台式机	400	494700
中关村店	1季度	台式机	261	467089
中关村店	4季度	台式机	416	96995

图 14-13 中关村店筛选结果

（2）利用“自动筛选”命令筛选出销售量前 3 名的记录。

① 单击“开始”选项卡中的“筛选”按钮，退出筛选状态。

② 选中“销售量”列数据区域中的任意单元格，单击“开始”选项卡中的“筛选”按钮，进入筛选状态。单击“销售量”标题右侧的筛选按钮，在弹出的筛选器中选择“数字筛选”中的“前十项”命令，弹出“自动筛选前 10 个”对话框，将数值设置为 3 即可，如图 14-14 所示。

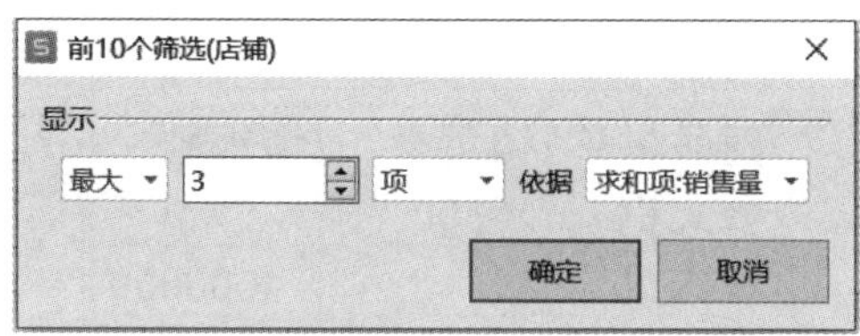

图 14-14　“前 10 个筛选”对话框

（3）利用“自动筛选”命令筛选商品名称为“台式机”或者“键盘”且销售量在 500 以上的记录。需要同时满足多个字段的条件时，可以使用多字段筛选。

① 单击“筛选”按钮，退出筛选状态。

② 重新进入筛选状态，单击“商品名称”列右侧的筛选按钮，选择“台式机”和“键盘”。

③ 单击“销售量”列右侧的筛选按钮，选择“数字筛选”的“大于”，设置参数为 500 即可。

（4）利用“高级筛选”命令筛选出商品名称为“台式机”，且销售量在 500 台以上的记录，高级筛选条件区域如图 14-15 所示。

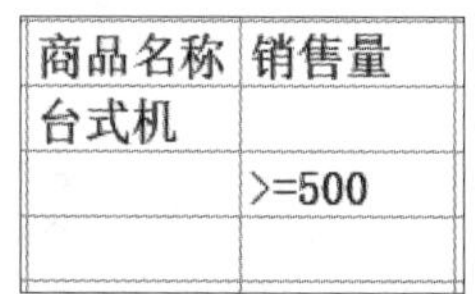

商品名称	销售量
台式机	
	>=500

图 14-15　高级筛选条件区域

① 单击数据区域中的任意单元格，然后单击“开始”选项卡中的“筛选”下拉按钮，在弹出的下拉列表中选择“高级筛选”选项，打开“高级筛选”对话框，在“列表区域”中选择原数据区域，在“条件区域”中选择已定义的高级筛选条件区域，如图 14-16 所示。

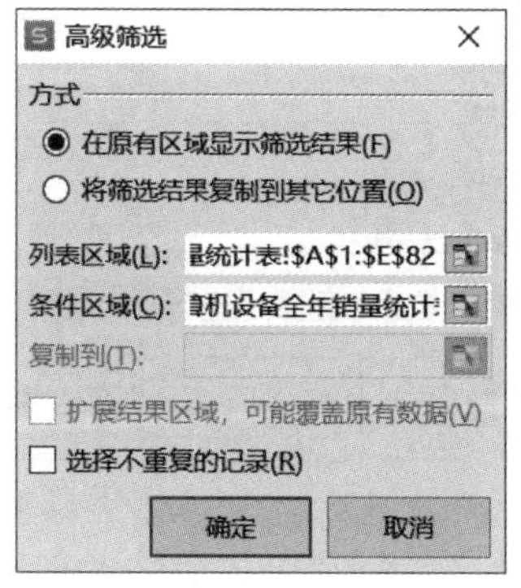

图 14-16　高级筛选对话框

② 单击“确定”按钮，即可筛选出满足条件的数据，将筛选结果复制到筛选工作表中。

（5）利用“高级筛选”命令筛选出商品名称为“台式机”且销售量在 500 台以上或者利润大于等于 600 000 的记录。

① 设置条件区域：此条件既有“与”的关系又有“或”的关系，要注意“与”的条件放在同一行中，“或”的条件放在不同行中，二次高级筛选条件区域如图 14-17 所示。

商品名称	销售量	销售额
台式机	>=500	
台式机		>=600000

图 14-17 二次高级筛选条件区域

② 对原数据进行高级筛选，将筛选结果复制到筛选工作表中的合适位置。

4. 对相关数据进行分类汇总

（1）以店铺名称为单位，汇总各分公司销售额总和，操作如下。

① 将数据区域按“店铺名称”字段进行排序。

② 选中数据区域中的任意单元格，单击“数据”选项卡中的“分类汇总”按钮，打开“分类汇总”对话框。

③ 在“分类汇总”对话框的“分类字段”下拉列表中选择“店铺名称”，在“汇总方式”下拉列表中选择“求和”，在“选定汇总项”列表框中钩选“销售额”复选框，如图 14-18 所示。

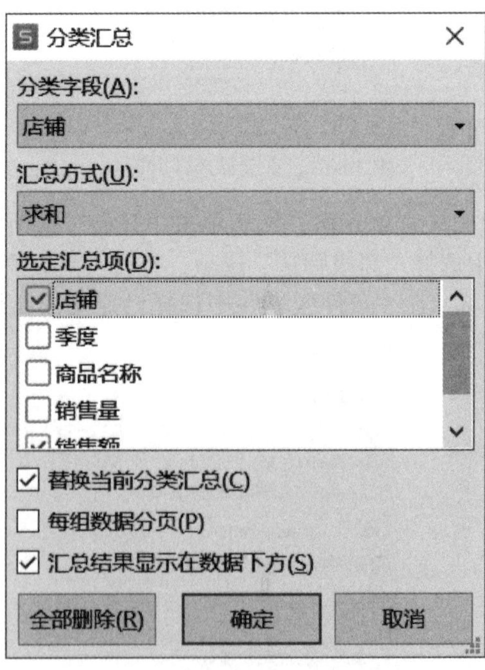

图 14-18 汇总各分公司销售额总和

④ 单击“确定”按钮，得到分类汇总结果并将其复制到分类汇总工作表中的合适位置。

（2）以季度为单位，汇总利润平均值。

① 打开“分类汇总”对话框，单击“全部删除”按钮，删除已有的分类汇总结果。

② 将数据区域按“季度”字段进行排序。

③ 单击数据区域中的任意单元格，打开“分类汇总”对话框，在“分类字段”下拉列表中选择“季度”，在“汇总方式”下拉列表中选择“平均值”，在“选定汇总项”列表中选择“利润”。

④ 单击“确定”按钮，将得到的汇总结果复制到分类汇总工作表中并在素材表中删除已有的汇总结果。

5. 创建数据透视表

创建各店铺、各商品 4 个季度的销量数据透视表。

（1）单击数据区域中的任意单元格，单击“插入”选项卡中的“数据透视表”按钮，打开“创建数据透视表”对话框。默认情况下，数据透视表会被创建在一个新工作表中，此处选择“新工作表”，如图 14-19 所示。

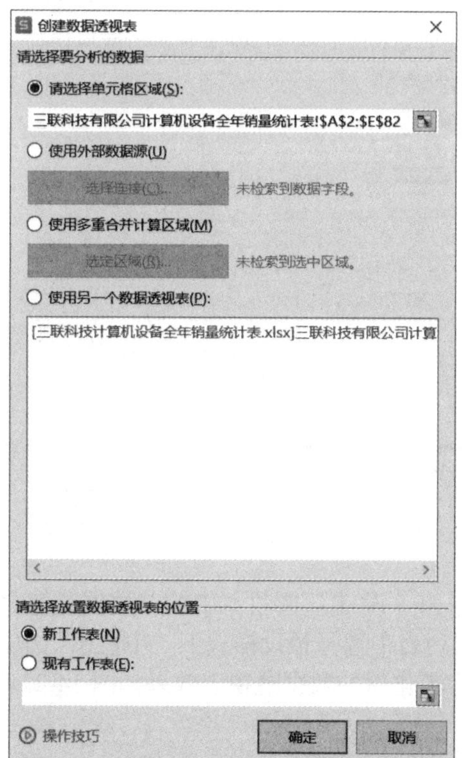

图 14-19　在新工作表中放置创建的数据透视表

（2）单击“确定”按钮，即可在新工作表中创建一张空白的数据透视表，并在窗口的右侧自动显示“数据透视表”窗格，如图 14-20 所示。将当前工作表命名为“数据透视”。

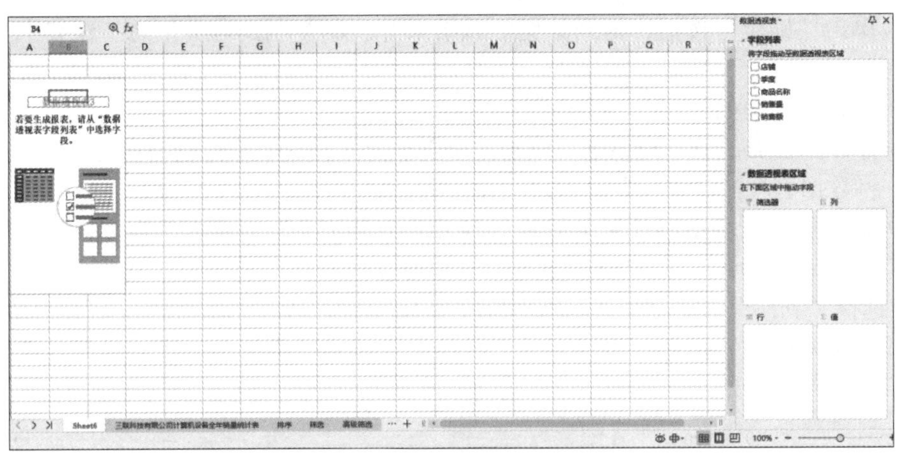

图 14-20　创建的空白数据透视表

（3）在“数据透视表”窗格中将字段名称拖曳到合适的区域：“商品名称”列拖曳到“筛选器”中，“季度”列拖曳到“列”中，“店铺”列拖曳到“行”中，“销量”列拖曳到“值”中，即可得到所需的数据透视表，设置完成后的数据透视表如图 14-21 所示。

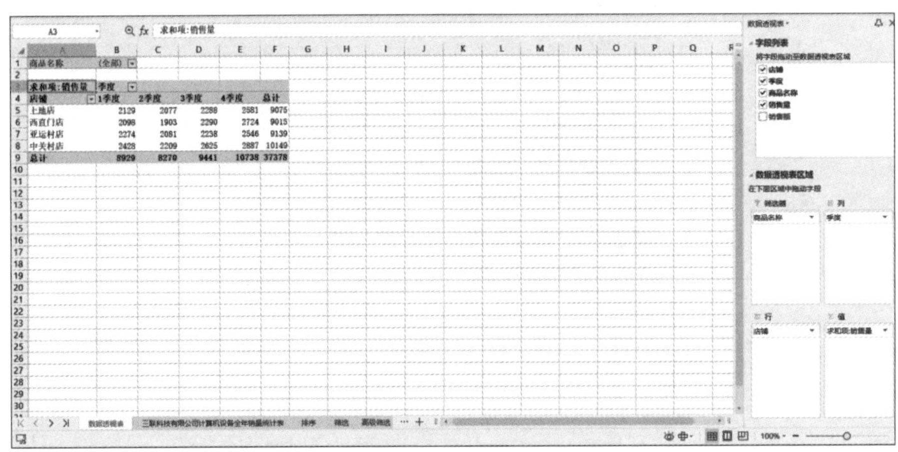

图 14-21　设置完成后数据透视表

6. 美化数据透视表

选中数据透视表，单击“设计”选项卡中的“数据透表样式”列表框右侧的“其他”按钮，在弹出的下拉列表中选择预设样式下“中色系”中的“数据透视表样式中等深浅 6”，并镶边行和列，美化后的数据透视表效果如图 14-22 所示。

商品名称	(全部)				
求和项:销售量	季度				
店铺	1季度	2季度	3季度	4季度	总计
上地店	2129	2077	2288	2581	9075
西直门店	2098	1903	2290	2724	9015
亚运村店	2274	2081	2238	2546	9139
中关村店	2428	2209	2625	2887	10149
总计	**8929**	**8270**	**9441**	**10738**	**37378**

图 14-22　美化后的数据透视表效果

项目评价

项目名称	产品销售数据统计与分析		
职业技能	熟练使用排序、筛选、分类汇总、数据透视表来进行数据统计与分析		
序号	知识点	评价标准	分数
1	排序	会使用单条件排序、多条件排序（10 分）	
2	筛选	会使用自动筛选、高级筛选（10 分）	
3	分类汇总	会使用排序、分类汇总、多种方式汇总（20 分）	
4	数据透视表的创建	能够创建数据透视表（10 分）	
5	数据透视表的设置	能够正确设置数据透视表（10 分）	
6	数据透视表的编辑	能够将数据透视表应用于实际案例（10 分）	
7	数据透视图的美化	能够对数据透视表进行美化（10 分）	
8	学习态度	学习态度端正，主动解决问题，积极帮助他人（10 分）	
9	创新能力	具备创新意识，勇于探索，主动寻求创新方法和创新表达（10 分）	

项目提升

小赵是一名参加工作不久的大学生，他习惯使用电子表格来记录每月的个人开支情况，在 2021 年底，小赵将当年每个月各类支出的明细数据录入了文件名为“开支明细表 .xlsx”的文档中，现在需要按要求对该表进行统计与分析，最终的效果如图 14-23 所示。

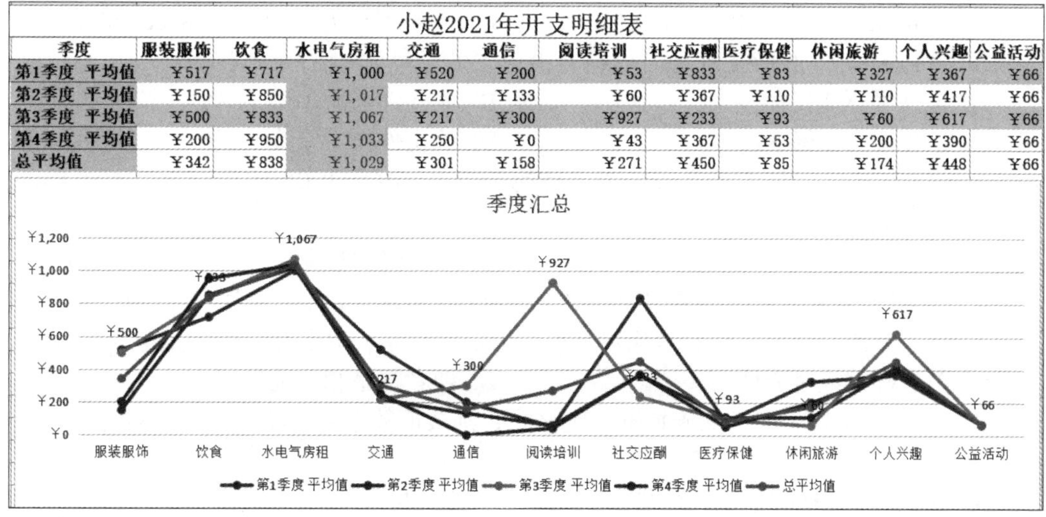

小赵2021年开支明细表

季度	服装服饰	饮食	水电气房租	交通	通信	阅读培训	社交应酬	医疗保健	休闲旅游	个人兴趣	公益活动
第1季度 平均值	￥517	￥717	￥1,000	￥520	￥200	￥53	￥833	￥83	￥327	￥367	￥66
第2季度 平均值	￥150	￥850	￥1,017	￥217	￥133	￥60	￥367	￥110	￥110	￥417	￥66
第3季度 平均值	￥500	￥833	￥1,067	￥217	￥300	￥927	￥233	￥93	￥60	￥617	￥66
第4季度 平均值	￥200	￥950	￥1,033	￥250	￥0	￥43	￥367	￥53	￥200	￥390	￥66
总平均值	￥342	￥838	￥1,029	￥301	￥158	￥271	￥450	￥85	￥174	￥448	￥66

图 14-23 开支明细表最终效果

提升项目的项目要求如下。

1. 在工作表“小赵的美好生活”的第一行添加表标题“小赵 2021 年开支明细表”，并通过合并单元格，放于整个表的上端、居中。

2. 通过函数计算每个月的总支出、各个类别月均支出、每月平均总支出；并按每个月总支出升序对工作表进行排序。

3. 利用“条件格式”功能，将月单项开支金额中大于 1 000 元的数据所在单元格以不同的字体颜色与填充颜色突出显示。

4. 复制工作表“小赵的美好生活”，将副本放置到原表右侧；改变该副本表标签的颜色，并重命名为“按季度汇总”；删除“月均开销”对应行。

5. 通过分类汇总功能，按季度升序求出每个季度各类开支的月均支出金额。

6. 在“按季度汇总”工作表后面新建名为“折线图”的工作表，在该工作表中以分类汇总结果为基础，创建一个带数据标记的折线图，水平轴标签为各类开支，对各类开支的季度平均支出进行比较，给每类开支的最高季度月均支出值添加数据标签。

模块小结

本模块通过对员工信息表制作、员工工资信息统计、电子产品销量统计图表展示、产品销售数据统计与分析等 4 个项目，详细讲解了 WPS 表格的基础知识、基本操作、数据处理以及公式与函数的应用，以项目实操的方式让读者循序渐进地掌握数据的统计分析与图表展示。

理论测试

1. 可用（　　）表示 Sheet2 工作表的 B9 单元格。

A. =Sheet2!B9　　B. =Sheet2.B9　　C. =Sheet2:B9　　D. =Sheet2$B9

2. 在 Excel 中，保存工作簿时屏幕若出现“另存为”对话框，则说明（　　）。

A. 该文件不能保存　　B. 该文件未保存过

C. 该文件已经保存过　　D. 该文件作了修改

3. 作为数据的一种表示形式，图表是动态的，当改变了其中（　　）之后，Excel 会自动更新图表。

A. X 轴上的数据　　B. 标题的内容　　C. 所依赖的数据　　D. Y 轴上的数据

4. 在 WPS 表格中有两种类型的地址，如 B2 和 $B$2 分别被称为（　　）。

A. 前者是绝对地址，后者是相对地址　　B. 前者是相对地址，后者是绝对地址

C. 两者都是绝对地址　　D. 两者都是相对地址

5. 在 WPS 工作表中，如未特别设定格式，则数值数据会自动（　　）对齐。

A. 靠左　　B. 靠右　　C. 居中　　D. 随机

6. 不连续单元格的选取，可借助于（　　）键完成。

A. Ctrl　　B. Shift　　C. Alt　　D. Tab

7. 在进行自动分类汇总之前，必须对数据进行（　　）。

A. 设置有效性　　B. 格式化　　C. 筛选　　D. 排序

8. 在 WPS 表格中，如果某单元格显示为若干个“#”，例如“#####”，这表示（　　）。

A. 公式错误　　B. 数据错误　　C. 列宽不够　　D. 行高不够

9. 根据期中考试成绩，要求用公式算出每位学生的期中总分和各门功课的平均分，需要用到的函数是（　　）。

A. AVERAGE、SUM　　B. SUM、AVERAGE

C. MAX、SUM　　D. MIN、AVERAGE

10. 在 WPS 图表中，用（　　）图表类型能表现数据的变化趋势。

A. 柱形图　　B. 条形图　　C. 折线图　　D. 饼形图

技能测试

请根据“素材.xlsx”文档，帮助小李完成 2021 级法律专业学生期末成绩分析表的制作。具体设置要求如下。

1. 将“素材.xlsx”文档另存为“年级期末成绩分析.xlsx”，以下所有操作均基于此新保存的文档。

2. 在“2021 级法律”工作表最右侧依次插入“总分”“平均分”“年级排名”列；将工作表的第一行根据表格实际情况合并居中为一个单元格，并设置合适的字体、字号，使其成为该工作表的标题。对班级成绩区域套用带标题行的“中色系”中“表样式中等深浅 15”表格格式。设置所有列的对齐方式为居中，其中排名为整数，其他成绩的数值保留 1 位小数。

3. 在“2021 级法律”工作表中，利用公式分别计算“总分”“平均分”“年级排名”列的值。对学生成绩不及格（小于 60）的单元格套用格式突出显示，格式为：黄色（标准色）填充色以及红色（标准色）文本。

4. 在“2021 级法律”工作表中，利用公式并根据学生的学号，将其班级的名称填入“班级”列，规则为：学号的第 3 位为专业代码、第 4 位代表班级序号，即 01 为“法律一班”，02 为“法律二班”，03 为“法律三班”，04 为“法律四班”。

5. 根据“2021 级法律”工作表，创建一个数据透视表，放置于表名为“班级平均分”的新工作表中，工作表标签颜色设置为红色。要求数据透视表中按照英语、体育、计算机、近代史、法制史、刑法、民法、法律英语、立法法的顺序统计各班成绩的平均分，其中行标签为班级。为数据透视表格内容套用带标题行的“数据透视表样式中等深浅 15”表格格式，所有列的对齐方式设为居中，成绩的数值保留 1 位小数。

6. 在“班级平均分”工作表中，针对各课程的班级平均分创建簇状柱形图，其中，水平簇标签为班级，图例项为课程名称，并将图标放置在表格下方的 A10:H30 区域中。

数据处理后的“2021 级法律工作表”如图 14-24 所示，创建透视表、插入图表后的“班级平均分”工作表如图 14-25 所示。

A	B	C	D	E	F	G	H	I	J	K	L	M	N	O
2021级法律专业学生期末成绩分析表														
班级	学号	姓名	英语	体育	计算机	近代史	法制史	刑法	民法	法律英语	立法法	总分	平均分	年级排名
法律一班	1201001	潘志阳	76.1	82.8	76.5	75.8	87.9	76.8	79.7	83.9	88.9	728.4	80.9	77
法律一班	1201002	蒋文奇	68.5	88.7	78.6	69.6	93.6	87.3	82.5	81.5	89.1	739.4	82.2	64
法律一班	1201003	苗超鹏	72.9	89.9	83.5	73.1	88.3	77.4	82.5	87.4	88.3	743.3	82.6	57
法律一班	1201004	阮军胜	81.0	89.3	73.0	71.0	89.3	79.6	87.4	90.0	86.6	747.2	83.0	50
法律一班	1201005	邢尧磊	78.5	95.6	66.5	67.4	84.6	77.1	81.1	83.6	88.6	723.0	80.3	84
法律一班	1201006	王圣斌	76.8	89.6	78.6	80.1	83.6	81.8	79.7	83.2	87.2	740.6	82.3	61
法律一班	1201007	焦宝亮	82.7	88.2	80.0	80.8	93.2	84.5	82.5	82.1	88.5	762.5	84.7	31
法律一班	1201008	翁建民	80.0	80.1	77.2	74.4	91.6	70.1	82.5	84.4	90.6	730.9	81.2	75
法律一班	1201009	张志权	76.6	88.7	72.3	71.6	85.6	71.8	80.4	76.5	90.3	713.8	79.3	93
法律一班	1201010	李帅帅	82.0	80.0	68.0	80.0	82.6	78.8	75.5	80.9	87.6	715.4	79.5	91
法律一班	1201011	王帅	67.5	70.0	83.5	77.2	83.6	68.4	80.4	76.5	88.5	695.6	77.3	96
法律一班	1201012	乔泽宇	86.3	84.2	90.5	80.8	86.6	82.8	87.4	85.1	91.7	775.4	86.2	16
法律一班	1201013	钱超群	75.4	86.2	89.1	71.7	88.6	77.1	77.6	87.8	86.4	739.9	82.2	63
法律一班	1201014	陈称意	75.7	53.4	77.2	74.4	87.3	75.1	82.5	73.0	87.9	686.5	76.3	97
法律一班	1201015	盛雅	87.6	90.6	82.1	87.2	92.6	84.1	83.2	88.6	90.7	786.7	87.4	8
法律一班	1201016	王佳君	79.4	91.9	87.0	77.3	93.6	75.1	81.8	94.6	87.8	768.5	85.4	26
法律一班	1201017	史二映	85.2	86.8	93.5	76.6	89.6	83.8	81.1	88.1	90.4	775.1	86.1	18
法律一班	1201018	王晓亚	83.1	88.1	86.3	87.2	88.6	85.0	83.2	92.9	91.4	785.8	87.3	10
法律一班	1201019	魏利娟	93.0	87.9	76.5	80.8	87.6	82.3	83.9	88.7	86.6	767.3	85.3	29
法律一班	1201020	杨慧娟	82.8	90.0	80.7	80.8	86.3	83.6	86.0	92.2	86.4	768.8	85.4	24
法律一班	1201021	刘璐璐	85.2	85.0	94.2	91.5	85.6	80.5	86.0	90.9	87.8	786.7	87.4	8
法律一班	1201022	廉梦迪	89.2	86.9	78.6	83.7	87.6	80.3	86.0	91.2	87.4	770.9	85.7	21
法律一班	1201023	郭梦月	82.4	90.5	79.3	84.4	86.3	78.5	81.1	88.7	87.7	758.9	84.3	34
法律一班	1201024	于慧霞	78.2	90.7	71.0	75.9	91.3	81.2	80.4	89.4	89.4	747.5	83.1	49
法律一班	1201025	高琳	91.4	91.2	79.9	85.1	88.9	83.7	83.2	91.5	89.3	784.2	87.1	11
法律二班	202001	朱朝阳	84.4	93.6	65.8	80.0	88.6	79.5	77.6	85.8	86.4	741.7	82.4	60

图 14-24　数据处理后的“2021 级法律”工作表

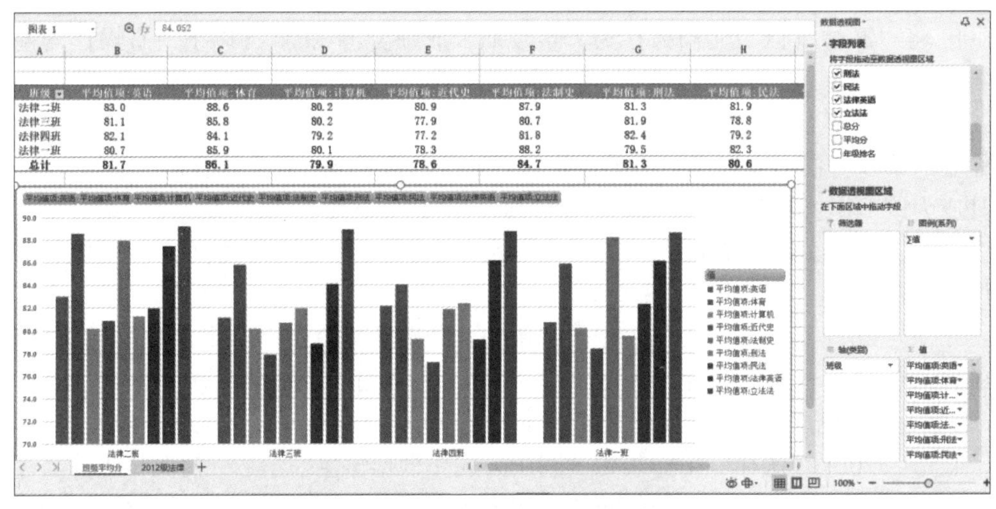

图 14-25　创建透视表、插入图表后的“班级平均分”工作表

自主创新综合实践项目

时间是有限的，时间对每个人都是公平的，但是为什么同样多的时间，不同的人却获得了不一样的成果，如何利用同样的时间得到高效的成果呢？这就显示出时间管理的重要性，同样的时间内，懂得高效管理时间的人会压缩时间，提高效益，整合琐碎的时间，让零散的时间也能产生更大的效益。时间管理并不是要把所有的事情做完，而是更有效的运用时间、管理时间，这样同样的时间内我们才能产生更大的效益，才能改变落后的局面，缩短同优秀者之间的距离。请同学们利用电子表格设计时间管理表，用来记录自己每天的时间使用情况并做统计分析，看看自己的时间都用在了哪些地方，想一想如何提升自己的时间管理能力，并将思考结果与其他同学分享。

模块五

WPS 演示文稿制作

模块概要

WPS 演示是 WPS Office 办公软件套装中的一款软件，主要用于制作演示文稿。它具有动画和多媒体功能，能让文档的效果更加生动、形象，而且能根据场合的不同以不同的方式播放演示文稿。本模块的内容主要有创建 WPS 演示文稿并编辑演示文稿、设计演示文稿母版、制作并美化演示文稿、设置演示文稿动画效果、放映与输出演示文稿等。本模块以 WPS 2019 为环境讲解了 WPS 演示文稿制作的相关知识和操作技能。

通过本模块的学习，学生能够掌握 WPS 演示办公软件的使用方法，并能够利用 WPS 演示办公软件制作符合学习和工作需要的演示文稿。

学习目标

知识目标	职业技能目标	思政素养目标
1. 了解演示文稿的基本功能； 2. 掌握演示文稿背景和主题设计的操作要点； 3. 掌握插入图表，图片、文本框及形状的操作要点； 4. 掌握母版、动画和切换功能； 5. 掌握插入超链接、音频和视频的操作要点	1. 能够掌握演示文稿的基本操作； 2. 能够插入图片、形状、文本框并美化文档； 3. 能够制作母版，设计动画及设置幻灯片的切换； 4. 能够插入音频、视频以及超链接	1. 了解国产软件的优势，增强民族自豪感； 2. 培养使用演示文稿来表达观点的习惯； 3. 增强团队协作能力； 4. 培养思考探究的学习精神和做笔记的学习习惯

项目 15　“走进北京冬奥会”演示文稿的设计及排版

项目概况

现代奥林匹克运动历经 120 多年的发展，既举办了夏季奥运会又举办了冬季奥运会的城市目前只有北京这一座，因此北京成为世界上“双奥之城”。这座城市也代表着中国在发展与壮大过程中取得的令世人瞩目的成绩。为了让学生更深入了解冬奥会和更加直观地感受冬奥会的历史及相关知识，教授信息技术课程的张老师需要制作一个名为“走进北京冬奥会”的演示文稿。

项目分析

制作本演示文稿，需要了解幻灯片母版制作，音频和视频的插入，超链接的设置，图片、图表及智能图形的插入等相关知识。为了让学生更好的学习及开展实践操作，先了解演示文稿中使用的格式样式，再通过相关设置和操作实现演示文稿的制作及设计。

项目必知

微课 15-1

初识演示文稿

任务 15.1　初知 WPS 演示文稿

15.1.1　演示文稿的新建、保存与关闭

演示文稿的基本操作包括新建演示文稿、打开演示文稿、保存演示文稿和关闭演示文稿等。

1. 新建演示文稿

新建演示文稿的方法很多，如新建空白演示文稿、利用模板新建演示文稿等，用户可根据实际需求进行选择。在桌面任意空白处单击鼠标右键打开快捷菜单，单击“新建”菜单下的“PPT 演示文稿”或“PPTX 演示文稿”命令。

2. 打开演示文稿

在编辑、查看或放映演示文稿前，应先打开演示文稿。在 WPS Office 的工作界面中，单击“文件”→“打开”命令或按 Ctrl+O 组合键，打开“打开文件”对话框，在该对话框中选择需要打开的演示文稿，单击“打开”按钮。

3. 保存演示文稿

保存演示文稿的方法有很多，主要包括直接保存演示文稿、另存为演示文稿、自动保存演示文稿 3 种。

（1）直接保存演示文稿：直接保存演示文稿是最常用的保存方法。单击“文件”→“保存”命令或单击快速访问工具栏中的“保存”按钮。如果文件是第一次保存，会弹出“另存文件”对话框，在“位置”下拉列表中选择演示文稿的保存位置，在“文件名”文本框中输入文件名后，单击“保存”按钮即可保存。当执行过一次保存操作后，再次单击“文件”→“保存”命令或单击“保存”按钮，可将两次保存操作之间编辑的内容直接保存。

（2）另存为演示文稿：单击“文件”→“另存为”命令，打开“另存文件”对话框，在“文件类型”下拉列表中选择所需保存类型后单击“保存”按钮。

（3）自动保存演示文稿：单击“文件”→“选项”命令，打开“选项”对话框，单击左下角的“备份中心”按钮，在打开的界面中单击“本地备份设置”按钮，再在弹出的“本地备份配置”对话框中单击选中“定时备份”单选钮，并在其后的数值框中输入自动保存的时间间隔，单击右上角的“关闭”按钮完成设置。

4. 关闭演示文稿

当不再需要操作演示文稿时，可关闭演示文稿。关闭演示文稿的常用方法有以下3种。

（1）通过单击按钮关闭演示文稿：单击WPS演示文稿工作界面“标题”选项卡右侧的“关闭”按钮，关闭演示文稿。

（2）通过快捷菜单关闭演示文稿：在WPS演示工作界面“标题”选项卡上单击鼠标右键，在弹出的快捷菜单中选择“关闭”命令。

（3）通过组合键关闭演示文稿：按Alt+F4组合键，关闭演示文稿并且退出WPS Office。

15.1.2 WPS演示文稿界面

WPS演示文稿界面与WPS文档界面大致相同，只有导航窗格、幻灯片编辑区和备注窗格等部分不同，如图15-1所示。

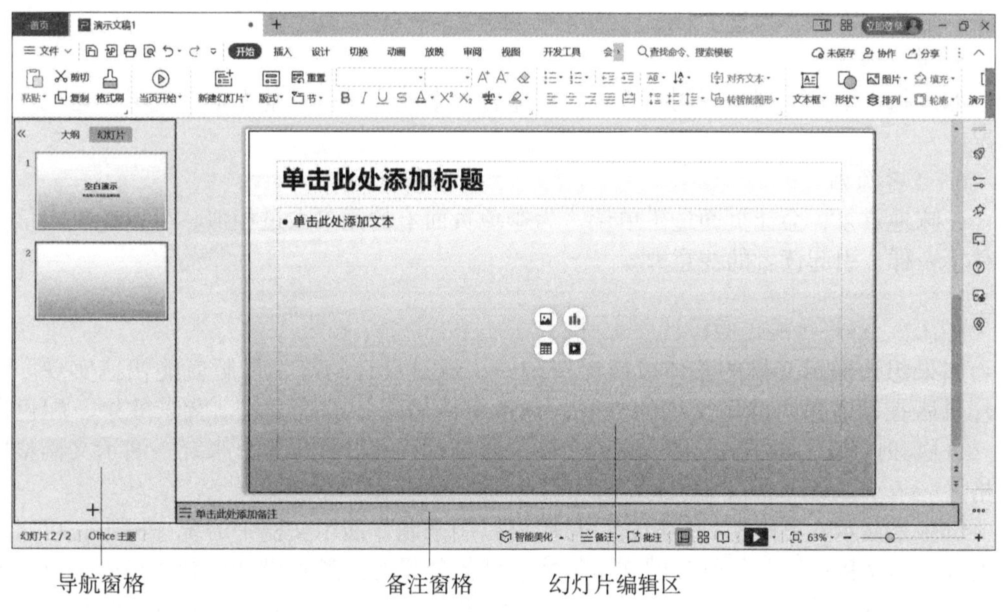

图15-1 WPS演示文稿界面

导航窗格：包括大纲和幻灯片导航窗格两部分，大纲导航窗格用于输入和显示幻灯片内容，调整幻灯片结构；幻灯片导航窗格用于显示当前演示文稿中的幻灯片，用户可对幻灯片执行新建、删除、复制、移动等基本操作。

幻灯片编辑区：用于显示或编辑幻灯片中的文本、图片、图形等内容，它是制作幻灯片的主要场所。

备注窗格：在其中可为幻灯片添加备注信息，以方便演讲者在演示幻灯片时查看。添加备注信息时可先将文本插入点定位在其中，然后输入内容即可。

任务 15.2　掌握幻灯片的设计及基本操作

15.2.1　幻灯片设计的布局原则

幻灯片在本质上是一种视觉设计，而视觉设计非常讲究元素间的关系和摆放位置，因此幻灯片设计过程中，可以遵循以下几个布局原则。

1. 对齐原则

版面设计最重要的原则就是对齐，因为对齐会给人一种秩序感，所以对齐原则的设计是尤为重要的。

2. 分离原则

分离原则就是将有关联的信息组织到一起，形成一个独立的视觉单元，为读者提供清晰的信息结构。

3. 留白原则

不要把 PPT 填充太满，太满了眼睛会疲劳。尽量删减不必要的文字等内容，以突出重点。

4. 降噪原则

如果同一张幻灯片里使用了太多种字体，或每张幻灯片的颜色和版式都不同，其实都是在增加信息噪音，对观看者造成干扰，所以，建议单张幻灯片的色彩不超过 3 种，整张幻灯片的字体不超过 2 种。

5. 重复原则

如果每张幻灯片都是不同的样式，整体看下来就会显得杂乱无章，应尽量避免这一情况。

6. 差异原则

一味地重复，会让页面过于单调。为避免页面上的元素太过相似，可以让重点信息变得不一样，引起读者的注意力。

15.2.2　幻灯片的母版设计

微课 15-2

制作母版

如果想让演示文稿的整体风格保持统一，通过设计幻灯片母版就能快速实现。幻灯片母版控制着整个演示文稿的外观，包括字体格式、段落格式、背景效果、配色方案、页眉和页脚、动画等内容。演示文稿中通过设计幻灯片母版，来统一演示文稿整体风格。

母版是演示文稿中特有的概念。母版可以用来制作演示文稿中的统一标志，可以用来设计演示文稿中所有幻灯片的文本格式、背景效果等。通过设计、制作母版，可以使设置的内容快速在多张幻灯片中生效。WPS 演示文稿中存在有 3 种母版，即幻灯片母

版、讲义母版和备注母版。

1. 幻灯片母版

幻灯片母版是用于存储模板信息的幻灯片，这些模板信息包括字形、占位大小和位置、背景设计和配色方案等。只要幻灯片母版中的样式发生了改变，则其对应的幻灯片中相应的样式也会随之改变。

2. 讲义母版

讲义是指演讲者在放映演示文稿时使用的纸稿，纸稿中显示了每张幻灯片的大致内容、要点等。制作讲义母版就是设置这些内容在纸稿中的显示方式，主要包括设置每页讲义上幻灯片的显示数量、排列方式以及页眉和页脚信息等。

3. 备注母版

备注是指演讲者在幻灯片下方备注窗格中输入的内容，根据需要可将这些内容打印出来。制作备注母版就是为了将这些备注信息打印在纸张上，而对备注进行相关设置。

编辑幻灯片母版与编辑幻灯片的方法类似。幻灯片母版中可以添加图片、声音、文本等对象，但通常只添加在大部分幻灯片中都需要使用的对象。完成母版样式的编辑后可单击“关闭”按钮退出母版。

15.2.3 幻灯片的基本操作

用户在制作演示文稿的过程中往往需要对幻灯片进行一些基本操作，如新建幻灯片、选中幻灯片、移动和复制幻灯片、删除幻灯片、显示和隐藏幻灯片、播放幻灯片等。

1. 新建幻灯片

用户可通过在导航窗格单击鼠标右键，选择“新建幻灯片”或通过单击“开始”选项卡中的“新建幻灯片”按钮两种方式来新建幻灯片。

2. 选中幻灯片

选中幻灯片是编辑幻灯片的前提，选中幻灯片又可以分为选中单张幻灯片、选中多张幻灯片或选中全部幻灯片。

3. 移动和复制幻灯片

移动和复制幻灯片可通过拖曳鼠标、选择右键快捷菜单中的命令、按组合键这几种方法来实现。

4. 删除幻灯片

在导航窗格或幻灯片浏览视图中均可删除幻灯片。

5. 显示和隐藏幻灯片

显示和隐藏幻灯片主要在导航窗格中实现，隐藏幻灯片后，在播放演示文稿时即不显示隐藏的幻灯片，当需要显示时，可通过设置再次将幻灯片显示出来。

6. 播放幻灯片

播放幻灯片可以从第一张幻灯片开始，也可以从任意一张幻灯片开始。若需要从第一张幻灯片开始播放，可单击“开始”选项卡中的“当前开始”下拉按钮，在打开的下拉列表中选择“从头开始”选项或者按 F5 键。若想从指定的某张幻灯片开始播放，则选中该张幻灯片，单击“当前开始”按钮。

任务 15.3 掌握对象的插入及格式设置

15.3.1 插入文本框

文本是幻灯片中不可或缺的内容。通过单击“开始”选项卡中的“文本框”按钮来插入文本框，在文本框中即可输入文本。对于幻灯片中文本的格式修改和编辑等操作，方法与 WPS 文档中的操作类似。

15.3.2 插入艺术字、形状

在“插入”选项卡中单击“形状”下拉按钮，在打开的下拉列表中可选择不同的预设形状样式，如线条、矩形、基本形状、箭头、公式、流程图等。插入艺术字的方法和插入形状的方法基本一致，在“插入”选项卡中单击“艺术字”下拉按钮，在打开的下拉列表中可选择不同的预设艺术字样式。

15.3.3 插入图片、图表及智能图形

1. 插入图片

在“插入”选项卡中单击“图片”下拉按钮，在打开的下拉列表中单击“本地图片”按钮，打开“插入图片”对话框，选择要插入的图片，单击“打开”按钮，即在幻灯片中插入该本地图片；在打开的下拉列表中单击“分页插图”按钮；在打开的“分页插入图片”对话框中选择多张图片，可依次将图片插入各张幻灯片中；单击“手机传图”按钮，可将手机中保存的图片插入幻灯片中。

2. 插入图表

图表可以清晰、直观地呈现数据之间的关系，增强演示文稿的说服力。在“插入”选项卡中单击“图表”按钮，打开“图表”对话框，选择需要的图表类型，双击该图表类型即可将图表插入到 WPS 演示文稿中。用户还能自定义图表中的各项元素内容，可根据需要对其进行调整和更改。

（1）调整图表大小。选中图表，图表边框上将出现 6 个控制柄将鼠标指针移到控制柄上，当鼠标指针变为双箭头形状时，按住鼠标左键不放并拖曳鼠标指针，可调整图表大小。

（2）调整图表位置。将鼠标指针移动到图表上，当鼠标指针变为带箭头的十字形状时，按住鼠标左键不放并拖曳鼠标指针，至合适位置后释放鼠标左键，即可调整图表位置。

（3）编辑图表数据。用户在 WPS 演示文稿中插入图表后，根据需要可添加和编辑数据内容。选中图表，在“图表工具”选项卡中单击“编辑数据”按钮，打开“WPS 演示中的图表”窗口，修改和编辑单元格中的数据，完成后关闭窗口。

（4）更改图表类型。选中图表，在“图表工具”选项卡中单击“更改类型”按钮，在打开的“更改图表类型”对话框中双击需要的图表类型即可。

微课 15-3

插入和设置智能图形

3. 插入智能图形

智能图形是演示文稿中常用的一类图形，主要用于在幻灯片中制作流程图、结构图或关系图等图示内容，具有结构清晰、样式美观等特点。

插入智能图形的具体步骤如下。

步骤 1：在“插入”功能选项卡中单击“智能图形”按钮。

步骤 2：打开“智能图形”对话框，根据需要选择智能图形的类型，在下方单击需要的子类型图形，即可插入该智能图形，如图 15-2 所示。

步骤 3：插入智能图形后，单击智能图形中的文本占位符，即可输入文本。

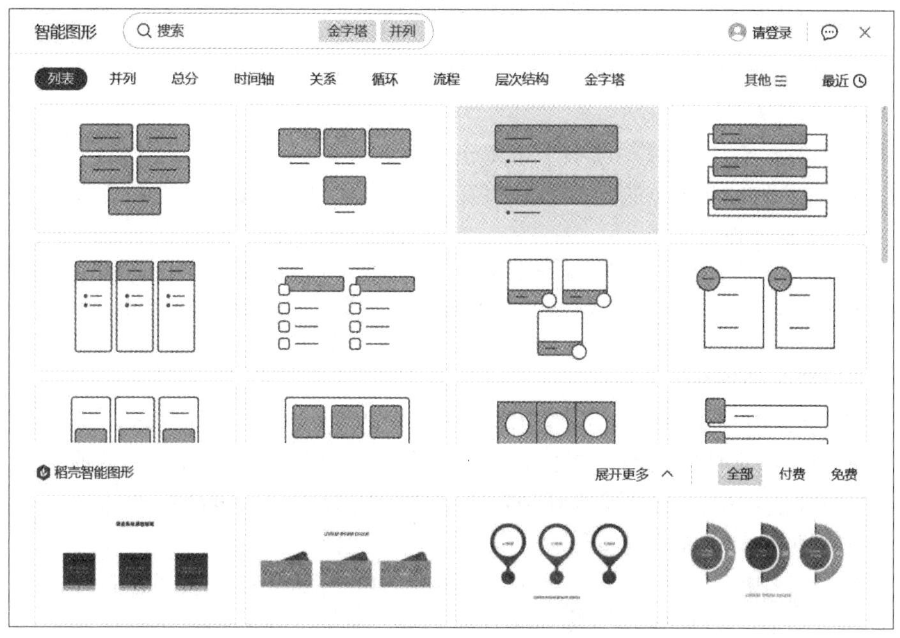

图 15-2　“智能图形”对话框

插入并选中智能图形后，将激活“设计”选项卡和“格式”选项卡，如图 15-3 所示，在这两个选项卡中可对该智能图形进行编辑操作。

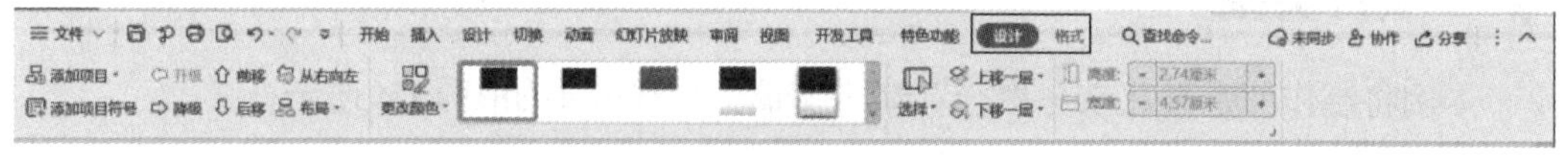

图 15-3　“设计”选项卡和“格式”选项卡

智能图形的常用的编辑操作如下。

（1）调整位置：选择智能图形，按住鼠标左键不放并拖曳鼠标可调整其位置。此外，可在“设计”功能选项卡中设置智能图形的排列顺序。

（2）缩放：选中智能图形后，通过其边框上的控制柄，可对智能图形进行缩放操作。此外，在“设计”功能选项卡中可精确设置智能图形的大小。

（3）增加或删除智能图形中的形状：选择智能图形中的任意形状，在“设计”功能选项卡中，在“添加项目”下拉列表中，选择对应选项可在该形状的前面、后面、上方或下方添加一个相同样式的形状；选择要删除的形状，按 Delete 键可将其删除。

（4）设置文本格式：选择智能图形或其中的任意形状，在“格式”选项卡中可设置智能图形中文本的字体格式以及文本的对齐方式和字符间距等。

（5）更改智能图形的颜色：选择智能图形，在“设计”功能选项卡中单击“更改颜色”下拉按钮，在打开的列表中选择对应选项即可更改智能图形的颜色。

（6）更改智能图形的样式：选择智能图形，在“设计”选项卡的“智能图形样式”

列表框中选择对应选项可设置智能图形的样式。

（7）更改智能图形中的形状样式：选择智能图形中的任意形状，在“格式”功能选项卡的“形状样式”列表框中选择对应选项可更改智能图形中形状的样式，“填充”和“轮廓”按钮用于设置形状的填充颜色和轮廓样式。

微课 15-4

插入音频和视频

15.3.4　插入音频和视频

1. 插入音频文件

选择幻灯片，在“插入”选项卡中单击“音频”下拉按钮，在打开的下拉列表中可选择插入音频文件的方式。用户也可直接在“音频库”中在线搜索更多音频。

2. 插入视频文件

选择幻灯片，在“插入”选项卡中单击“视频”下拉按钮，在打开的下拉列表中可选择插入视频文件的方式。用户也可在“开场动画视频”中根据视频模板直接制作视频。

15.3.5　插入超链接

WPS 演示为用户提供了超链接功能，用户可以为幻灯片中的文本、图片、图形等对象添加超链接，在放映幻灯片时即可实现对象与幻灯片之间或对象与其他文件之间的交互。在 WPS 演示中，既可链接到演示文稿中的幻灯片，也可链接到计算机中保存的某个文件或网页，其操作方法如下。

选择幻灯片中的对象，单击“插入”选项卡中的“超链接”按钮，打开“插入超链接”对话框，在其中可设置要链接到的目标类型、地址以及屏幕提示等选项。如果是为文本对象添加的超链接，那么添加超链接的文本将自动添加下画线，且文本颜色会发生变化。放映幻灯片时，单击添加超链接的对象，可快速跳转至所链接的页面或文件。

项目实施

本例将制作“走进北京冬奥会”演示文稿，最终效果如图 15-4 所示。

图 15-4　“走进北京冬奥会”演示文稿最终效果

1. 新建演示文稿

新建的演示文稿只包含一张幻灯片，这并不能满足演示文稿的制作需求此时就需要新建幻灯片。另外，对于新建的幻灯片，还可以根据需要进行编辑，如在幻灯片中输入文本等。下面在空白演示文稿中新建幻灯片，并对幻灯片进行相应的编辑。

（1）启动 WPS 演示文稿软件，在“首页”界面中单击“新建”按钮，选择“新建演示”，在右侧单击“新建空白演示”，软件将切换到演示文稿编辑界面，并自动新建名为“演示文稿 1”的演示文稿，如图 15-5 所示。

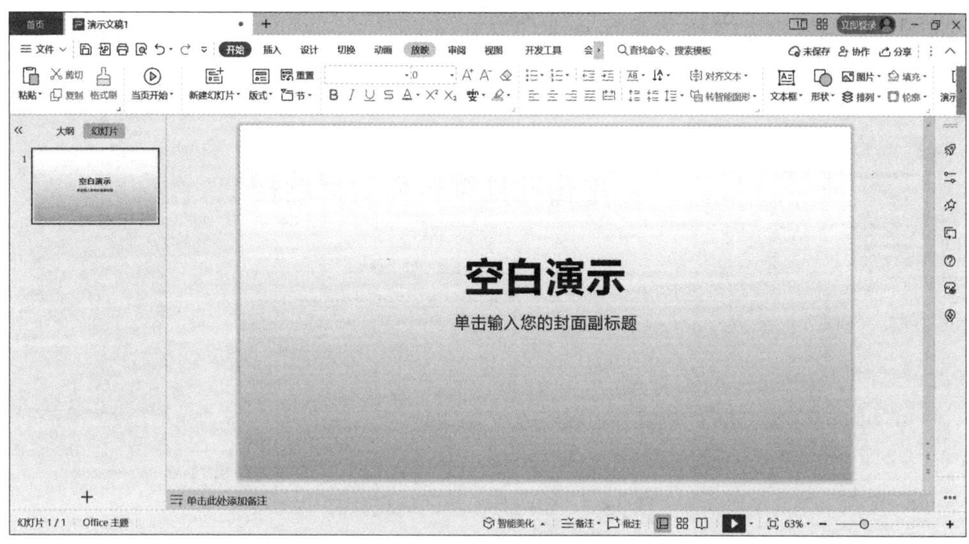

图 15-5　新建的演示文稿

（2）在导航窗格中的第 1 张幻灯片下方单击鼠标右键，在快捷菜单中选择“新建幻灯片”命令，即可新建一张幻灯片，如图 15-6 所示。

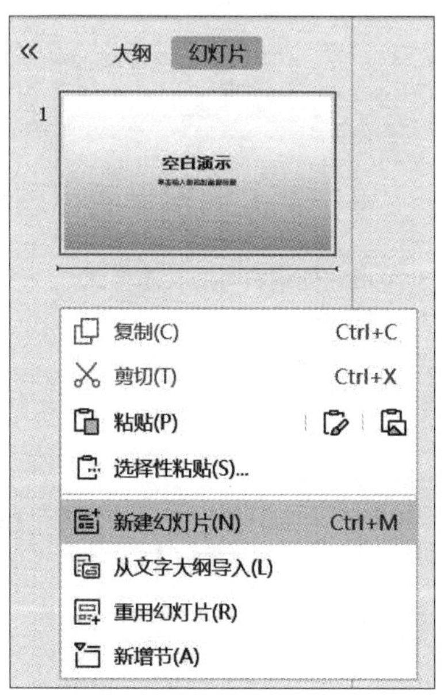

图 15-6　“新建幻灯片”命令

（3）保存该新建演示文稿并命名为“走进北京冬奥会”。

2. 设计母版

下面在“走进北京冬奥会”演示文稿中通过设计母版，统一演示文稿整体风格，具体操作如下。

（1）打开演示文稿文件“走进北京冬奥会”，单击“设计”选项卡中的“编辑母版”按钮，进入幻灯片母版的编辑状态，如图 15-7 所示。

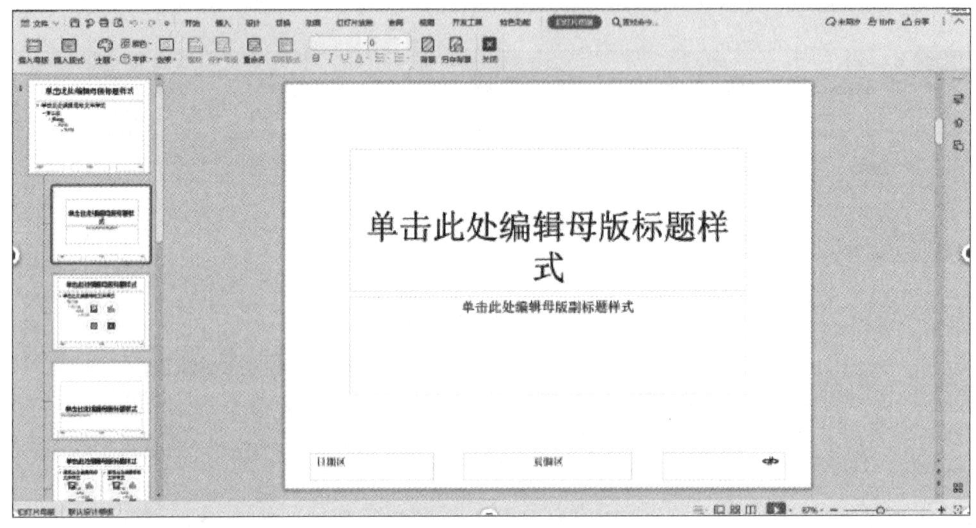

图 15-7 幻灯片母版的编辑状态

（2）参照如图 15-4 所示的最终效果，对母版的不同部分（如封面封底、目录、正文页、节标题等）进行设计，包括背景设计、字体及字号设计、颜色调整等。设计完成后的母版如图 15-8 所示，单击“幻灯片母版”选项卡中的“关闭”按钮，退出母版的编辑状态。

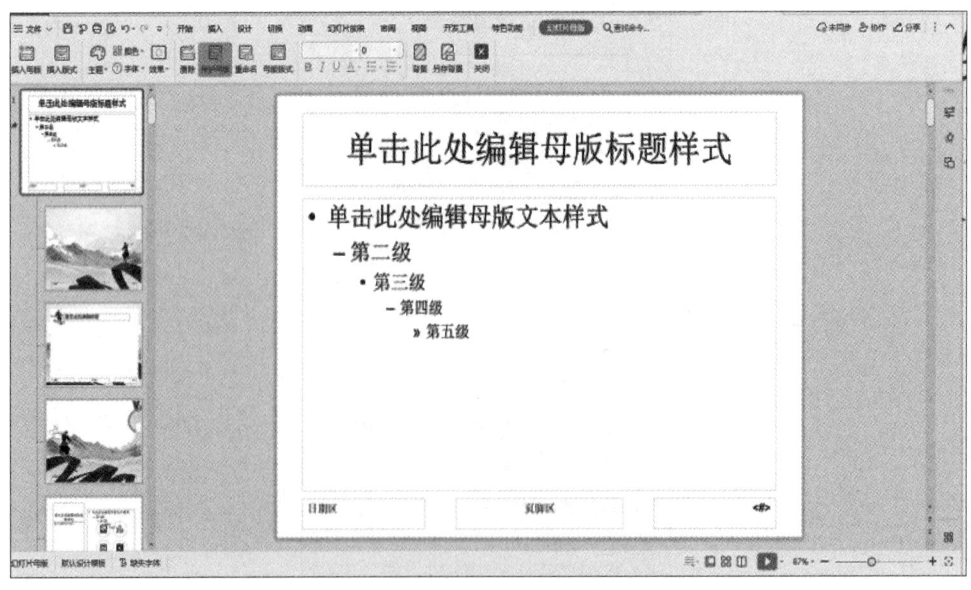

图 15-8 设计完成后的幻灯片母版

3. 编辑“走进冬奥会”演示文稿

（1）在第 1 张幻灯片中插入“横向文本框”，输入标题“走进北京冬奥会”，设置字体为黑体，字号为 80；插入流程图中的“终止”形状，在合适位置画出该形状并调整至合适的大小，将轮廓设置为“红色”，底纹设置为“透明色”。

（2）插入音频，选择嵌入音频，在相应位置上选择音频文件“北京爱乐合唱团（雪花）.mp3”。在“插入”选项卡中单击“音频”下拉按钮，在打开的下拉列表中选择“嵌入音频”选项，打开“插入音频”对话框，选择音频文件后，单击“打开”按钮，即可在幻灯片中插入保存在本地的音频，插入音频后，将激活“图片工具”和“音频工具”选项卡。在“图片工具”选项卡中可编辑音频文件图片，如设置图片样式、调整图片大小等；在“音频工具”选项卡中可调整音频音量、剪辑音频、设置音频的播放效果等。第 1 张幻灯片效果如图 15-9 所示。

图 15-9　第 1 张幻灯片效果

（3）在第 2 张幻灯片右上角插入“冬奥会会徽”图片，左上角插入竖向文本框并编辑为“目录”，设置字体为宋体、字号为 66 号；在“目录”右侧插入横向文本框并输入 3 个子目录的名称。第 2 张幻灯片效果如图 15-10 所示。

图 15-10　第 2 张幻灯片效果

（4）在第 3、4 张幻灯片右上角插入图片“冬奥会会徽”图片，左上角插入“滑雪”图片；在幻灯片中间插入“圆角矩形”形状，轮廓设置为红色虚线，填充设置为无色填充；在“圆角矩形”上面插入合适大小的矩形，轮廓和底纹均设置为红色。第 3 张幻灯片效果如图 15-11 所示。

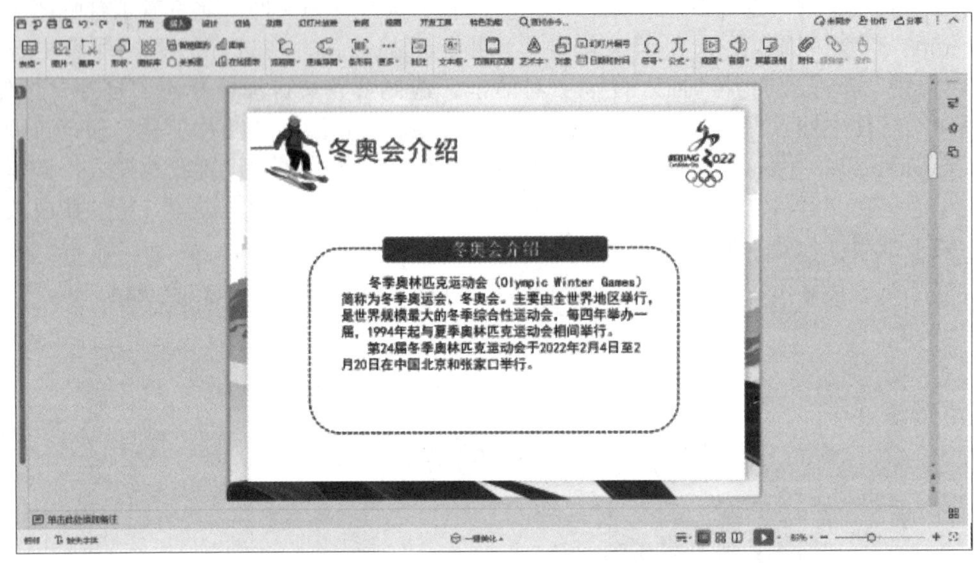

图 15-11　第 3 张幻灯片效果

（5）在第 5 张幻灯片左上角插入“滑雪”图片；在中间插入两个“矩形标注”形状，选中一个矩形标注将其旋转 180°，移动到合适位置上。两个形状的轮廓设置为红色，底纹设置为无色透明；插入“椭圆”形状，按住 Shift 键绘制一个正圆，轮廓和底纹均设置为红色；嵌入本地视频，选中“开幕式”视频进行插入即可。第 5 张幻灯片效果如图 15-12 所示。

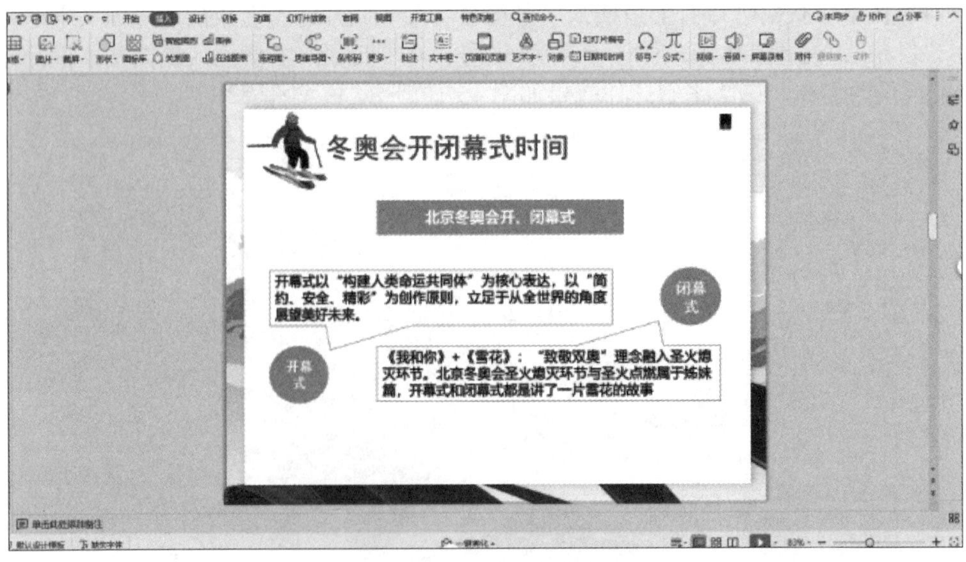

图 15-12　第 5 张幻灯片效果

（6）在第 5 张幻灯片中选中视频，打开“对象属性”窗格设置其大小与属性，如图 15-13 所示，在“视频工具”选项卡中设置为全屏播放，如图 15-14 所示。

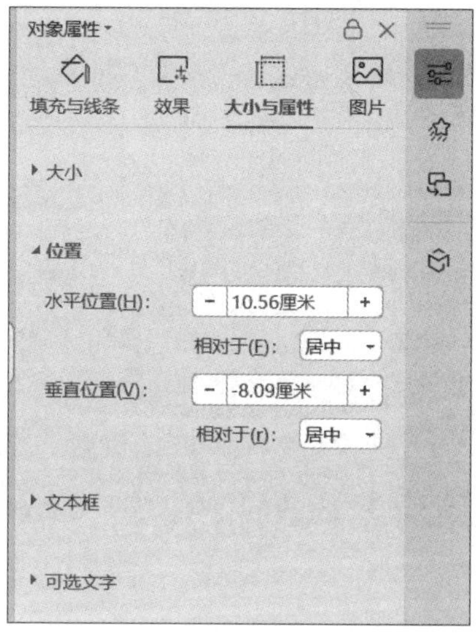

图 15-13 “对象属性”窗格

图 15-14 “视频工具”选项卡

（7）在第 6 张幻灯片插入“基本列表”智能图形，选中该智能图形在“设计”选项卡中的“添加项目”下拉列表中选择相应选项来添加项目，如图 15-15 所示；在“更改颜色”下拉列表中设置主题颜色。第 6 张幻灯片效果如图 15-16 所示。

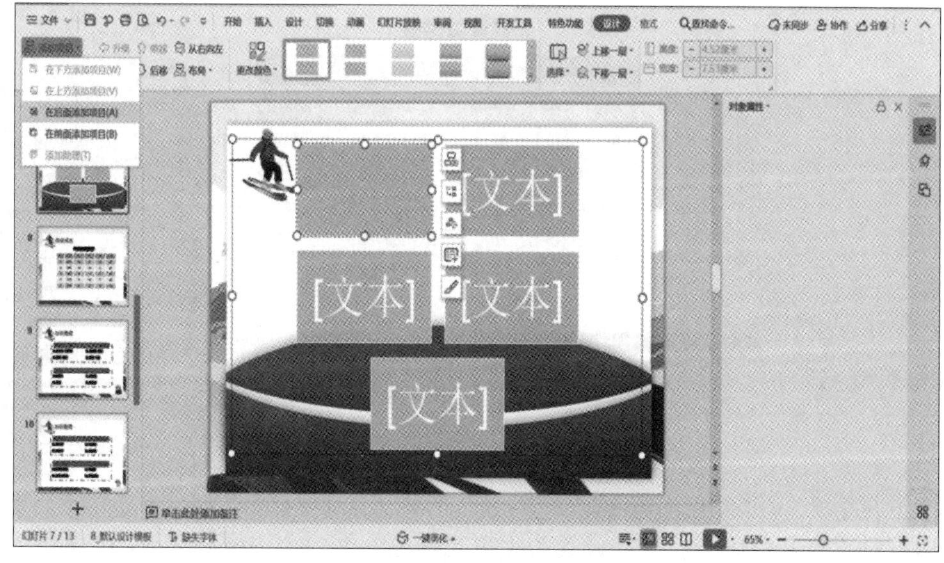

图 15-15 添加智能图形项目

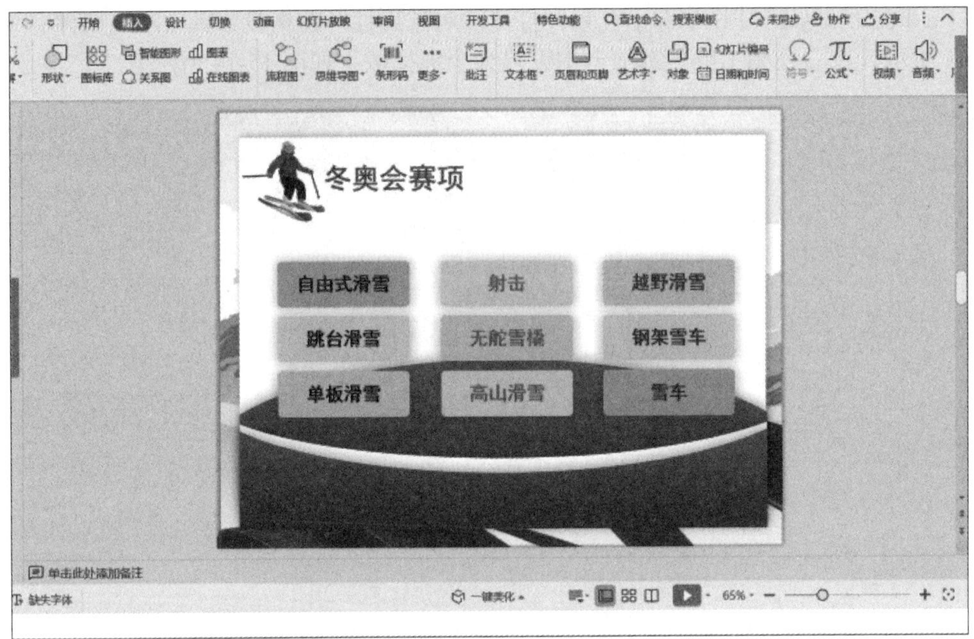

图 15-16　第 6 张幻灯片效果

（8）在第 7 张幻灯片中插入一张 6 行 6 列表格，在“表格样式”选项卡中对表格进行美化，在“表格工具”选项卡中对表格高度和宽度进行设置。第 7 张幻灯片效果如图 15-17 所示。

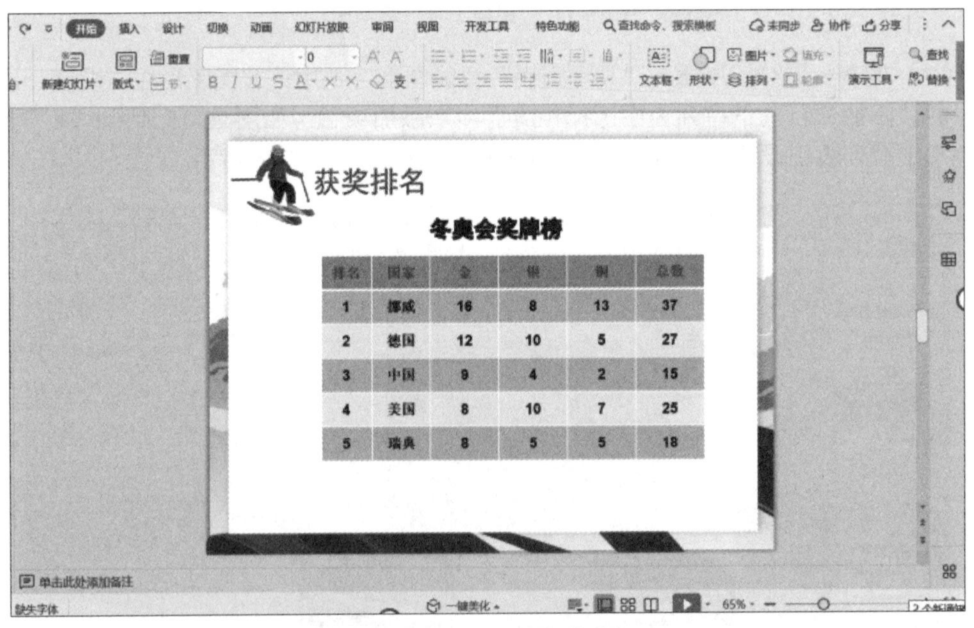

图 15-17　第 7 张幻灯片效果

（9）在第 8、9 张幻灯片里插入“矩形”形状，绘制两个大小不一的矩形，其中，一个边框设置为蓝色虚线，底纹设置为无填充颜色，另一个边框和底纹均设置为红色，

其中红色底纹的矩形是位于虚线矩形上的；在右下角插入“冰墩墩”图片。第 9 张幻灯片效果如图 15-18 所示。

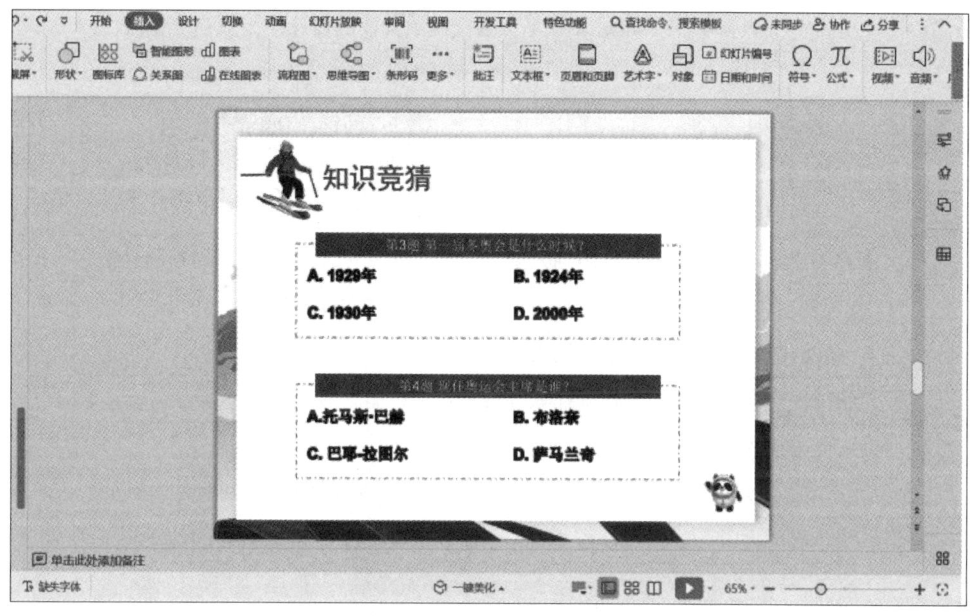

图 15-18 插入形状效果

（10）复制第 8、9 张幻灯片粘贴为第 10、11 张幻灯片，同时标注出正确的知识竞猜答案。单击第 8、9 张幻灯片右下角的“冰墩墩”图片，为其插入超链接，依次分别链接到本文档的第 10、11 张幻灯片，超链接的设置如图 15-19 所示。

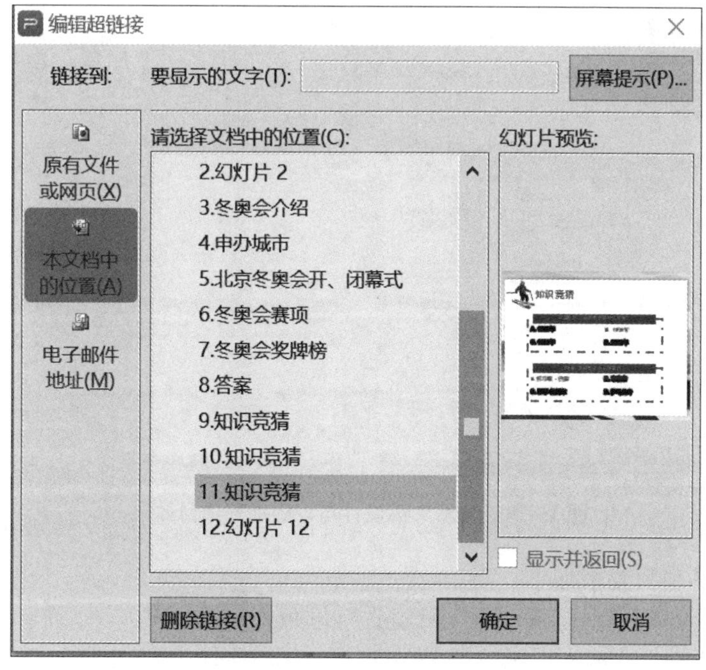

图 15-19 超链接的设置

项目评价

项目名称	"走进北京冬奥会"演示文稿的设计及排版		
职业技能	演示文稿设计与排版		
序号	知识点	评价标准	分数
1	幻灯片基本操作	能够对幻灯片进行新建、保存、命名等操作（5 分）	
2	母版设计	能够设计同一主题母版样式（15 分）	
3	图片和文本框设置	能够正确插入图片和文本框并对其样式进行设置（15 分）	
4	音频和视频插入	能够正确插入音频和视频（15 分）	
5	超链接插入	能够正确插入并设置超链接（10 分）	
6	智能图形插入	能够正确插入并设置各种智能图形（10 分）	
7	图表插入	能够正确插入各种图表（10 分）	
8	学习态度	能够主动学习并且态度端正、拥有解决问题的能力（10 分）	
9	创新能力	具备合作能力，创新意识以及打破常规思维（10 分）	

项目提升

为了加强学生对演示文稿设计与排版的练习，按项目要求可完成演示文稿设计与排版提升项目，提升项目完成效果如图 15-20 所示。

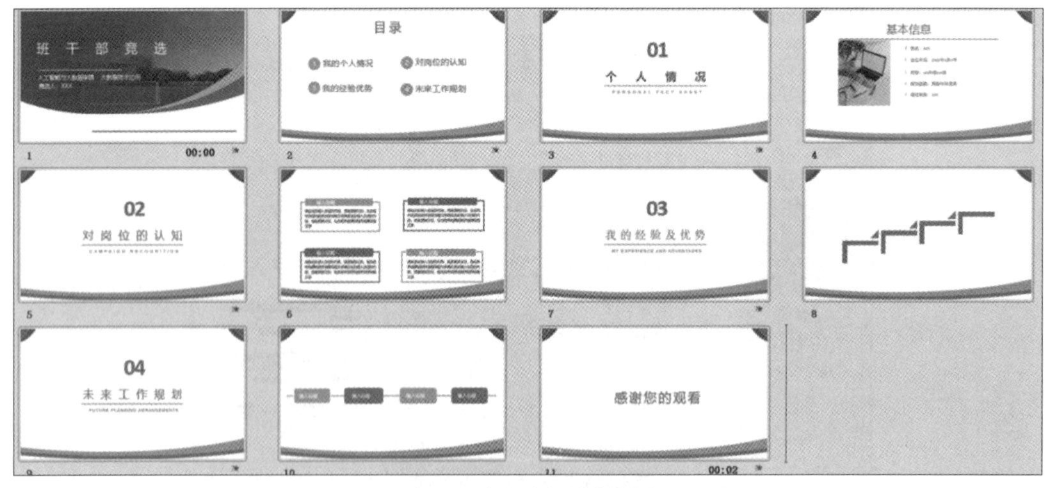

图 15-20 演示文稿设计与排版提升项目效果

提升项目的项目要求如下。

（1）利用所给的素材制作"班干部竞选"母版。

（2）第 1 张幻灯片输入标题"班干部竞选"，标题字体为微软雅黑，字号为 54，颜色为白色；输入"人工智能与大数据学院　大数据技术应用专业"，字体为微软雅黑，字号

为24，颜色为白色；输入“竞选人：”，字体为微软雅黑，字号为24，颜色为白色。

（3）第2张幻灯片输入“目录”以及4个方面：“1.我的个人情况”“2.对岗位的认知”“3.我的经验优势”“4.未来工作规划”，字体为微软雅黑，颜色RGB分别为132:145:195；“目录”字号为54，其余字号均为36。

（4）第3张幻灯片输入“01 个人情况”，其中“01”，字体为Calibri（正文），字形为加粗，字号为96，颜色RGB分别为132:145:195；“个人情况”下的说明字体为微软雅黑，字形为加粗，字号为48，颜色RGB分别为132:145:195；所有文字居中放置。

（5）第4张幻灯片输入“基本情况”，字体为微软雅黑，字形为加粗，字号为48，颜色RGB分别为132:145:195；插入一条直线按图15-20所示绘制并置于合适位置，颜色RGB设置分别为132:145:195；按照图示依次输入相应内容，字体为微软雅黑，字号为18，颜色RGB分别为132:145:195。

（6）第5张幻灯片输入“02”“对岗位的认知”，“02”字体为Calibri（正文），字形为加粗，字号为96，颜色RGB分别为132:145:195；“对岗位的认知”字体为微软雅黑，字形为加粗，字号为48，颜色RGB分别为132:145:195；所有文字居中放置。

（7）第6张幻灯片按照图15-20所示插入“矩形”形状（两个大小不一）；小矩形边框颜色和填充色RGB均设置为187:188:222；大矩形边框颜色RGB设置为187:188:222，无填充颜色；对这两个矩形进行组合，再复制三个组合后的形状，其中两个组合后的形状颜色RGB设置为132:145:195；调整四个组合后的形状到适合的位置。

（8）第7张幻灯片输入“03”“我的经验及优势”，“03”字体为Calibri（正文），字形为加粗，字号为96，颜色RGB分别为132:145:195；“我的经验及优势”字体为微软雅黑，字形为加粗，字号为48，颜色RGB分别为132:145:195；所有文字居中放置；

（9）第8张幻灯片插入“步骤上移流程”智能图形，并且添加一个项目；

（10）第9张幻灯片输入“04”“未来工作规划”，“04”字体为Calibri（正文），字形为加粗，字号为96，颜色RGB分别为132:145:195；“未来工作规划”字体为微软雅黑，字形为加粗，字号为48，颜色RGB分别为132:145:195；所有文字居中放置；

（11）第10张幻灯片插入四组相同大小圆角矩形和直线，每两组颜色RGB分别为132:145:195和187:188:222；依次按水平线放置。

（12）第11张幻灯片输入“感谢您的观看”，字体为微软雅黑，字号为54，颜色RGB分别为132:145:195。

项目16 “梅兰竹菊”演示文稿制作

项目概况

中华民族具有悠久的历史和优良的传统，中华优秀传统文化对于凝聚和团结全国各族人民，起着重要的纽带作用，包括以人为本、讲究诚信、强调和谐、重视教育、倡导德治等。传承中华优秀传统文化，培育和弘扬民族精神，对于增强民族自尊心、自信心、自豪感，使全国人民始终保持奋发有为、昂扬向上的精神状态，对实现中华民族的伟大复兴，具有特别重要的意义。我国文人喜欢用“梅兰竹菊”为题吟诗作词，抒发自己的情绪。梅兰竹菊被人称为“四君子”，梅、兰、竹、菊成为中国人感物喻志的象征，也是咏物诗和文人画中最常见的题材。

本项目将以“梅兰竹菊”为主题的四首古诗为题材，设计排版演示文稿。

项目分析

本演示文稿主要用到了动画设置，切换效果，排列计时，放映类型设计，幻灯片导出。本项目侧重于动画的设置，幻灯片的切换，使演示文稿更美观生动。

项目必知

任务 16.1　掌握动画效果设置

动画效果是演示文稿中非常独特的一种元素，动画效果直接关系着演示文稿的放映效果。在演示文稿的制作过程中，可以为幻灯片中的文本、图片、表格等对象设置动画效果，还可以设置幻灯片之间的切换动画效果等，使幻灯片在放映时将更加生动和直观。

在 WPS 演示文稿中可以为每张幻灯片中的不同对象添加动画效果，WPS 动画效果的类型主要包括进入动画、强调动画、退出动画和动作路径动画 4 种。

微课 16-1

动画设置

进入动画：反映文本或其他对象在幻灯片放映时进入放映界面的动画效果。

强调动画：反映文本或其他对象在幻灯片放映过程中需要强调的动画效果。

退出动画：反映文本或其他对象在幻灯片放映时退出放映界面的动画效果。

动作路径动画：指定某个对象在幻灯片放映过程中的运动轨迹。

16.1.1　添加单一动画效果

为对象添加单一动画效果是指为某个对象或多个对象快速添加进入、退出、强调或动作路径动画。

在幻灯片编辑区中选择要设置动画的对象，单击“动画”选项卡中“动画”列表框右下角的下拉按钮，在打开的下拉列表中选择某一类型动画下的动画子类型选项即可。为幻灯片对象添加动画效果后，系统将自动在幻灯片编辑窗口中对设置了动画效果的对象进行预览放映，且该对象旁会出现数字标识，数字顺序代表着播放动画的顺序。

16.1.2　添加组合动画效果

组合动画是指为同一个对象同时添加进入、退出、强调和动作路径 4 种类型动画中的任意动画组合，例如同时给一个对象添加进入和退出动画等。

选择需要添加组合动画效果的幻灯片对象，然后单击“动画窗格”中的“自定义动画”按钮，在打开的“自定义动画”窗格中单击“添加效果”下拉按钮，在打开的下拉列表中选择某一类型的动画，如图 16-1 所示。

图 16-1 “自定义动画”窗格

也可以绘制自定义动画路径，在“动画”选项卡的“动画样式”下拉列表中提供了多种进入动画、强调动画、退出动画和动作路径动画，如果提供的动画效果不能满足需要，可先在幻灯片中选择对象，在“动画样式”下拉列表的“绘制自定义路径”栏中选择需要的选项，此时鼠标指针将变成“+”形状，在需要绘制动作路径的开始处拖曳鼠标绘制动作路径，绘制到合适位置后双击鼠标结束绘制。绘制的动作路径并不是固定的，可根据需要设置该路径的方向、长短等。

任务 16.2 掌握切换效果设置

切换动画是指在幻灯片放映过程中从一张幻灯片切换到下一张幻灯片时出现的动画效果。在“切换”选项卡的“切换样式”下拉列表框中选择一种动画切换样式，单击“效果选项”下拉按钮，在打开的下拉列表中选择该样式的子样式，如图 16-2 所示。

微课 16-2

设置切换效果

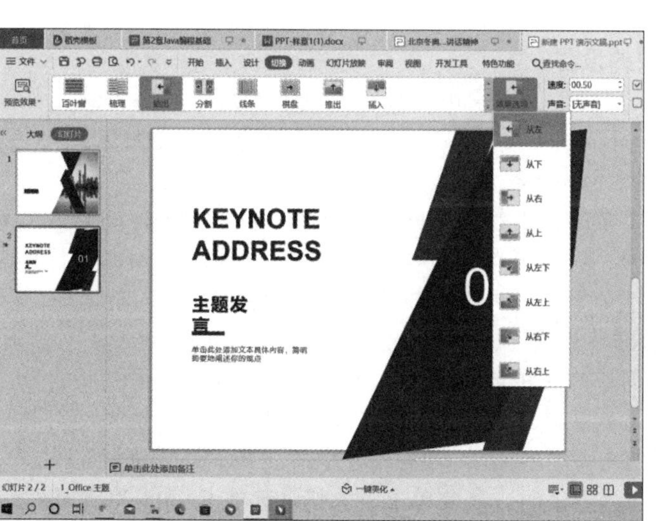

图 16-2 设置幻灯片切换效果

保持幻灯片的选中状态，打开“幻灯片切换”窗格，如图16-3所示，在“速度”数值框中可以输入播放时间，在“声音”下拉列表框中可以选择切换时的声音效果，单击“应用于所有幻灯片”按钮即可。

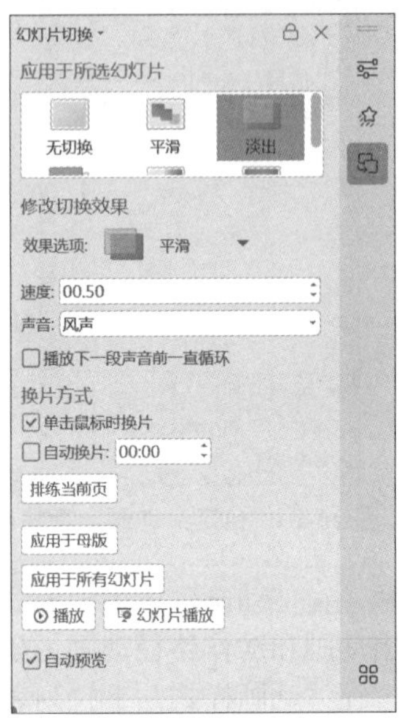

图16-3 “幻灯片切换”窗格

任务16.3 掌握排列计时与放映的设置

16.3.1 排练计时的设置

排练计时可用于记录演示文稿中每张幻灯片放映时使用的时间，并在放映时根据录制的时间自动播放每张幻灯片。单击“放映”选项卡中的“排列计时”按钮即设置排列计时。

16.3.2 放映的设置

微课16-3

放映设置

在WPS演示文稿中，用户可以设置不同的幻灯片放映方式，如演讲者放映（全屏幕）、展台自动循环放映（全屏幕），以满足不同场合的放映需求。

1. 演讲者放映（全屏幕）

演讲者放映（全屏幕）是默认的放映类型，将以全屏幕的形式放映演示文稿。在演示文稿放映过程中，演讲者具有完全的控制权，可手动切换幻灯片动画效果，也可暂停演示文稿并添加细节等，还可以在放映过程中录制旁白。

2. 展台自动循环放映（全屏幕）

此类型是较简单的一种放映类型，不需要人为控制，系统将自动全屏循环放映演示文稿。使用这种方式放映幻灯片时，不能通过单击鼠标来切换幻灯片，但可以通过单击幻灯片中的超链接和动作按钮来切换幻灯片，按Esc键可结束放映。

设置幻灯片放映方式时，需要单击“放映”选项卡中的“放映设置”按钮，打开“设置放映方式”对话框，在“放映类型”栏中单击选中相应的单选按钮以选择相应的放映类

型，设置完成后单击“确定”按钮。“设置放映方式”对话框中各项设置的功能如下。

① 设置放映类型。在“放映类型”栏中单击选中相应的单选按钮，可为幻灯片设置相应的放映类型。

② 设置放映选项。在“放映选项”栏中钩选“循环放映，按 Esc 键终止”复选框可设置循环放映。在该栏中还可设置绘图笔颜色，在“绘图笔颜色”下拉列表中选择一种颜色，在放映幻灯片时，就可使用该颜色的绘图笔在幻灯片上写字或做标记。

③ 设置放映幻灯片。在“放映幻灯片”栏中可设置需要放映的幻灯片数量，可以选择放映演示文稿中所有的幻灯片，或手动分别输入放映开始和结束的幻灯片页数。

④ 设置换片方式。在“换片方式”栏中可设置幻灯片的切换方式，单击选中“手动”单选按钮，在演示过程中将需要手动切换幻灯片及演示动画效果；单击选中“如果存在排练时间，则使用它”单选按钮，演示文稿将按照幻灯片的排练时间自动切换幻灯片和动画，但是如果没有已保存的排练时间，即使单击选中该单选按钮，放映时还是需要以手动方式控制。

放映幻灯片前，需要根据放映场合和实际需要，设置放映类型、放映选项、放映的幻灯片及换片方式等。其操作方法是：单击“放映”选项卡中的“放映设置”按钮，打开“设置放映方式”对话框，在其中根据需要进行相应设置，设置完成后单击“确定”按钮。

任务 16.4 掌握幻灯片的导出

在 WPS 演示中，用户可以将演示文稿输出为不同格式的文件，方便浏览者通过不同的方式浏览演示文稿的内容。

16.4.1 将演示文稿输出为 PDF 文档

将演示文稿输出为 PDF 文档的操作方法为：打开演示文稿后，单击“文件”按钮右侧的下拉按钮，在打开的菜单中选择“文件”→“输出为 PDF 格式”命令，打开“输出为 PDF”对话框，如图 16-4 所示。默认已选中打开的演示文稿，在“输出范围”栏中设置演示文稿的输出范围，在“保存目录”栏中设置输出 PDF 文档的保存位置，然后单击“开始输出”按钮。

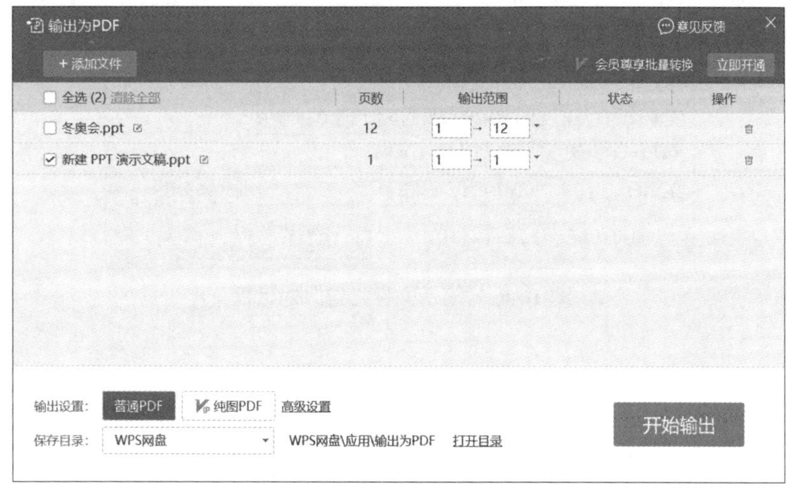

图 16-4 “输出为 PDF”对话框

16.4.2 将演示文稿输出为图片

将演示文稿输出为图片的操作方法为：打开演示文稿后，单击“文件”按钮右侧的下拉按钮，在打开的菜单中选择“文件”→“输出为图片”命令，打开“输出为图片”对话框，如图 16-5 所示。在该对话框中设置输出方式、输出页数、输出格式和输出目录等内容后，单击“输出”按钮。

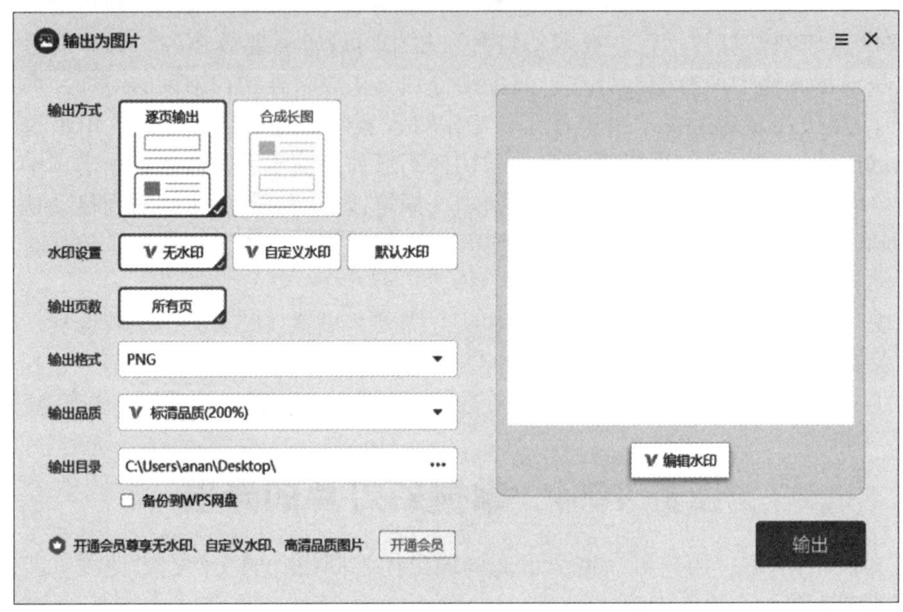

图 16-5 “输出为图片”对话框

16.4.3 将演示文稿打包

将演示文稿打包后复制到其他计算机中，即使该计算机没有安装打开演示文稿的相关软件，也可以播放该演示文稿。其操作方法为：打开演示文稿后，单击“文件”按钮右侧的下拉按钮，在打开的菜单中选择“文件”→“文件打包”→“打包成文件夹”命令，打开“演示文件打包”对话框，如图 16-6 所示。在该对话框中设置指定的文件夹名称和位置，然后单击“确定”按钮。

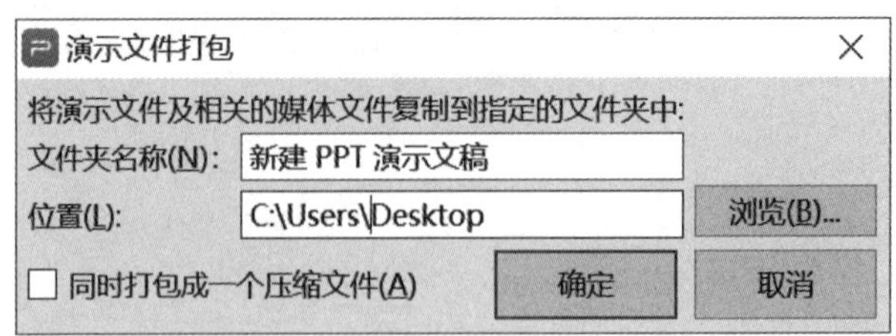

图 16-6 “演示文件打包”对话框

项目实施

本例制作的“梅兰竹菊”演示文稿效果如图 16-7 所示。

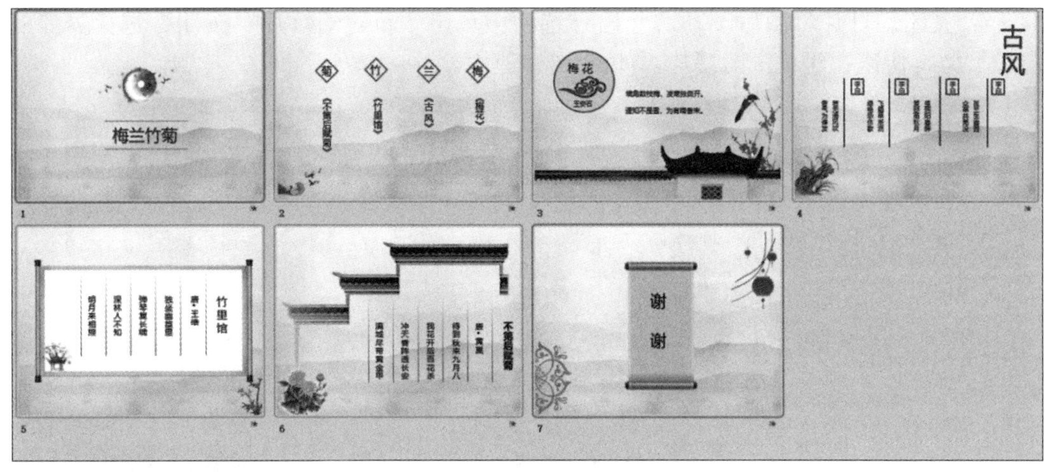

图 16-7 “梅兰竹菊”演示文稿效果图

制作“梅兰竹菊”演示文稿涉及新建与保存演示文稿、新建幻灯片、设置背景、输入与编辑文本、插入形状、插入图片、设置切换效果等操作。本例将从第 1 张幻灯片开始，依次完成所有幻灯片的制作，其具体操作如下。

1. 启动 WPS 2019，进入 WPS 演示工作界面，新建空白演示文稿，将其保存为“梅兰竹菊 .pptx”演示文稿文件。

2. 单击导航底部的“新建幻灯片”按钮，在打开的列表框中选择“空白演示”幻灯片选项。

3. 选中第 1 张幻灯片，在“视图”选项中单击“幻灯片母版”，在“插入”选项卡中单击“图片”下拉按钮，在打开的下拉列表中选择“本地图片”，在弹出的插入图片对话框中选中“图片 15.png”，如图 16-8 所示，单击“确定”按钮。

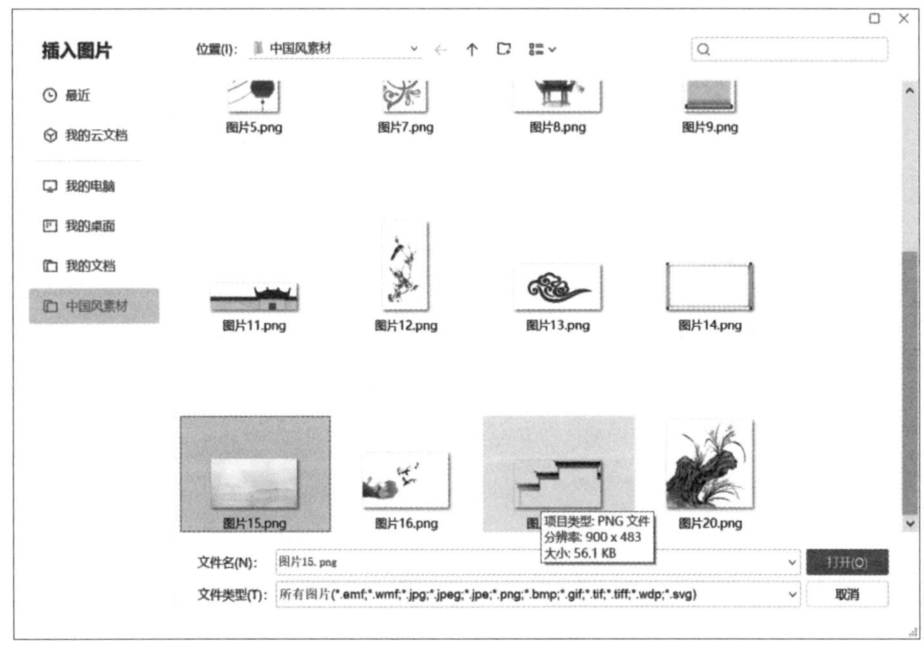

图 16-8 插入“图片 15.png”

4. 关闭幻灯片母版后，在“开始”选项中单击“新建幻灯片”按钮，选择需要的模板类型，快速新建 7 张幻灯片，如图 16-9 所示。

图 16-9　选择需要的模板类型

5. 选中第 1 张幻灯片，选择“插入”→“图片”→“本地图片”命令，选中“图片 1.png”和“图片 3.png”，单击打开，如图 16-10 所示。

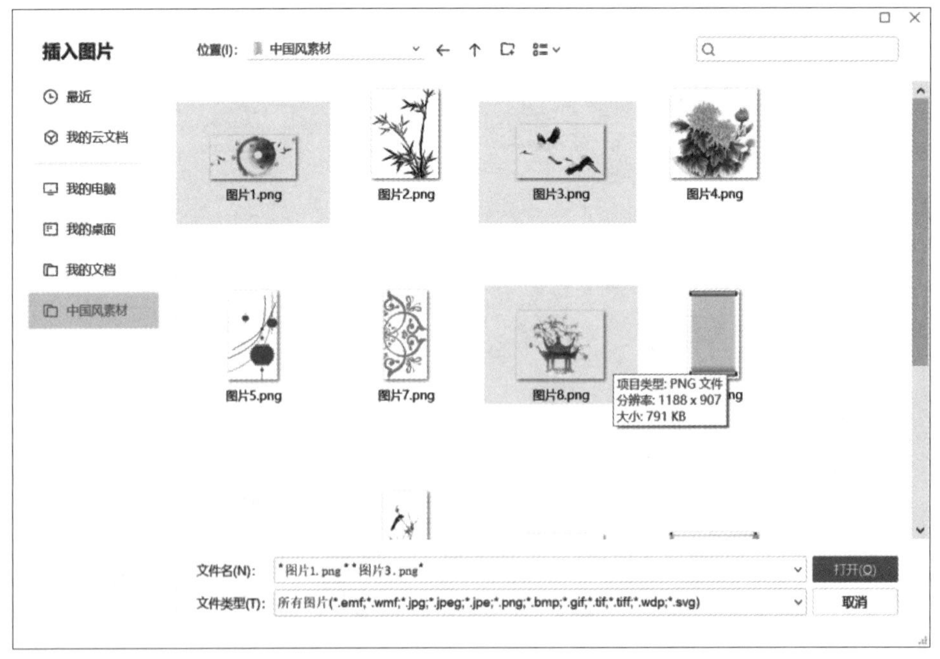

图 16-10　插入“图片 1.png”和“图片 3.png”

6. 将第 1 张幻灯片里插入的图片 1 居中放置，并且单击“图片工具”→“扣除背景”→“设置透明色”，去除图片 1 底色，即完成图片 1 的设置；选中图片 3，单击“动画”→“绘制自定义路径”→“直线”，从右至左画出合适长度的动画路径，如图 16-11 所示。

图 16-11　图片动画设置

7. 单击图片 3，打开“自定义动画”窗格，打开动画“计时”选项，“开始（S）：”，选择“之后”；“速度（E）：”选择“非常慢（5 秒）”，如图 16-12 所示。第 1 张幻灯片图片动画效果如图 16-13 所示。

图 16-12　动画计时设置

图 16-13　第 1 张幻灯片图片动画效果

8. 在第 2 张幻灯片中，绘制四个同等大小菱形，单击“插入”→“形状”→“基本形状”→“菱形”，边框设置为红色，填充为无色；在四个菱形里分别插入四个文本框，依次填入文字“梅”“兰”“竹”“菊”；菱形和添加的文字依次设置“动画”→“进入”→“轮子”；四个菱形下分别输入四首唐诗的诗名，动画设置为“擦除”；打开“自定义动画”窗格，依次对每个动画开始设置为“上个动画之后”，如图 16-14 所示。

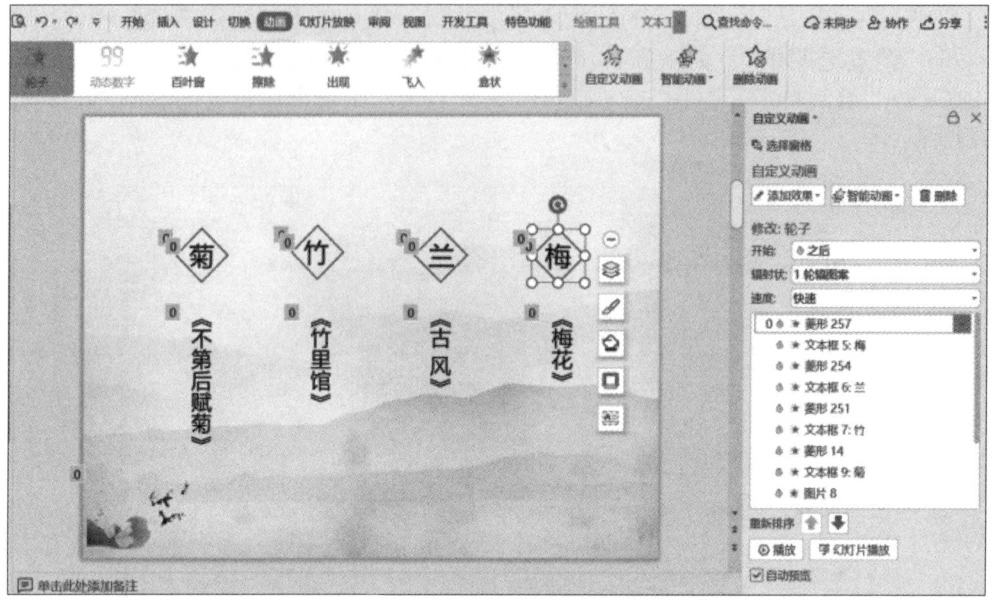

图 16-14　设置第 2 张幻灯片动画效果

9. 在第 3 页幻灯片中，插入本地图片（图片 11、图片 12、图片 13），图片 12 动画设置为“放大 / 缩小”，图片 11 动画设置为“缓慢进入”，图片 13 动画设置为“翻转由远及近”；绘制一个边框 RGB 分别为 127:96:0、填充 RGB 分别为 237:231:219 的圆形，动画设置为“渐变缩放”；插入“梅花”文本框，设置字体为微软雅黑、字号为 32，动画设置为“渐变缩放”；插入“王安石”文本框，设置字体为微软雅黑、字号为 18，动画设置为“出现”；幻灯片中间插入“墙角数枝梅，凌寒独自开。”“遥知不是雪，为有暗香来。”文本框，设置字体为微软雅黑、字号为 20，动画设置为“擦除”。打开“自定义动画”窗格，依次将动画计时开始设置为“上个动画之后”，如图 16-15 所示。

图 16-15　设置第 3 张幻灯片动画效果

10. 在第4张幻灯片中，插入图片20，放在幻灯片左下角，插入“古风”文本框，设置字体为微软雅黑、字号为72；从右至左依次插入矩形和竖直线，设置颜色RGB分别为“192:0:0”，矩形填充设置为“无色透明”，选中矩形，在右键快捷菜单中单击“编辑文字”，输入“李白”，动画设置为“擦除”；竖直线动画设置为“渐变”，左边输入诗句，动画设置为“随机线条”；打开“自定义动画”窗格，依次将其动画计时开始设置为“上个动画之后”，如图16-16所示。

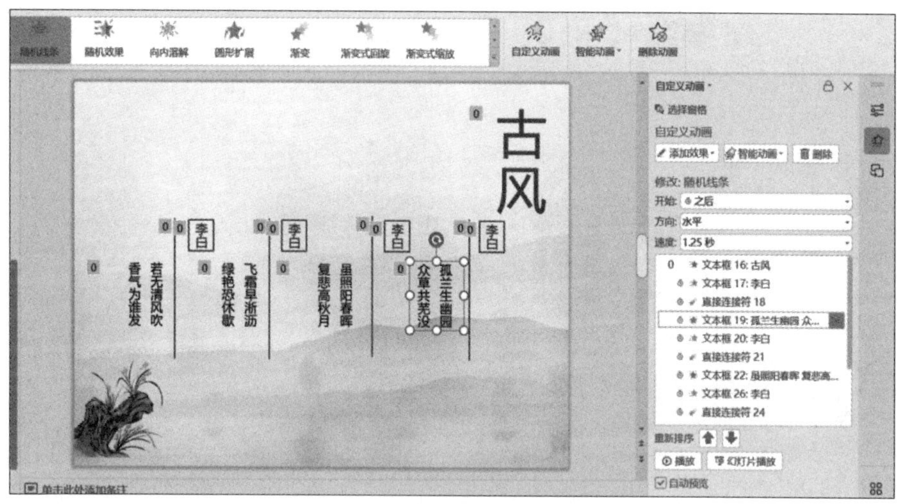

图16-16　设置第4张幻灯片动画效果

11. 在第5张幻灯片中，插入图片2、图8、图14；在图14中，插入6条竖直线，打开其“对象属性”窗格，将线条设置为“渐变线”，“渐变样式”选择“向下”，角度设置为90.0°，如图16-17所示。

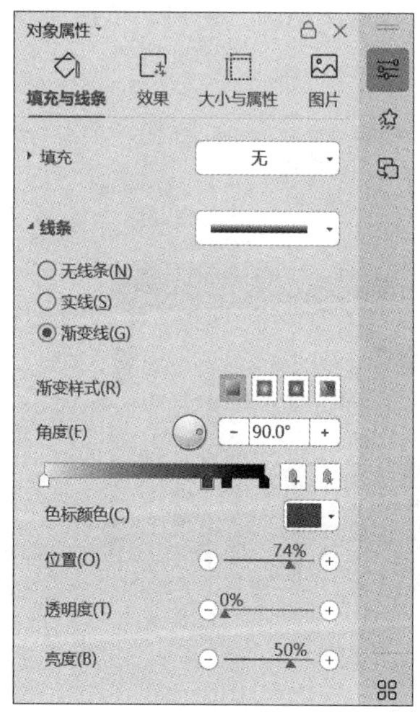

图16-17　竖直线属性设置

12. 在第 5 张幻灯片中，将图 14 动画设置为“劈裂”，插入的 6 条竖直线全部选中，单击右键，在弹出的快捷菜单中选择“组合”命令，动画设置为“渐变”；插入文本框，输入唐诗《竹里馆》诗句，设置字体为微软雅黑、字号为 24，对每一句诗句动画分别设置为“擦除”。打开“自定义动画”窗口，依次将其动画计时开始设置为“上个动画之后”，如图 16-18 所示。

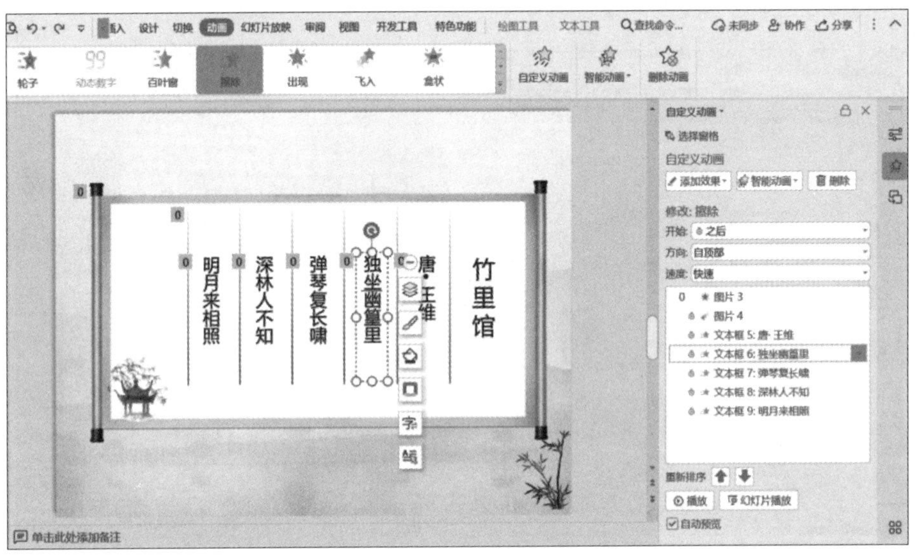

图 16-18　设置第 5 张幻灯片动画效果

13. 在第 6 张幻灯片中，插入图 4、图 19，图 19 动画设置为“升起”，与第 5 张幻灯片一样，插入 6 条竖直线，动画设置为“渐变”；输入唐诗《不第后赋菊》诗句，设置字体为微软雅黑、字号为 24，每一句诗句动画从右到左依次设置为“擦除”；图片 4 动画设置为“盒状”；打开“自定义动画”窗口，依次将其动画计时开始设置为“上个动画之后”，如图 16-19 所示。

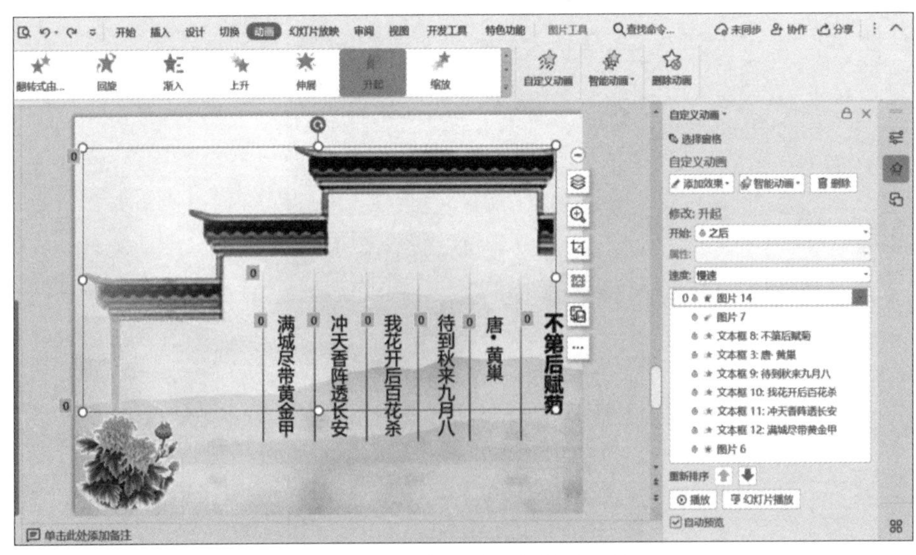

图 16-19　设置第 6 张幻灯片动画效果

14. 在第7张幻灯片中，插入图5、图7、图9。在图9中插入文本框并输入“谢谢”，设置字体为微软雅黑、字号为18；图9动画设置为“劈裂”，图5和图7动画均设置为“圆形扩展”，“谢谢”文本框动画设置为“飞入”；打开“自定义动画”窗口，依次将其动画计时开始设置为“上个动画之后”，如图16-20所示。

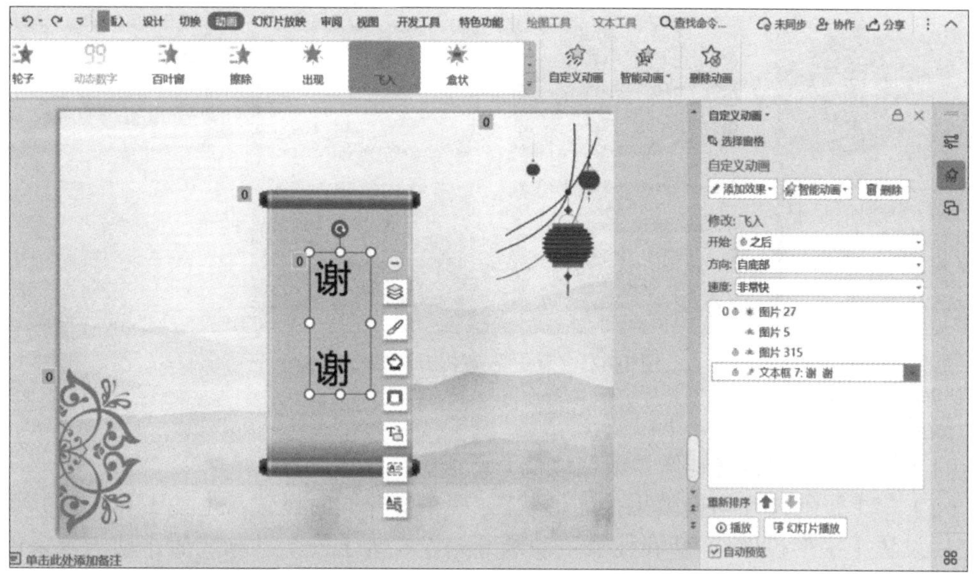

图16-20　设置第7张幻灯片动画效果

项目评价

项目名称	制作“梅兰竹菊”演示文稿		
职业技能	幻灯片切换及动画设置		
序号	知识点	评价标准	分数
1	幻灯片切换	能够正确设置每页幻灯片的切换样式、速度以及声音（15分）	
2	动画设置	能够对文字、图片进行动画设置（20分）	
3	动画叠加设置	能够正确处理插入的图片和文本框并对其进行动画叠加设置（15分）	
4	排练计时	能够设置每页幻灯片的排练计时（10分）	
5	放映设置	能够设置幻灯片放映类型、选项和方式（10分）	
6	幻灯片导出	能够将幻灯片导出为PDF、图片等文档（10分）	
7	学习态度	能够主动学习并且态度端正、拥有一定解决问题的能力（10分）	
8	创新能力	具备合作能力、创新意识以及打破常规思维（10分）	

项目提升

为了加强学生对幻灯片动画设置的练习，按项目要求可完成动画设置提升项目，提升项目完成效果如图 16-21 所示。

图 16-21　动画设置提升项目效果

提升项目的项目要求如下。

（1）利用所给的素材制作“新春佳节”母版；

（2）第 1 张幻灯片切换效果为“形状”，两个灯笼同时设置从上往下飞入，并且动作之后设置十字形扩展；“新春佳节”动画开始设置为上一个动画之后，动画效果设置为“出现”。

（3）第 2 张幻灯片切换效果为“轮辐”，将 4 组进行组合，动画设置为从下往上飞入。

（4）第 3 张幻灯片切换效果为“线条”，“节日起源”动画设置为强调中的“放大 / 缩小”，缺角矩形动画设置为“扇形展开”，文字动画设置为“出现”，动画开始依次设置为上个动画之后。

（5）第 4 张幻灯片切换效果为“分割”，“民间习俗”动画设置为强调中的“放大 / 缩小”，红色边框动画设置为“棋盘”，“放鞭炮”等文字动画从右往左依次设置为“阶梯状”，动画开始依次设置为上个动画之后。

（6）第 5 张幻灯片切换效果为“擦除”，“春节活动”动画设置为强调中的“放大 / 缩小”，红色“田”字框动画设置为“渐变缩放”，“年忙”等文字动画按时间顺序均设置为“圆形扩展”，动画开始依次设置为上个动画之后。

（7）第 6 张幻灯片切换效果为“梳理”，“相关文化”动画设置为强调中的“放大 / 缩小”，两个矩形和里面的文字进行组合，其动画均设置为“展开”，动画开始依次设置为上个动画之后。

（8）第 7 张幻灯片切换效果为“抽出”，两个灯笼动画设置为“盒状”，“谢谢观看”动画设置为“切入”，动画开始依次设置为上个动画之后。

模块小结

本模块主要包含两大模块，通过“走进北京冬奥会”演示文稿的设计及排版、“梅兰竹菊”演示文稿制作，让读者循序渐进地掌握 WPS 演示文稿创建、保存与关闭，幻灯片的操作和设计，母版设计，动画设计，切换效果设置，放映方式设计等操作技能。

理论测试

1. 演示文稿存储以后，默认的文件扩展名是（　　）。

A. PPTX　　B. EXE　　C. BAT　　D. BMP

2. 在空白幻灯片中不可以直接插入（　　）。

A. 文本框　　B. 文字　　C. 艺术字　　D. Word 表格

3. 在演示文稿中，要想同时查看多张幻灯片，最好选择（　　）。

A. 幻灯片浏览视图　　B. 幻灯片放映视图

C. 普图　　D. 备注页视图

4. 在“自定义动画”窗格中，为对象“添加效果”时，不包括（　　）。

A. 进入　　B. 退出　　C. 强调　　D. 切换

5. 按（　　）键可以放映演示文稿。

A. F3　　B. F4　　C. F5　　D. F6

6. 要使演示文稿在放映时能自动播放，需要为其设置（　　）。

A. 动画效果　　B. 自定义放映　　C. 排练计时　　D. 切换效果

7. 在演示文稿中，浏览视图下，按住 Ctrl 键并拖曳某幻灯片，可以完成（　　）操作。

A. 复制幻灯片　　B. 移动幻灯片　　C. 删除幻灯片　　D. 选定幻灯片

8. 在幻灯片浏览视图中不可以进行的操作是（　　）。

A. 删除幻灯片　　B. 编辑幻灯片内容

C. 移动幻灯片　　D. 设置幻灯片放映方式

9. 当演示文稿设置为以展台浏览方式自动播放时，幻灯片放映完毕后会循环自动重播，直到按（　　）键为止。

A. BackSpace　　B. Delete　　C. Esc　　D. Enter

技能测试

周倩是一名高职院校的大一年级学生，教授现代信息技术课程的老师布置了一个作业，内容为依据模块一中所学内容通过使用演示文稿来做个总结报告。

具体要求如下。

1. 使文稿包含 7 张幻灯片，设计第 1 张为“标题幻灯片”版式、第 2 张为“仅标题”版式、第 3 张到第 6 张为“两栏内容”版式、第 7 张为“空白”版式；所有幻灯片统一设置背景样式，要求有预设颜色。

2. 第 1 张幻灯片标题为“计算机发展简史”，副标题为“计算机发展的四个阶段”；第 2 张幻灯片标题为“计算机发展的四个阶段”；在标题下面空白处插入 SmartArt 图形，要求含有 4 个文本框，在每个文本框中依次输入“第一代计算机”，……，“第四代计算机”，更改图形颜色，适当调整字体和字号。

3. 第 3 张到第 6 张幻灯片，标题内容分别为素材中各段的标题；左侧内容为各段的文字介绍，添加项目符号，右侧内容为“考生”文件夹下存放相对应的图片；第 6 张幻灯片需插入两张图片（“第四代计算机 -1.JPG”在上，“第四代计算机 -2.JPG”在下）；在第 7 张幻灯片中插入艺术字，内容为“谢谢！”。

4. 为第 1 张幻灯片的副标题、第 3 到第 6 张幻灯片的图片设置动画效果；第 2 张幻灯片的 4 个文本框超链接到相应内容幻灯片；为所有幻灯片设置切换效果。

自主创新综合实践项目

大学生活是那么的美好和令人向往，它不仅是知识的海洋，还是梦想的开始。引导同学们在名为“我的大学生活”主题班会活动中分享各自的大学生活。“我的大学生活”主题包含：我的学校、我的世界、我的梦想三个方面。请根据以上要求，利用 WPS 演示设计一份演示文稿，在主题班会分享的时候帮助同学们更好地演讲。为了提高班会的趣味性，要求演示文稿主题鲜明、美观生动。

模块六

计算机网络技术及应用

模块概要

当下，网络已经成为人们生活中必不可少的工具，计算机网络的广泛使用，改变了传统意义上时间和空间的概念，对社会的各个领域，包括对人们的生活方式产生了革命性的影响，促进了社会信息化的发展进程。计算机网络在信息的采集、存储、处理、传输和分发中的各环节中均扮演了极其重要的角色。

本模块通过 4 个网络应用项目的实操让学生了解计算机网络及应用，掌握搜索主题信息、保存网页信息、发送电子邮件等计算机网络相关知识和操作技能。

学习目标

知识目标	职业技能目标	思政素养目标
1. 了解网络的基本概念和基本组成； 2. 了解网络的分类、拓扑结构； 3. 了解因特网的发展和协议； 4. 了解 ipv4 地址和 ipv6 地址； 5. 了解局域网接入互联网的方式； 6. 掌握信息检索的方法与技巧； 7. 掌握网页信息的下载方法； 8. 熟悉电子邮箱的组成和使用方法	1. 能够将局域网通过有线或无线的方式接入互联网； 2. 能够识别不同网络的网络类型； 3. 能够设置网络的 IP 地址； 4. 能够使用检索方法快速检索有效网络信息； 5. 能够保存网页信息； 6. 能够发送电子邮件	1. 了解网络强国的国家战略，培养民族自信心，激发学生爱国情怀； 2. 增强信息安全意识； 3. 增强团队协作能力； 4. 培养思考探究的学习精神和做笔记的学习习惯

项目 17　家庭网络接入互联网探究

项目概况

小李新买了一台台式电脑，准备放在家中用于学习、工作和娱乐。计算机已经安装好 Windows 10 操作系统，配置好软、硬件环境，现在需要让家里的台式电脑、手机等设备接入高速互联网，于是小李办理了联通宽带业务，准备将家庭网络接入因特网，同时打算在家中架设无线路由器以使家里的无线设备均能使用无线上网。

项目分析

该项目的实施，必须先了解计算机网络、Internet 的基本知识，掌握 TCP/IP 协议的配置方法，了解计算机网络的硬件和组网方法，然后才能将个人计算机正确地接入互联网。

项目必知

任务 17.1　了解计算机网络基础知识

17.1.1　计算机网络概念和发展

1. 计算机网络的概念

计算机网络是将地理上分散且具有独立功能的多台计算机及其外部设备通过通信设备及传输媒体连接起来，在网络操作系统、网络管理软件及网络通信协议的管理和协调下，实现资源共享、信息交换或协同工作的计算机系统。简单地说，计算机网络就是通过电缆、电话线或无线通信将多台计算机相互连接起来的集合。

计算机网络有很多功能，其主要的功能有数据通信和资源共享、分布式处理、综合信息服务、提高计算机的可用性和可靠性。

2. 计算机网络的发展

计算机网络的发展可以归纳为如下四个阶段。

第一阶段，面向终端的计算机网络：20 世纪 50 年代，由一台中央主机通过通信线路连接大量的地理上分散的终端，构成面向终端的计算机网络，所有终端共享主机提供的资源。

第二阶段，共享资源的计算机网络：1969 年由美国国防部研究组建的 ARPANET，是世界上第一个真正意义上实现共享资源的计算机网络。

第三阶段，标准化的计算机网络：1984 年由国际标准化组织（ISO）制定了一种统一的分层方案——OSI 模型，将网络体系结构分为 7 层。

第四阶段，全球化的计算机网络：随着 ARPANET 规模不断扩大，最终形成了世界

范围的互联网——internet，其基于的 TCP/IP 协议的 4 层分层模式一直沿用至今。

17.1.2　计算机网络的基本组成

微课 17-1

计算机网络的基本组成

从物理结构角度看，计算机网络由网络硬件系统和网络软件系统组成，硬件对网络的性能起决定性的作用，是网络运行的实体；而网络软件则是支持网络运行、挖掘网络潜力的工具。网络硬件系统主要包括三大部分：主体设备（计算机）、通信线路和网络连接设备；网络软件系统主要包括网络系统软件和网络应用软件两大类型。

1. 网络硬件系统

（1）主体设备：网络的主体设备主要分为中心站（服务器）和工作站（客户机）。中心站（服务器）是为网络提供共享资源的基本设备，工作站（客户机）是网络用户入网操作的节点。

（2）通信线路：通信线路是通信中实际传送信息的载体，在网络中是连接收发双方的物理通路，通信线路分为有线通信线路和无线通信线路。有线通信线路指的是传输介质及其介质连接部件，包括同轴电缆、双绞线、光纤等；无线通信线路是指无线电、微波、红外线和激光等线路。

（3）网络连接设备：网络连接设备包括集线器（hub）、中继器（repeater）、网卡（NIC）、网桥（bridge）、交换机（switch）、路由器（router）、调制解调器（modem）和网关（gateway）等其他的通信设备，网络连接设备外观及其重要用途见表 17-1。

表 17-1　网络连接设备外观及其重要用途

设备名称	设备外观	重要用途
中继器（repeater）		在 OSI 模型的物理层上实现信号放大和再生，用于拓扑结构相同的网络的互联
集线器（hub）		是多端口的中继器，主要提供信号放大和中转的功能，可作为多个网段的连接设备
网卡（NIC）		网卡通过总线与计算机设备接口相连，一般分为有线网卡和无线网卡
网桥（bridge）		用于连接两个局域网网段，工作在数据链路层，能够读取目标地址信息、分析帧地址字段，并决定是否向网络的其他段转发
交换机（switch）		可以为接入交换机的任意两个网络节点提供独享的电信号通路
路由器（router）		连接多个网络或网段的网络设备，在 OSI 模型的网络层上实现互连，它会根据信道的情况自动选择和设定路由，以最佳路径，按前后顺序发送信号

续　表

设备名称	设备外观	重要用途
调制解调器（modem）		通过电话拨号接入互联网的硬件设备，它的作用就是实现电话线上的模拟信号与计算机能够识别的数字信号进行互相转换
网关（gateway）		工作在 OSI 模型的 7 层协议的传输层以上。可以用于连接寻址机制完全不同、协议不兼容、结构不一样、数据格式不同的网络

2. 网络软件系统

网络软件系统包括网络系统软件和网络应用软件两大类型。网络系统软件是控制和管理网络运行、提供网络通信、分配和管理共享资源的网络软件，它包括网络操作系统软件（比如 Windows Server 系列、UNIX、Linux 等）、网络协议软件（如 TCP/IP 协议、NetBEUI 协议、IPX/SPX 协议等）、通信控制软件和管理软件等；网络应用软件是指为某一个应用目的而开发的网络软件（如远程教学软件、电子图书馆软件、Internet 信息服务软件等）。

17.1.3　计算机网络的分类

由于计算机网络应用的广泛性，随着网络技术研究的深入，使各种计算机网络相继建立和发展。计算机网络分类的标准很多，按照不同的标准有不同的分类。

微课 17-2

计算机网络的分类

1. 按网络的通信距离和作用范围划分

按照网络的通信距离和作用范围来分，计算机网络可分为广域网、局域网和城域网。局域网（local area network，LAN）是在小范围内将两台或多台计算机连接起来所构成的网络，一般限制在一个房间、一幢大楼或一个单位内；城域网（metropolitan area network，MAN）是介于广域网和局域网之间的网络，其传输距离通常为几千米到几十千米，覆盖范围通常是一座城市；广域网（wide area network，WAN）是覆盖范围从几十千米到几千千米甚至全球的网络，可以把众多的 LAN 连接起来，具有规模大、传输延迟大的特点，最广为人知的广域网就是因特网。

2. 按照数据传输方式划分

按照数据传输方式划分，计算机网络可分为广播式网络和点到点网络。广播式网络中的计算机或设备使用一个共享的通信介质进行数据传播，任一时间内只允许一个节点使用，网络中的所有节点都能收到任意节点发出的数据信息，比如以太网和令牌环网都属于广播式网。点到点网络又称对等式网络，该网络中的计算机或设备以点对点的方式进行数据传输，两个节点间可能有多条单独的链路，比如 ATM 所使用的专线和帧中继网都属于点对点网。

3. 按网络拓扑结构分

计算机或设备通过传输介质在计算机网络中形成的物理连接方式称为网络拓扑结构，按网络拓扑结构划分，计算机网络可分为总线型结构、星状结构、环状结构、树状结构、网状结构，网络拓扑结构介绍及其优缺点对比见表 17-2。

表 17-2 网络拓扑结构介绍及其优缺点对比

名称	示意图	结 构	优 点	缺 点
总线型		各节点都通过总线进行通信，在同一时刻只允许一个节点占用总线通信	结构简单、可靠性高、布线容易，对站点扩充和删除容易	总线任务重，易产生瓶颈问题
星状		各节点都与中心节点连接，呈辐射状排列在中心节点周围，网络中任意两个节点的通信都要通过中心节点转接	通信协议简单，对外部站点要求不高，单个节点故障不影响全网点	电路利用率低，连接费用大，网络性能依赖中央节点，每个站点需要有一个专用链路
环状		各结点首尾相连形成一个闭合的环，环中的数据沿着一个方向绕环逐站传输	传输速率高、传输距离远；各节点的地位和作用相同，各节点传输信息的时间固定，容易实现分布式控制	任意一个节点或一条传输介质出现故障都将导致整个网络的故障
树状		最上端的节点叫根结点，一个结点发送信息时，根节点接收该信息并向全树发送	通信线路连接简单，网络管理软件不复杂，维护方便	资源共享能力差，可靠性低
网状		没有严格的布线规定和构型，节点之间有多条线路可供选择，当某一线路或节点出现故障时，不会影响整个网络的运行	可靠性高，资源共享方便	通信线路长，硬件成本较高

4. 按网络的通信介质（媒体）划分

按网络的通信介质（媒体）划分，计算机网络可分为有线网和无线网。有线网是采用同轴电缆、双绞线或光纤等物理介质传输数据的网络。无线网是采用微波、红外线或激光等无线介质传输数据的网络。

另外，按网络的应用范围和管理性质划分，计算机网络可分为公用网和专用网；按网络的交换功能划分，计算机网络可分为电路交换网、报文交换网、分组交换网和混合交换网等。

17.1.4 网络体系结构和网络协议

1. 计算机网络体系结构

计算机网络体系结构可以定义为网络协议的层次划分与各层协议的集合，同一层中的协议根据该层所要实现的功能来确定，各对等层之间的协议功能由相应的底层提供服务来实现，典型的网络体系结构有 OSI 模型和 TCP/IP 模型。

（1）OSI 模型

OSI（open systems interconnection，开放式系统互连）模型是由国际标准化组织（international organization for standardization，ISO）在 20 世纪 80 年代提出的，这个模

型将计算机网络通信协议分为 7 层，从下往上分别是物理层、数据链路层、网络层、传输层、会话层、表示层和应用层。每一层均有自己的一套功能集，并与紧邻的上层和下层交互作用。在 OSI 模型的顶端，应用层与用户使用的软件（如文字处理程序或电子表格程序）进行交互。在 OSI 模型的底端，是携带信号的网络电缆和连接器。总的来说，在 OSI 模型的顶端与底端之间的每一层均能确保数据以一种可读、无错、排序正确的格式被收发，OSI 七层模型如图 17-1 所示。

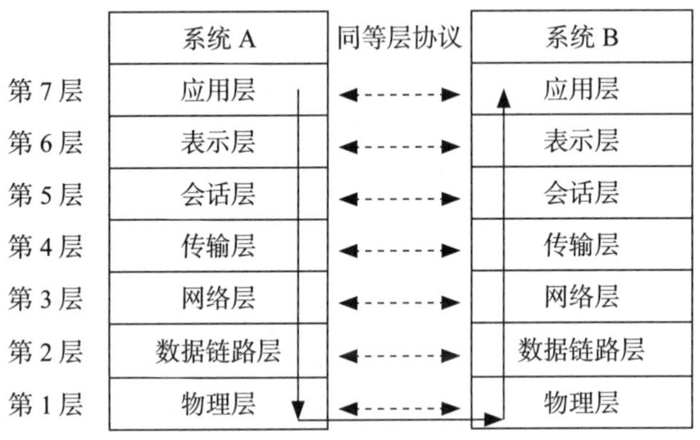

图 17-1　OSI 七层模型

若主机 A 要发送数据给主机 B，则数据将由主机 A 的应用层向下传递，在传递过程中逐层添加协议包装，最后通过物理层的网络电缆将数据传送出去。而主机 B 在接收数据时，则是由物理层向上传递，在传递过程中逐层去掉协议包装，最后在应用层获取到的是与主机 A 应用层发送出来的完全相同的数据。

（2）TCP/IP 模型

TCP/IP 模型最早起源于 ARPANET，ARPANET 发展成为 Internet 后，不断完善 TCP/IP 模型，使得 TCP/IP 模型成为 Internet 网络体系结构的核心。TCP/IP 模型具有 4 层体系结构，即网络接口层、网络层（IP 层）、传输层（TCP 层）和应用层，OSI 模型和 TCP/IP 模型的对应关系如图 17-2 所示。

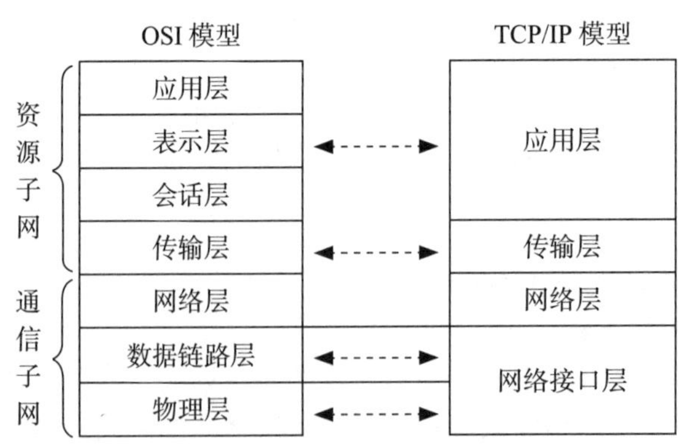

图 17-2　OSI 模型与 TCP/IP 模型的对应关系

TCP/IP 模型中四层功能具体包括以下内容。

① 网络接口层：网络接口层的作用是传输经网际层处理过的信息，并提供一个主

机与实际网络的接口。

② 网络层：网络层负责将源主机的分组发往任何网络，并使各分组独立地传向目的地，采用数据包方式的信息传送，其功能和 OSI 模型中的网络层功能近似。

③ 传输层：传输层为应用程序提供端到端通信功能，和 OSI 模型中的传输层功能近似。

④ 应用层：应用层包含所有的高层协议，为用户提供所需要的各种服务，包括了 OSI 模型中会话层及以上层的所有功能，而且还包括了应用进程本身的功能。

2. 网络协议

在计算机网络中，为正确实现计算机之间的数据交换而制定一系列有关数据传输顺序、信息格式和信息内容等的规则、标准或约定，称为计算机网络协议。只有网络中的每个节点设备都遵守相同的规则、标准或约定才不会造成相互之间的“不理解”。在因特网中，通信协议包含 100 多个相互关联的协议，由于 TCP 和 IP 是其中两个核心的关键协议，故把因特网协议组称为 TCP/IP 协议，如图 17-3 所示为 TCP/IP 各协议层次及其对应的网络协议。

TCP/IP 协议层次	对应网络协议
应用层	HTTP、FTP、TFTP、SMTP、SNMP、DNS
传输层	TCP、UDP
网络层	IP、ICMP、IGMP、ARP、RARP
网络接口层	各通信子网固有的协议，如 IEEE 802.3、IEEE 802.5、X.25 等

图 17-3　TCP/IP 协议层次及其对应的网络协议

网络接口层中大多使用的协议是各通信子网固有的协议，如局域网 802.3 协议、令牌环网 802.5 协议、分组交换网 X.25 协议等；网络层重要的协议是 IP 协议，IP 协议可以使用广域网或局域网技术，以及高速网和低速网、无线网和有线网、光纤网等几乎所有类型的计算机通信技术；传输层有两个重要协议，即传输控制协议（TCP）和用户数据报协议（UDP）；应用层包含了所有的高层协议，随着计算机网络技术的发展，还不断有新协议的加入。

TCP/IP 协议中两个核心协议：传输控制协议（transmission control protocol，TCP）和网际协议（internet protocol，IP）。TCP 是面向连接的传输控制协议，提供的是面向连接的流传输；IP 是网际协议，规定了在网络上进行数据传输时应遵循的规则等。

任务 17.2　认识 Internet

17.2.1　Internet 基础知识

Internet 起源于美国国防部高级计划研究局的阿帕网（ARPANET），ARPANET 也是美苏冷战的产物。Internet 最初的宗旨是用来支持教育和科研活动，但是随着 Internet 规模的扩大，应用服务的发展，以及市场全球化需求的增长，因特网趋于成熟，开始步入实际应用阶段，现在已成为一个全球性的网络。

17.2.2　Internet 中的基本概念

1. IP 地址

微课 17-3
IPv4 地址的分类和组成

（1）IPv4 地址

TCP/IP 协议要求 Internet 中的每台主机和设备拥有唯一的地址，它是一个 32 位的二进制数字，称为 IP 地址。现在广泛使用的 IPv4 地址即网际协议的第 4 个修订版本。例如，二进制数字 11000000000000000000000000000010 便是 IP 地址。为了便于记忆和读写，将该二进制数字每八位为一组分别转换成十进制数，中间使用符号“.”隔开。于是，该 IP 地址可表示为“192.0.0.2”，称为“点分十进制”表示法。

根据网络规模和应用领域不同，IP 地址分为 A、B、C、D、E 五类，其中常用的是 B、C 两类。IP 地址的详细结构如图 17-4 所示，注意 IP 地址中最后一组数字范围一般用 1 ~ 254，0 和 255 有特殊用途。IP 地址由两部分组成，前面网络号，后面为主机号。同一个物理网络上的所有主机都使用同一个网络身份标识号码（ID），网络上的每一个主机都有一个主机 ID 与其对应。

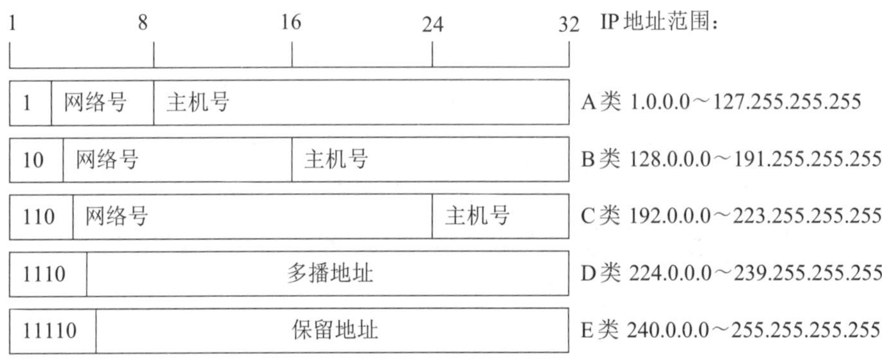

图 17-4　IP 地址的详细结构

① A 类 IP 地址：一个 A 类 IP 地址由 1 字节的网络地址和 3 字节的主机地址组成，网络地址的最高位必须是二进制 0。A 类 IP 地址的范围是 1.0.0.0—127.0.0.0，可用的 A 类网络有 127 个，每个网络能容纳 16 777 214 多个主机。因为 127 为回环测试地址，所以 A 类 IP 地址的实际范围是 1.0.0.0—126.0.0.0。

② B 类 IP 地址：一个 B 类 IP 地址由 2 字节的网络地址和 2 字节的主机地址组成，网络地址的最高位必须是二进制 10。B 类 IP 地址的范围是 128.0.0.0—191.255.255.255，可用的 B 类网络有 16 382 个，每个网络能容纳 6 万多个主机。因为 128.0.0.0 和 191.255.0.0 为保留 IP，所以 B 类 IP 地址的实际范围是 128.1.0.0—191.254.0.0。

③ C 类 IP 地址：一个 C 类 IP 地址由 3 字节的网络地址和 1 字节的主机地址组成，网络地址的最高位必须是二进制 110。C 类 IP 地址的范围是 192.0.0.0—223.255.255.255，可用的 C 类网络有 2 097 150 个，每个网络能容纳 254 个主机。因为 192.0.0.0 和 223.255.255.0 为保留 IP，所以 C 类地址的实际范围是 192.0.1.0—223.255.254.0。

④ D 类 IP 地址：用于多点广播。D 类 IP 地址第一个字节以二进制 1110 开始。它是一个专门保留的地址，并不指向特定的网络，目前被用在多点广播（multicast）中。多点广播地址用来一次寻址一组计算机，能标识共享同一协议的一组计算机。

⑤ E 类 IP 地址：以二进制 11110 开始，为将来使用保留。

（2）IPv6 地址

IPv6 地址是未来代替 IPv4 地址的下一代互联网协议，采用 128 位二进制地址长度，用冒号将 128 位分割成 8 个 16 位的段，每段用 4 个十六进制数表示，例如 x:x:x:x:x:x:x:x，其中“x”是十六进制数。还有一种形式是一些 IPv6 地址可能包含一长串零位，为了便于以文本方式描述这种地址，制定了一种特殊的语法。“:”表示有多组 16 位零。“:”只能在一个地址中出现一次，用于压缩一个地址中的前导、末尾或相邻的 16 位零。例如，fec0:1:0:0:0:0:0:1234 可以表示为 fec0:1::1234。

微课 17-4

子网掩码

2. 子网和子网掩码

在制定网络编码方案时，往往会遇到网络数量不够的问题，解决办法是将主机标识的部分地址作为子网编号，剩余的主机标识作为相应子网的主机标识部分。这样，IP 地址就划分为“网络–子网–主机”3 个部分。可以利用主机位的一位或几位将子网进一步划分，缩小主机的地址空间而获得一个范围较小的、实际的子网地址，这样更便于网络管理。

确定 IP 地址中哪个部分是子网地址，哪个部分是主机地址，需要采用子网掩码技术。子网掩码也是 32 位二进制数字，在子网掩码中，对应于网络地址部分用“1”表示，主机地址部分用“0”表示，也用点分十进制表示，作用是屏蔽 IP 地址的一部分，以达到区分网络地址和主机地址的目的。A、B、C 类地址网络标准的子网掩码地址分别为：255.0.0.0、255.255.0.0、255.255.255.0。将某台计算机 IP 地址与子网掩码进行按二进制位做“与”运算后，得到的就是本计算机的网络地址，如果两台计算机的网络地址相同，则说明这两台计算机是处于同一个子网的，可以进行直接通信。例如某台电脑的 IP 地址为 102.2.3.3，子网掩码为 255.0.0.0，将这两个地址进行按二进制位做“与”运算的结果就是 102.0.0.0，即 102.0.0.0 为本计算机所在的网络地址。

微课 17-5

域名系统

3. 域名和域名的解析

Internet 按照与 IP 地址一一对应的原则，提供了一种面向用户的字符型主机命名机制，这就是域名系统。一个主机域名由若干个不同层次的子域名构成，它们之间用英文的圆点“.”隔开，并采用“计算机主机名 . 机构名 . 二级域名 . 顶级域名”的形式来表示，用以标识 Internet 中某一台计算机的名称。例如，www.sina.com.cn 就是指中国（cn）商业机构（com）新浪（sina）的 Web 服务器（www）。

（1）顶级域名

Internet 的域名系统采用的是典型的层次结构。域名系统将整个 Internet 划分为多个顶级域，并为每个顶级域规定了通用的顶级域名，Internet 主要通用顶级域名及其代表含义见表 17-3，重要国家（地区）通用域名见表 17-4。

表 17-3　Internet 主要通用顶级域名及其代表含义

顶级域名	代表含义	顶级域名	代表含义
edu	教育机构	int	国际组织
com	商业类	net	主要网络支持中心
gov	政府部门	org	上述以外的组织
mil	军事类	cn	中国，代表国家（地区）
org	非营利组织	web	与 www 有关的单位

表 17-4　重要国家（地区）通用域名

域名	国家（地区）	域名	国家（地区）	域名	国家（地区）	域名	国家（地区）
cn	中国	de	德国	ch	瑞士	in	印度
mo	中国澳门	ie	爱尔兰	uk	英国	il	以色列
hk	中国香港	it	意大利	at	奥地利	jp	日本
au	澳大利亚	nl	荷兰	ca	加拿大	no	挪威
be	比利时	ru	俄罗斯	dk	丹麦	us	美国
fi	芬兰	es	西班牙	fr	法国	kr	韩国

（2）域名的层次结构

各个国家（地区）网络信息中心（network information center，NIC）将顶级域的管理权授予指定的管理机构，各个管理机构再为它们所管理的域分配二级域名，并将二级域名的管理权授予其下属的管理机构，如此层层细分，就形成了 Internet 层次状的域名结构，如图 17-5 所示。

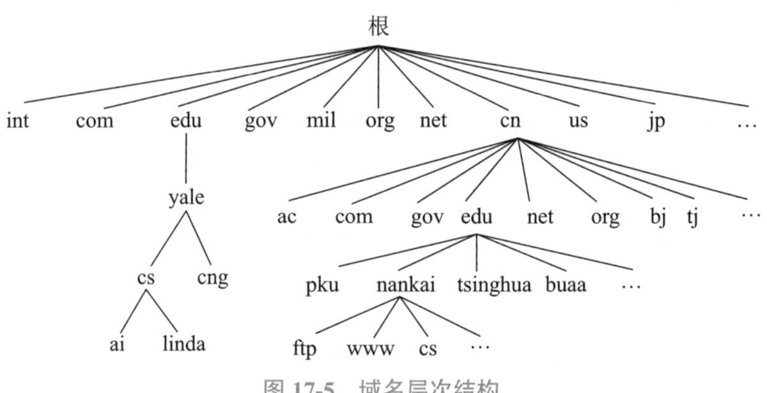

图 17-5　域名层次结构

4. MAC 地址

MAC 地址也叫物理地址、硬件地址，通常是由网卡生产厂家“烧入”网卡的 EPROM（erasable programmable read-only memory，可擦除可编程只读存储器）。MAC 地址用于在网络中唯一标示一个网卡。MAC 地址在计算机里是以 48 位（6 个字节）二进制数表示，其中前 3 个字节，代表网络硬件制造商的编号，而后 3 个字节代表该制造商所制造的某个网络产品（如网卡）的系列号。MAC 地址通常以 12 个 16 进制数表示，如 00-16-EA-AE-3C-40，只要不更改自己的 MAC 地址，MAC 地址在世界上是唯一的。

17.2.3　Internet 接入方式与主要服务

1. Internet 的接入方式

目前可供选择的 Internet 的接入方式主要有 PSTN、ISDN、ADSL、VDSL、cable modem、DDN、LAN、PON 和 LMDS 等 9 种，它们各有各的优缺点，下面介绍一下常见的几种接入方式。

（1）PSTN（public switched telephone network，公用电话交换网）：为普通 Modem

拨号接入方式，通过调制解调器拨号实现用户接入的方式。只要家里有计算机，把电话线接入调制解调器（Modem），俗称“猫”，就可以拨号上网。

（2）ADSL（asymmetric digital subscriber line，非对称数字用户线路）：为虚拟拨号接入方式，是一种能够通过普通电话线提供宽带数据业务的技术。单位用户或者家庭用户都可以申请使用，Windows 操作系统提供了用户通过 ADSL 连接网络的方法。

（3）光纤接入（PON）：是一种点对多点的光纤传输和接入技术，下行采用广播方式，上行采用时分多址方式，可以灵活地组成树状、星状、总线型等网络拓扑结构，在光分支点不需要节点设备，只需要安装一个简单的光分支器即可。

（4）LAN（local area network，局域网）：利用以太网技术，采用光缆＋双绞线的方式进行综合布线。采用 LAN 方式接入可以充分利用局域网的资源优势，如果用户是通过 LAN 接入 Internet，则不需要调制解调器和电话线路，而是需要一个网卡和网络连接线，通过集线器或交换机经路由器接入 Internet，这种方式实际上是将局域网作为一个子网接入 Internet。

（5）ISDN（integrated services digital network，综合业务数字网）：俗称“一线通”，采用数字传输和数字交换技术，用户利用一条 ISDN 线路，可以在上网的同时拨打电话、收发传真，就像使用了两条电话线一样。

（6）cable modem（线缆调制解调器）：用于有线网络，是一种超高速 Modem，允许用户通过有线电视网进行高速数据接入的设备，但是 Cable Modem 的工作方式是共享带宽的，所以有可能在某个时间段出现速率下降的情况。

2. Internet 的主要服务

Internet 之所以发展如此迅速，是因为 Internet 能以非常直观的形式向不同用户提供服务。Internet 提供的信息服务主要有 WWW 信息浏览服务、DNS 域名系统服务、e-mail 电子邮件服务、FTP 文件传输服务、Telnet 远程登录服务、网络论坛和博客、网上即时通信和 BBS 电子公告牌等。

项目实施

1. 选择接入方式

用户设备要接入因特网一般通过 Internet 服务提供商（ISP）来实现。我国主要的 Internet 服务提供商有中国电信、中国移动、中国联通等。小李办理的联通宽带接入互联网的方式是光纤到户（fibre to the home，FTTH）。光纤到户，是指光纤铺设至用户家、光猫放置在用户家中的接入方式。

小李选择的是中国联通的 100 Mb/s 光纤到户，宽带账号为 XXXXXXXXXXX，宽带初始密码为 XXXXXX，当地联通宽带主 DNS 服务器的 IP 地址为 221.7.92.98。

2. 组网布线

小李家庭网络中主要有光猫（由联通公司免费提供）、路由器等网络设备。通常光猫由 ISP 提供，路由器由自己购买。光猫通过光纤接入互联网，路由器 WAN 口通过网线与光猫 LAN 接口相连，台式电脑、电视、打印机等设备的网口通过网线与路由器 LAN 口相连，笔记本电脑、平板等设备可通过 Wi-Fi 信号与无线路由器相连，光猫组网结构如图 17-6 所示。

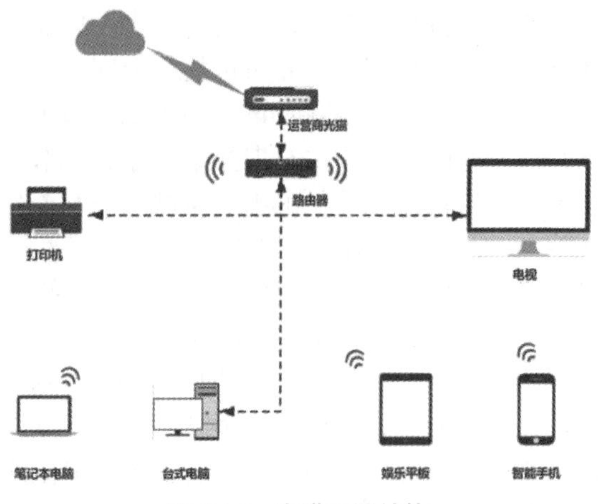

图 17-6　光猫组网结构

3. 登录联通光猫设置宽带

（1）首先打开浏览器，输入光猫后台地址：192.168.1.1，后台地址一般可以在光猫终端背面查看。

（2）输入地址后跳转到联通网络控制终端首页，输入 ISP 提供的用户账号、密码进行登录，如图 17-7 所示。

（3）登录联通网络控制终端的首页，如图 17-8 所示，选择“网络菜单”进入网络设置页面，进行上网参数的设置。

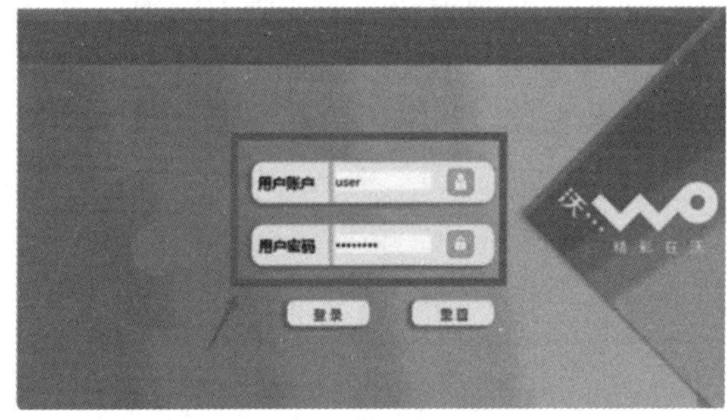

图 17-7　输入 ISP 提供的账号和密码

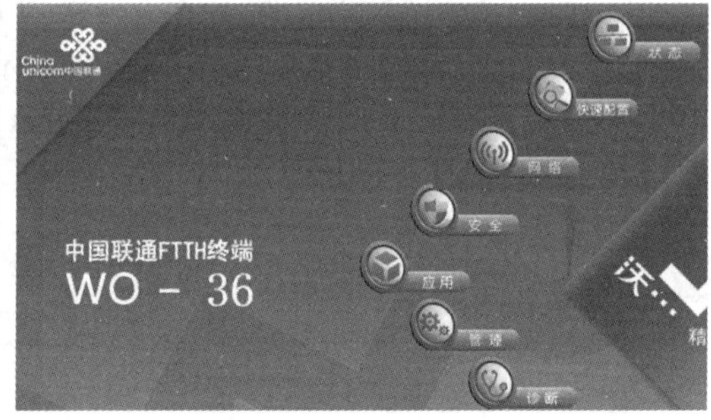

图 17-8　联通网络控制终端首页

（4）在联通网络控制终端页面点击“网络”→“宽带配置”→“宽带上网账号设置”，进入宽带配置界面，如图 17-9 所示：

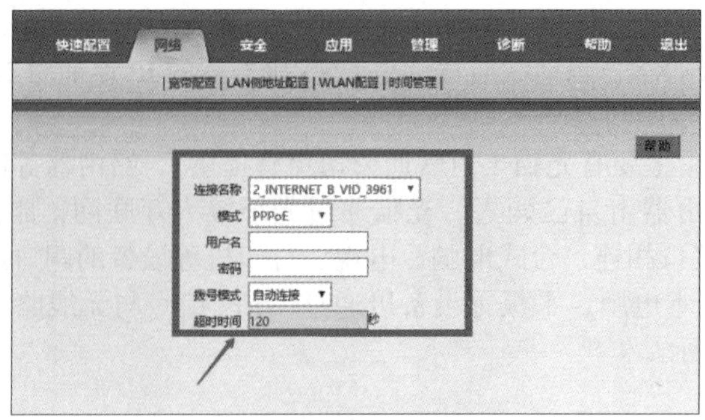

图 17-9　宽带配置界面

通常，登录联通光猫设置宽带由联通公司专业人员来设置，不允许用户私自设置。

4. 进行无线路由器的设置

（1）设置好光猫后，启动无线路由器电源，打开浏览器，在地址栏输入 192.168.0.1（这个地址一般贴在无线路由器背面或说明书里，不同的路由器可能不一样），跳转到无线路由器登录界面。

如果不知道路由器的初始密码，可以通过长按路由器“RESET”小孔恢复出厂设置，然后在无线路由器创建管理员密码界面手动设置路由器的管理员密码，如图 17-10 所示。（路由器默认的账号、密码同样参见无线路由器背面贴纸或说明书，注意这里不是宽带的登录账号、密码）。

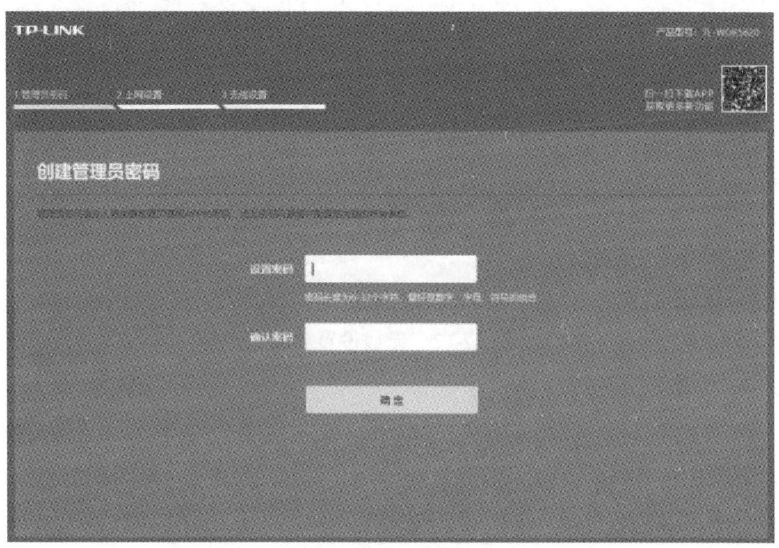

图 17-10　无线路由器创建管理员密码界面

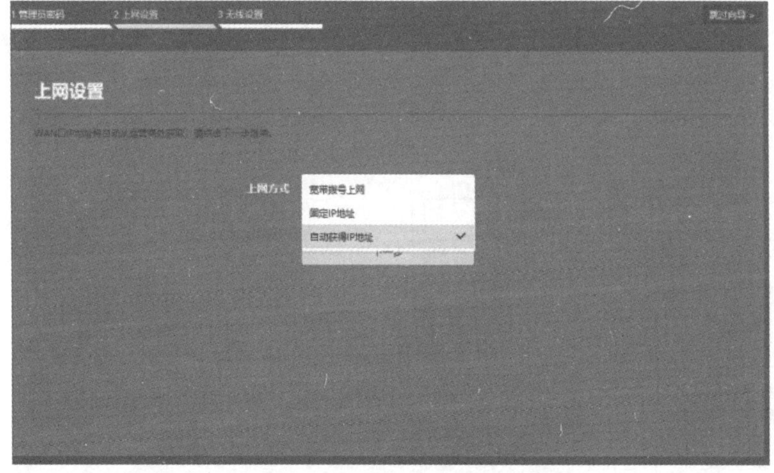

图 17-11　上网方式选择界面

（2）进入无线路由器界面，选择上网方式为“宽带拨号上网”，如图 17-11，填写宽带账号、密码后点击“确定”。

（3）进入无线设置界面，设置无线 Wi-Fi 名称与无线 Wi-Fi 密码后点击“确定”，如图 17-12 所示，无线设置完成。

图 17-12　无线设置界面

5. 将笔记本电脑连接到无线网络

启动笔记本电脑，单击任务栏右下角的“网络”图标，在打开的对话框中选择已设置的 Wi-Fi 名称，再在下方“输入网络安全密钥”文本框中输入无线网络登录密码，如图 17-13 所示，然后单击“下一步”进行连接。

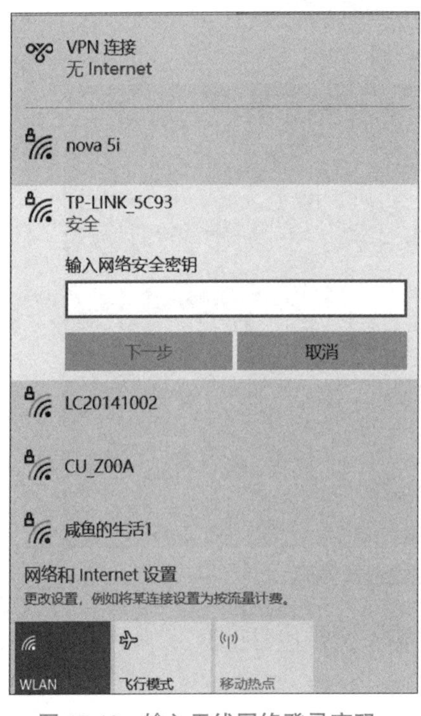

图 17-13　输入无线网络登录密码

图 17-14　移动设备连接到无线网络

6. 将移动设备连接到网络

打开手机，单击“设置”图标，选择“WLAN”选项，开启 WLAN，选择设置的无线网络，输入登录密码，验证身份，完成移动设备与无线网络连接，如图 17-14 所示。

7. 查看本机 IP 地址等信息

在计算机开始菜单的“运行”或“搜索栏”输入“cmd”，打开命令提示符窗口，在光标闪烁处输入“ipconfig/all”指令，然后回车，本机 IP 地址等信息的查看结果如图 17-15 所示。

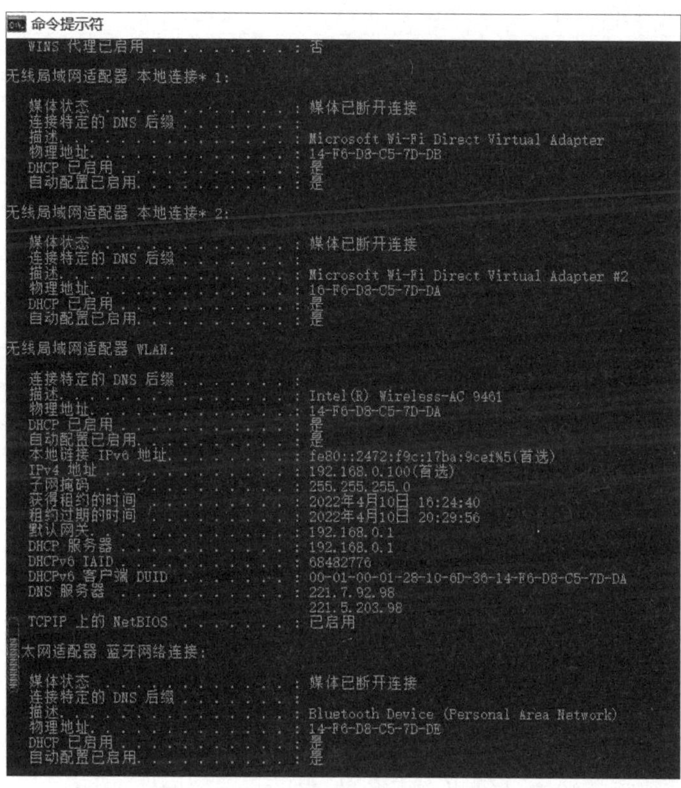

图 17-15　本机 IP 地址等信息的查看结果

项目评价

项目名称	家庭网络接入互联网探究		
职业技能	能正确配置网络，使设备接入互联网		
序号	知识点	评价标准	分数
1	计算机网络概述	了解计算机网络概念、发展、分类。（5 分）	
2	计算机网络功能及应用	熟悉计算机网络的基本功能和应用。（10 分）	
3	计算机网络组成	掌握计算机网络的基本组成。（10 分）	
4	Internet 历史	了解 Internet 的发展历程。（5 分）	

续　表

项目名称	家庭网络接入互联网探究		
职业技能	能正确配置网络，使设备接入互联网		
序号	知识点	评价标准	分数
5	Internet 相关概念	掌握 TCP/IP 协议、IP 地址、子网掩码以及域名。（20 分）	
6	Internet 的接入	了解 Internet 的接入方式和服务。（10 分）	
7	路由器的配置	掌握无线路由器、IP 地址的配置。（10 分）	
8	组网布线	掌握局域网的搭建（10 分）	
9	创新能力	具备创新意识，勇于探索，主动寻求创新方法和创新表达（10 分）	
10	学习态度	学习态度端正，主动解决问题，积极帮助别人（10 分）	

项目提升

1. 提升项目的项目要求

使用无线路由器及笔记本电脑接入校园网。

2. 实施步骤

（1）准备好无线路由器，插上校园网提供的局域网网线，接通电源，在笔记本电脑上打开浏览器，在地址栏中输入“http://192.168.1.1”（以具体型号的路由器说明为准）并按 Enter 键，打开路由器的登录界面。

（2）输入登录账号和密码（默认为账号、密码一般均为 admin），单击“登录”按钮进入操作界面。

（3）单击设置向导，进入无线路由器设置向导界面，设置上网方式、无线 SSID 以及无线安全选项等，单击“下一步”按钮完成路由的设置。

（4）设置完成后，单击计算机右下角的“Internet 访问”图标，选择路由中设置的账号，输入密码连接即可。

项目 18　冬奥会主题信息检索

项目概况

信息检索是人们查询和获取信息的主要方式，是查找信息的方法和手段，是信息化

时代人应具备的基本的信息素养之一。掌握网络信息的高效检索方法，是现代信息社会对高素质技术技能人才的基本要求。

小王毕业后应聘到一家企业的新媒体运营岗位，负责撰写公众号文章，发布最新的公司信息、行业信息和产品信息，用于宣传品牌信息，以此来让读者获取信息。因此，小王需要经常围绕某个主题在网上检索信息。小王发现网上的信息同质化程度很高，经常是同样的消息浪费了很多时间，有效信息却不多，小王迫切的想知道有没有提高检索效率的方法。本项目的任务就是要详细讲解信息检索的方法步骤和技巧，并帮助小王搜集 2022 年在北京举办的冬奥会主题信息，包括小王关心的奥运会比赛项目相关信息。

项目分析

围绕某个主题检索信息，是常见的检索需求，查找信息需要确定找什么，去哪里找，怎么找的问题，也就是要了解信息检索及其基本流程，要掌握常用搜索引擎的搜索方法，常见社交媒体检索，常用论文、专利、商标专用平台检索。

项目必知

任务 18.1　了解信息检索及其基本流程

18.1.1　信息检索

信息检索是用户进行信息查询和获取的主要方式，是查找信息的方法和手段。狭义的信息检索仅指信息查询，即用户根据需要，采用一定的方法，借助检索工具，从信息集合中找出所需要信息的查找过程；广义的信息检索是指将信息按一定的方式进行加工、整理、组织并存储起来，再根据用户特定的需求将相关信息准确的查找出来的过程。

微课 18-1

信息检索的基本流程

18.1.2　信息检索的基本流程

检索是一项实践性很强的活动，它要求我们善于思考，并通过不断的实践，逐步掌握检索的规律，从而迅速、准确地获得所需信息。一般来说，信息检索的步骤如图 18-1 所示。

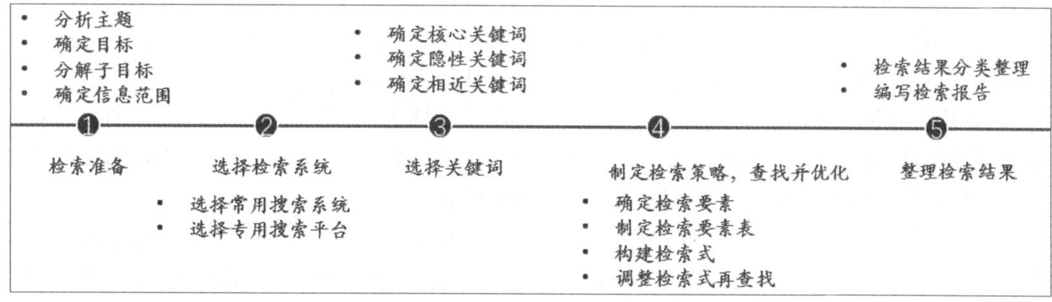

图 18-1　信息检索的基本步骤

1. 检索准备

检索准备的内容包括分析主题信息；确定信息检索的主要目标，将目标分解为多个子目标，理清子目标之间的逻辑关系，并用列表的形式整理；确定信息范围（地区、时间、格式等要求）。

2. 选择检索系统

检索系统决定了获取有效信息的概率，检索的信息不同，选择的信息检索工具也随之不同，因此需要根据信息的检索需求来选择检索系统。

3. 选择关键词

选择关键词的基本方法：选择规范化的关键词；使用通用的名称、说法、术语作为关键词；选择核心概念作为关键词，并找出主题相关的隐性关键词。

4. 制定检索策略，查找并优化

信息检索策略的实质是对检索过程的科学规划，关键在于构造能够确切表达信息需求的检索式。检索策略的优劣是影响检索效果的非常重要的因素。正确的检索策略会优化检索过程，有助于取得最佳的检索效果。

5. 整理检索结果

将所获得的检索结果加以系统整理，筛选出符合要求的资源或文献，记录信息的来源、作者、发表时间、地址，主要内容摘要等信息，方便整理以及后期回溯信息。如果仍然不能得到足够的支持材料，可以继续优化检索式，也可以更换搜索引擎，必要时向专家请教，直到搜集到的资源符合信息检索的需求和目标。

18.1.3　构建检索式

检索表达式简称检索式，它是检索策略的具体体现之一。检索式一般由检索词和各种逻辑运算符组成。具体来说，它是用检索系统规定的各种运算符将检索词之间的逻辑关系、位置关系等连接起来，构成计算机可以识别和执行的检索命令式。检索式构造的优劣关系到检索策略的成败。

检索表达式主要有逻辑表达式、截词检索表达式等，其中，最为常用的是逻辑表达式。

1. 逻辑表达式

逻辑表达式是指利用布尔逻辑运算符对检索词的关系进行表达，又称布尔逻辑表达式。布尔逻辑是目前计算机检索所使用的最简单、最基本的匹配模式，也是计算机检索领域广泛采用的逻辑表达方式。布尔逻辑运算符有逻辑“与”（AND）、逻辑“或”（OR）、逻辑“非”（NOT）等。

（1）逻辑“与”：表示它所连接的两个检索词必须同时出现在结果中，逻辑表达式可写为“A AND B”。也有些数据库中用“*”或其他符号表示。例如，要查找关于“计算机检索”方面的信息，检索需求可以表述为“计算机 AND 检索”。目前，在一些数据库（如中国期刊网）中提供的“二次检索”，实质上就是逻辑“与”的运算。逻辑“与”的检索能增强检索的专指性，使检索范围缩小。

（2）逻辑“或”：表示它所连接的两个检索词中任意一个出现在结果中就满足检索条件，逻辑表达式写为“A OR B”。在一些中文数据库中，用“+”表示逻辑“或”。例如，想检索关于“计算机”的信息，检索需求可以表述为“计算机 + 电脑”。逻辑“或”主要用于表达检索词的近义词、同义词、全称和缩写等，以便全面、完整地表达检索

范围。

（3）逻辑“非”：表示它所连接的两个检索词中，应从第一个概念中排除第二个概念，逻辑表达式可写为“A NOT B”。在一些中文数据库中用“-”表示逻辑“非”。例如，想查找关于“研究生教育”的资料，但要求不包括在职研究生，检索需求可以表述为“(研究生 * 教育)-在职研究生”或“研究生-在职研究生 * 教育”。逻辑“非”表示具有不包含某种概念关系的一组组配，用来缩小检索范围，但在实际检索中要慎重使用。

2. 截词检索表达式

截词检索表达式指在检索式中用专门符号（截词符号）表示检索词的某一部分，检索词允许有部分变化，检索词的不变部分加上由截词符号所代表的任何变化形式所构成的词汇都是合法检索词。截词检索表达式在西方语言检索中应用比较广泛，在中文信息检索中也有一定的应用。采用截词检索表达式，既能防止漏检，又能节省时间，是提高检索效率的有力措施。不同检索系统采用的截词符不完全相同，一般常采用“?”“*”等。

截词方式有多种，按截断的位置来分，有前截断、中间截断、后截断等；按截断的字符数量来分，可分为有限截断和无限截断两种。

（1）后截词，又称右截词、前方一致，允许检索词尾部有若干变化形式。例如检索式“Comput？”将检索到包含 Computer、Computing、Computed、Computerization 等词汇的结果。

（2）中间截词，允许检索词中间有若干变化形式，例如“wom * n”就可同时检索到含有 woman 和 women 的结果。

（3）前截词，又称左截词、后方一致，允许检索词的前端有若干变化形式，例如检索“*physics”就可检索到包含 physics、astrophysics、biophysics、chemicophysics 等词的结果。

截词检索表达式在使用时，一定要合理使用，截断部分要适当，不要截得太短，以免增加检索噪音，检索到很多无效的信息。

提高查准率的方法有：使用下位概念检索；将检索词的检索范围限定在篇名、叙词和文摘字段；使用逻辑“与”或逻辑“非”；运用限制选择功能；进行进阶检索或高级检索。

提高查全率的方法有：选择全字段中检索；减少对文献外表特征的限定；使用逻辑“或”；利用截词符检索；使用检索词的上位概念进行检索，等等。

任务 18.2　了解常用搜索引擎并掌握其搜索技巧

18.2.1　搜索引擎

微课 18-2

常见搜索引擎

搜索引擎是最常用的网络资源检索工具，用户提出检索要求，搜索引擎代替用户在数据库中进行检索，并将检索结果提供给用户。它一般支持布尔检索、词组检索、截词检索、字段检索等功能。利用搜索引擎进行检索的优点是：省时省力，简单方便，检索速度快、范围广，能及时获取新增信息。

搜索引擎按其搜索方式可分为 4 种，包括全文搜索引擎、元搜索引擎、目录搜索引擎和垂直搜索引擎。它们各有特点并适用于不同的搜索环境，所以灵活选用搜索方式是有效利用搜索引擎性能的重要途径。

1. 全文搜索引擎

全文搜索引擎（full text search engine）就是利用爬虫程序从互联网上抓取各个网站的信息（以网页文字为主）来建立的数据库，从中检索与用户查询条件匹配的相关记录，然后按一定的排列顺序将结果返回给用户。典型的全文搜索引擎有百度（baidu），谷歌（Google）等。

一般网络用户适用于全文搜索引擎。这种搜索方式方便、简捷，并容易获得所有相关信息。但搜索到的信息过于庞杂，因此用户需要逐一浏览并甄别出所需信息。尤其在用户没有明确检索意图情况下，这种搜索方式非常有效。

2. 元搜索引擎

元搜索引擎就是对多个独立搜索引擎的整合、调用、控制和优化利用。相对元搜索引擎，可被利用的独立搜索引擎称为“源搜索引擎”，或“搜索资源”，整合、调用、控制和优化利用源搜索引擎的技术，称为“元搜索技术”，元搜索技术是元搜索引擎的核心。中文元搜索引擎中具代表性的有比比猫、搜星。

元搜索引擎适用于广泛、准确地收集信息。不同的全文搜索引擎由于其性能和信息反馈能力差异，导致其各有利弊。元搜索引擎的出现恰恰解决了这个问题，有利于各基本搜索引擎间的优势互补。而且元搜索引擎有利于对基本搜索方式进行全局控制，引导全文搜索引擎进行持续改善。

3. 目录搜索引擎

目录搜索引擎是依赖人工收集、处理数据并置于分类目录链接下的搜索方式。目录索引虽然有搜索功能，但在严格意义上来说算不上是真正的搜索引擎，仅仅是按目录分类的网站链接列表而已。用户完全可以不用进行关键词（Keywords）查询，仅靠分类目录也可找到需要的信息。目录搜索引擎中最具代表性的莫过于大名鼎鼎的Yahoo（雅虎），其他著名的还有Open Directory Project（DMOZ）、LookSmart、About等，国内的搜狐网、新浪网、网易等使用的搜索引擎也都属于这一类，如图18-2所示为新浪网的目录搜索引擎。

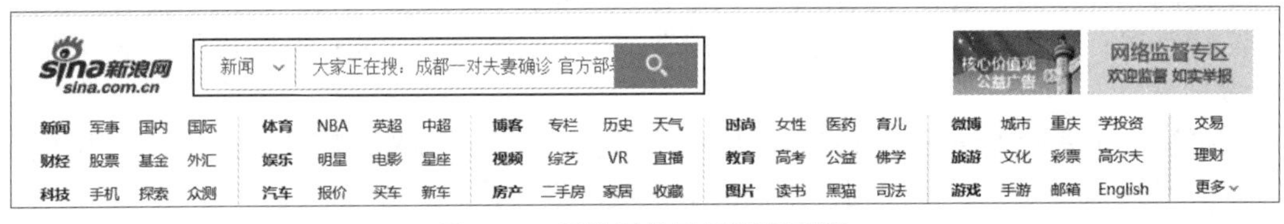

图18-2　新浪网的目录搜索引擎

目录搜索引擎是网站内部常用的检索方式，旨在对网站内信息进行整合处理并以目录形式呈现给用户，其缺点在于用户需预先了解本网站的内容，并熟悉其主要模块构成。总之，目录搜索方式的适应范围非常有限，且需要较高的人工成本来支持维护。

4. 垂直搜索引擎

垂直搜索引擎是针对某一个行业的专业搜索引擎，是根据特定用户的特定搜索请求，对网站（页）库中的某类专门信息进行深度挖掘与整合后，再以某种形式将结果返回给用户。垂直搜索引擎也常常被称为专业搜索引擎（specialty search engines）、专题搜索引擎（topical search engines），是通过对专业特定的领域或行业的内容进行专业和

深入的分析挖掘、过滤筛选，检索信息定位为更精准的专业搜索，实际上是搜索引擎的细分和延伸，如图 18-3 所示为中国铁路 12306 网站的垂直搜索引擎。

图 18-3　中国铁路 12306 网站的垂直搜索引擎

垂直搜索引擎适用于有明确搜索意图情况下进行的检索。例如，用户购买机票、火车票、汽车票时，或想要浏览网络视频资源时，都可以直接选用行业内专用搜索引擎，以准确、迅速获得相关信息。

18.2.2　搜索引擎的搜索技巧

巧妙使用各种算符，编写恰当的检索式，可以合理地限制关键词，优化检索策略，提高检索精度。

1. 使用双引号

双引号表示精确匹配。如果输入一个名称进行直接搜索，双引号表示全字符匹配，检索结果可以实现精确匹配，滤掉很多冗余信息。

2. 使用减号

“-”的作用是去除标题中不相关的结果。例如，检索时输入“超市 - 家乐福超市”，表示最后的查询结果中不包含“家乐福超市”。

3. 使用通配符

“*”用于通配多个字符，只能用于英文和数字。例如，使用“aero*”可以检索到所有包含 aero 开头的单词（如 aerospace，aerobus 等），但“*”不能置于表达式开头。

“?”用于通配单个字符，只能用于英文和数字。例如，使用“aero ???”可以检索到所有包含 aero 开头，共包含 7 个字符的单词（如 aerocab，aerobus 等）。通配符可以有效预防漏检，提高查全率。

4. 限定文件类型

很多有价值的资料，在互联网上并非是普通的网页，而是以 Word、PowerPoint、PDF 等文件格式存在。百度支持对 Office 文档（包括 Word、Excel、PowerPoint）、AdobePDF 文档、RTF 文档进行全文搜索。要搜索这类文档，很简单，在普通的查询词后面，加一个“filetype:”文档类型限定。“filetype:”后可以跟 doc、xls、ppt、pdf、rtf、all 等文件格式。其中，all 表示搜索所有这些文件格式。

5. 把搜索范围限定在网页标题中——intitle

网页标题通常是对网页内容提纲挈领式的归纳。把查询内容范围限定在网页标题中，有时能获得良好的检索效果。使用的方式是把查询内容中特别关键的部分用“intitle:”领起来。例如，要找 ××× 的生平，就可以这样查询：“生平 intitle:×××”。“intitle:”和后面的关键词之间不要有空格。

6. 限定网站或社交媒体搜索信息——site

如果知道某个站点中有自己需要找的信息，就可以把搜索范围限定在这个站点中，提高查询效率。使用的方式是在查询内容的后面，加上“site: 站点域名”。例如，在小红书和知乎搜索儿童教育，可以这样查询：“site:xiaohongshu.com 儿童教育”“site:zhihu.com 儿童教育”，如图 18-4 所示。

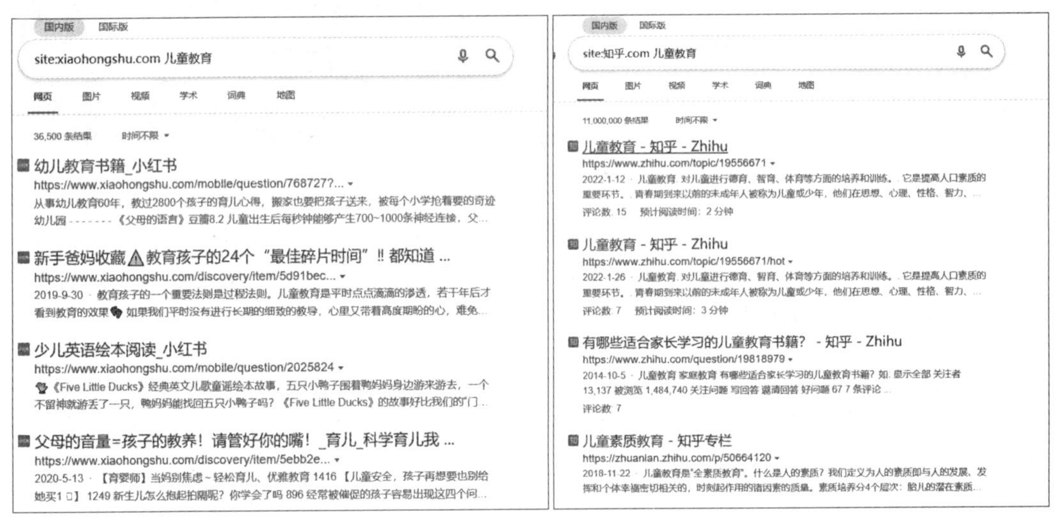

图 18-4　限定网站搜索信息

任务 18.3　了解常见社交媒体检索

现在所有的社交媒体和电商平台都支持搜索功能，满足各种生活需求信息的搜索，如微信、抖音、小红书、知乎、豆瓣、微博、淘宝、京东等。在此以微信为例，微信中的“搜一搜”提供公众号、朋友圈、文章、小说、音乐和表情、小程序等多项搜索能力。当用户在微信“搜一搜”或小程序搜索框中搜索特定关键词（例如机票、电影名称等），搜索页面将呈现相关服务的小程序，点击搜索结果，可直达小程序相关服务页面。

另外，基于微信内不同场景衍生出不同的搜索方式，是微信“搜一搜”与传统的搜索引擎最大的不同之一，如图 18-5 所示。针对聊天场景，微信推出了“指尖搜索”，如果在微信聊天过程中遇到知识盲区，可以长按聊天气泡，在弹出的菜单中点击“搜一搜”进行就能查看搜索结果，不用离开聊天窗口，也不用输入文字。微信“搜一搜”的另一个重要更新是“# 搜索”，在聊天过程中输入“#”，再加上任一搜索词，这条聊天文本就变成了超链接，好友只要点击即发起智能搜索。网页版的微信搜索路径为：https://weixin.sogou.com/。

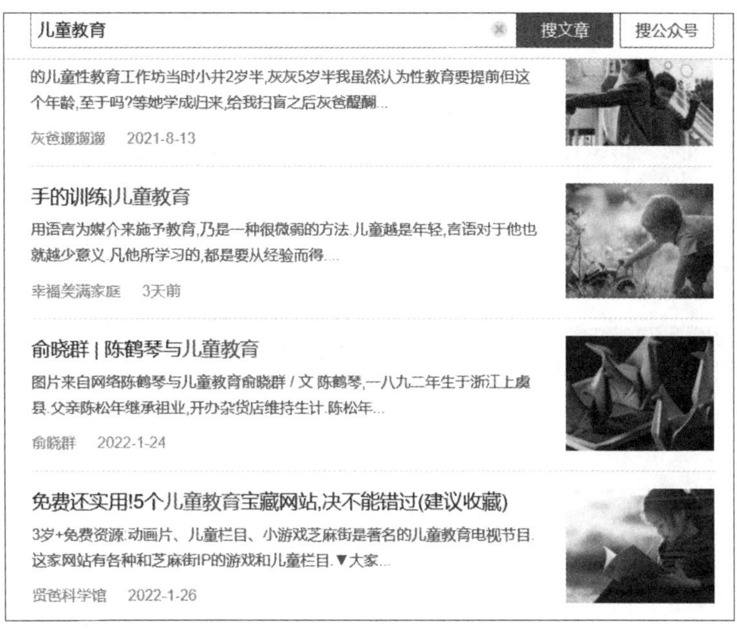

图 18-5　基于微信内的搜索方式

任务 18.4　了解常用论文、专利、商标专用平台检索

查询专业文献资料可以使用专业期刊数据库和专利网站等。典型的综合文献数据库有中国期刊全文数据库（CNKI）、超星期刊，万方数据知识服务平台，中文科技期刊数据库（维普资讯）等，每个数据库都支持全文搜索和主题关键词，支持高级检索，从主题到摘要等检索方式。

1. 中国知网

中国知网是国内查找学术文献最齐全的专用网站，以收录核心期刊和专业期刊为主，权威、检索效果好、期刊类型比较综合、覆盖范围广，其高级检索页面如图 18-6 所示。它提供中国学术文献、外文学术文献、学位论文、报纸、会议、年鉴、工具书等各类资源统一检索、统一导航、在线阅读和下载服务。网址为 http://cnki.net/。

图 18-6　中国知网高级检索页面

2. 专利检索及分析

专利检索及分析是专门检索专利的网站，该网站收录了 103 个国家、地区和组织的专利信息，包括引文、同族、法律状态等，可提供快速分析、定制分析、高级分析、生成分析报告等功能，如图 18-7 所示。网址为 http://pss-system.cnipa.gov.cn/。它支持多种检索式运算，以及高级检索，如图 18-8 所示。

专利检索及分析
Patent Search and Analysis
中文 English Français Deutsch русский Español Português عربي 日本語
常规检索 高级检索 导航检索 药物检索 热门工具 命令行检索 >专利分析
所在位置: 首页 >> 常规检索
常规检索
检索
检索模式：自动识别
支持二目逻辑运算符AND、OR。
多个检索词之间用空格间隔，如：智能 手机。
系统默认二目逻辑运算符是AND,如输入智能 手机，系统按照智能 AND 手机进行检索。
日期支持间隔符"-"、"."，支持如下格式：YYYY-MM-DD、YYYY.MM.DD、YYYYMMDD、YYYYMM、YYYY。
支持半角()算符，如输入国产 (智能 手机)，系统优先执行智能 AND 手机，然后将所得结果集与国产进行AND运算。
如果检索条件中包含空格、保留关键字或运算符，需使用半角双引号，如："WILLIAMS AND LANE INC"。

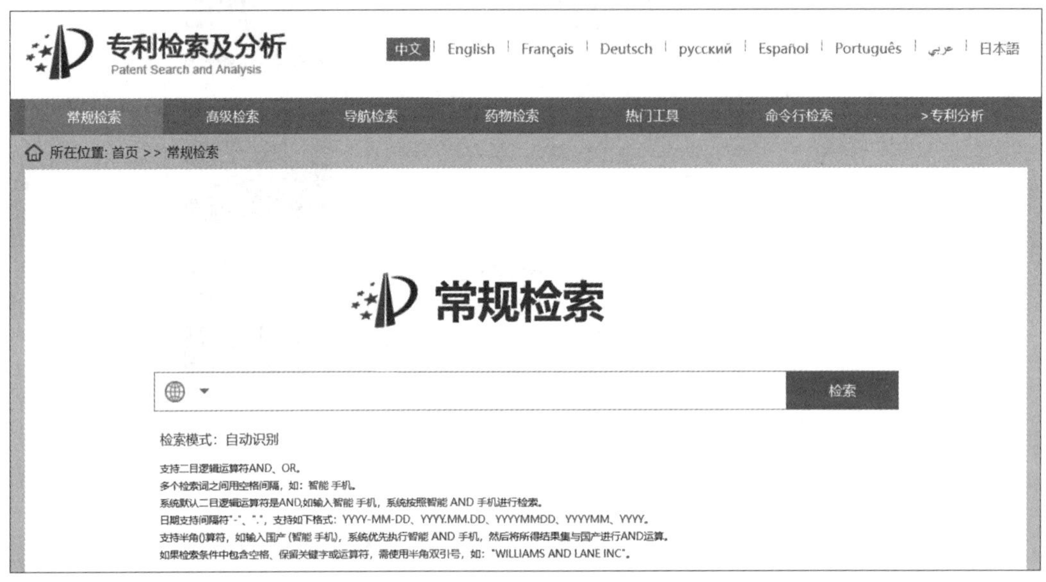

图 18-7　专利检索及分析

专利检索及分析
Patent Search and Analysis
中文 English Français Deutsch русский Español Português عربي 日本語
常规检索 高级检索 导航检索 药物检索 热门工具 命令行检索 >专利分析
所在位置: 首页 >> 高级检索
检索历史
检索式运算 检索式运算 执行
范围筛选
中国:
中国发明申请 香港
中国实用新型 澳门
中国外观设计 台湾
主要国家和地区:
EPO WIPO 美国
日本 韩国 英国
法国 德国 俄罗斯
瑞士
其它国家和地区:
奥地利 澳大利亚 比利时
荷兰 加拿大 ...
高级检索
清空 配置
申请号
申请日
公开（公告）号
公开（公告）日
发明名称
IPC分类号
申请（专利权）人
发明人
优先权号
优先权日
摘要
权利要求
说明书
关键词

图 18-8　专利检索及分析中的高级检索

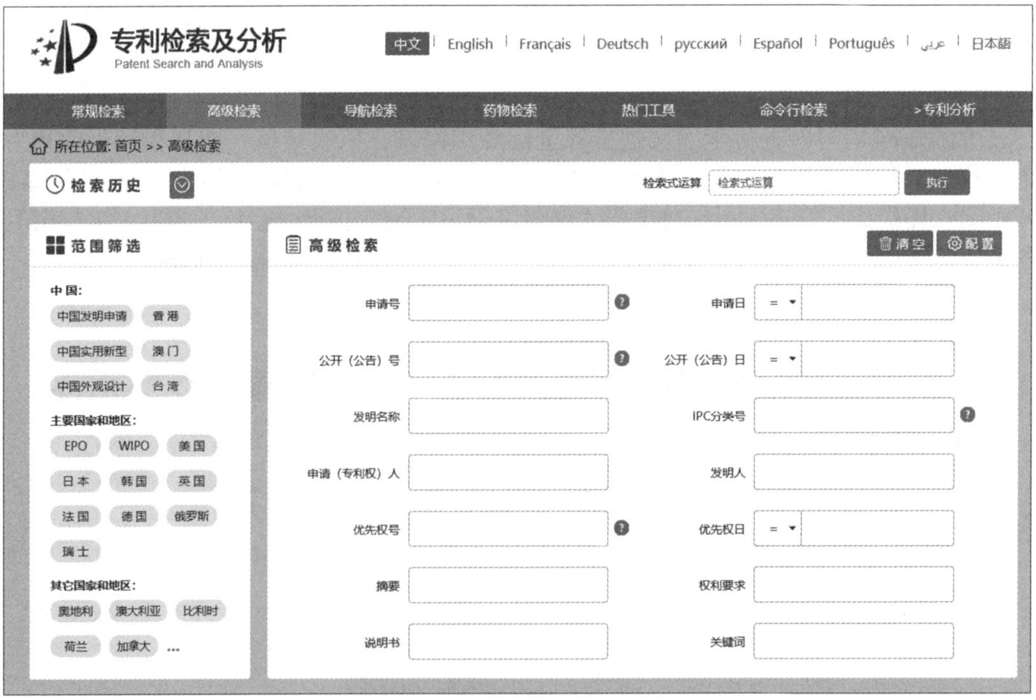

3. 中国商标网

中国商标网是国家知识产权局商标局官方网站，能够为公众提供商标网上申请、商标网上查询、政策文件查询、商标数据查询以及常见问题解答等商标申请、查询相关服务，如图 18-9 所示。商标注册申请前的查询检索，是申请人在向商标局提起商标注册申请前，对与申请商标相同或近似的在先商标进行查询检索，从而风险评估申请商标注册成功率的申请前期工作，其查询检索结果如图 18-10 所示，其自动查询功能如图 18-11 所示。网址为 http://sbj.cnipa.gov.cn/。

图 18-9　中国商标网

WWW.CNIPA.GOV.CN WCJS.SBJ.CNIPA.GOV.CN　　帮助　当前数据截至：(2022年01月31日)

排序 相似度排序　打印　比对　筛选　已选中 0 件商标

检索到748件商标　　仅供参考，不具有法律效力

☐	序号	申请/注册号	申请日期	商标名称	申请人名称
☐	1	6430322	2007年12月11日	图形	上海晓霆教育信息咨询有限公司
☐	2	34044429	2018年10月15日	MLY MTSL EDUCATION FOR KIDS MTSL KIDS HOUSE SINCE 1907	江苏蒙特梭利品牌管理有限公司
☐	3	15555096	2014年10月22日	儿童教育 CHILDREN'S EDUCATION HM	河南省鸿蒙文化艺术培训中心
☐	4	27569778	2017年11月20日	才而德教育 ABC CHILD EDUCATION	袁温婷
☐	5	42523918	2019年11月22日	吉子托 儿童教育 KIDSTALK	广州市吉子托教育咨询有限公司
☐	6	60299895	2021年11月03日	金童教育	唐山市路北区金童少儿英语培训学校
☐	7	43864972	2020年01月16日	金童教育	唐山市路北区金童少儿英语培训学校
☐	8	41250815	2019年09月24日	牧童教育	武汉山海川教育科技有限公司
☐	9	25688214	2017年08月04日	质童教育 ZHITONG EDUCATION	上海质童教育科技有限公司
☐	10	5747048	2006年11月27日	仙童教育;XIANTONG EDUCATION	李洁
☐	11	20250743	2016年06月08日	嘉童教育	饶素娇
☐	12	39751028	2019年07月18日	毅童教育 YITONG EDUCATION	广州毅童武术体育发展有限公司
☐	13	24105090	2017年05月12日	金童教育	河北爱奇训企业管理咨询有限公司
☐	14	52614463	2020年12月30日	慧童教育	天津慧童网络科技有限公司

图 18-10　商标注册申请前的查询检索结果

图 18-11　查询检索中的自动查询

项目实施

小王要检索 2022 年北京冬奥会主题信息，搜集自己关心的奥运会比赛项目相关信息，根据信息检索的基本流程完成下列步骤。

1. 分析检索问题，明确检索需求，并填写检索需求分析表。

检索需求分析表

检索的课题			
检索人			
课题学科范围			
主要概念			
主要概念之间的逻辑关系			
检索信息的格式要求			
检索完成时间			

2. 选择信息检索系统，确定检索途径，并填写检索途径列表。

检索途径列表

序号	检索途径	访问方式	文献类型
1	中文科技期刊数据库（维普资讯）		
2	中国期刊全文数据库（中国知网）		

续 表

序号	检索途径	访问方式	文献类型
3	万方数据知识服务平台		
4	搜索引擎—百度		
5	搜索引擎—必应		
6	搜索引擎—搜狗		
7	APP 搜索功能—微信搜索		
8	APP 搜索功能—知乎搜索		
9	公开网络资源		
注：文献类型指网页、期刊论文、图书等			

3. 选择关键词，分析关键词的内涵（同义词、近义词），以确定检索式，并填写关键词列表。

关键词列表

序　　号	关键词	关键词内涵（同义词、近义词）

4. 构造检索式，制定检索策略，并填写检索工具及检索式列表。

检索工具及检索式列表

序　　号	检索工具	检索式

5. 整理检索结果，筛选并分类检索结果，填写检索结果表。

检索结果表

序号	资料题目	访问地址	主要内容	核心关键词

 项目评价

项目名称	冬奥会主题信息检索		
职业技能	能够使用多种检索工具，利用多种检索表达式，检索所需信息		
序号	知识点	评价标准	分数
1	信息检索	了解信息检索的概念（10 分）	
2	信息检索的流程	能够准确描述信息检索的流程（10 分）	
3	检索表达式	能够正确构建检索表达式（10 分）	
4	搜索引擎分类	了解搜索引擎的分类（20 分）	
5	搜索引擎使用	能够使用搜索引擎技巧搜索不同内容（10 分）	
6	常见社交媒体检索	能够利用微信、小红书等新媒体进行主题搜索（10 分）	
7	专用平台检索	能够利用专用平台检索专业内容（10 分）	
8	学习态度	学习态度端正，主动解决问题，积极帮助他人（10 分）	
9	创新能力	具备创新意识，勇于探索，主动寻求创新方法和创新表达（10 分）	

项目 19　网页信息保存

项目概况

根据课外拓展学习的需要，教师要求学生注册并登录“智慧职教”网站，搜索电子工艺与管理专业教学资源库中电子技术课程信息，将电子技术课程信息显示图片另存为 JPGE 图片文件格式，图片命名为“信息化仿真图片”并保存到本地，该页面网页另存命名为“电子技术在线学习资料”，保存类型为网页。

 项目分析

要浏览网页学习资源并保存收藏相关信息，需要能够熟练使用浏览器软件、知道需要浏览的网页地址或者网页名称、掌握网页相关的一些常见操作。

项目必知

任务 19.1　认知浏览器

19.1.1　浏览器简介

浏览器是用户登录网址、浏览网页的必备工具。常用的浏览器有微软公司的 Internet Explorer（IE）系列浏览器、360 安全浏览器、谷歌 chrome 浏览器、搜狗高速浏览器、腾讯 QQ 浏览器等。其中 Internet Explorer 浏览器，简称 IE 浏览器，IE 浏览器具有亲切、友好的用户界面。

双击桌面上的 Internet Explorer 快捷图标，打开浏览器。IE 浏览器窗口主要由标题栏、地址栏、菜单栏、收藏夹栏、工具栏、网页标签、主窗口、状态栏、搜索栏等构成，如图 19-1 所示。

图 19-1　IE 浏览器窗口构成

1. 访问网站

用户在地址栏中输入要访问网站的网址，按下 Enter 键，可在当前标签页面中打开该网站。如果当前有打开的标签页面，用户要保留该标签页面并打开一个新的标签页面，需要单击“新建标签页”按钮，在新的标签页面中打开该网站。

2. 保存网页上的信息

用户在浏览网页过程中，可以把网页上有价值的内容（图片、文字等信息）保存到计算机中，这样，在网络离线状态下也能继续浏览这些保存的网页内容。

网页保存类型有 4 个选项，默认为“网页，全部”，采用该类型保存网页时，能够按原始格式保存显示网页所需要的全部文件，包括当前页面的图像、框架和样式表等；“Web 档案，单个文件”选项能够保存当前网页的可视信息；“网页，仅 HTML”选项，仅保存网页信息，不保存声音、图像或其他文件；需要保存网页中单个图片或文本内容时，只需选择图片或文本进行保存即可。

微课 19-1

使用收藏夹

19.1.2　使用收藏夹

在浏览网页时，遇到自己喜欢的网页或经常浏览的网页，可以把它的网址放到一个文件夹里收藏起来，用户可以修改添加到收藏夹中的网页名称和位置。用户也可利用功能按钮对收藏夹中的内容进行移动、重命名、删除和归纳等操作来整理收藏夹。

19.1.3　设置“Internet 选项”

1. 设置浏览器主页

主页又称首页或起始页，即用户在打开浏览器时，默认显示的页面。通常主页为空白页或用户最常用的页面，单击浏览器工具栏上的“主页”按钮能够快速访问已设定的主页。打开 IE 浏览器，选择“工具”→“Internet 选项”命令，弹出“Internet 选项”对话框，如图 19-2 所示，在其中对 IE 浏览器进行相关的设置，包括设置主页和历史记录等。在“主页”文本框中输入需要设置为主页的地址。如果已经打开了要设置为主页的网页，则单击“使用当前页”按钮。

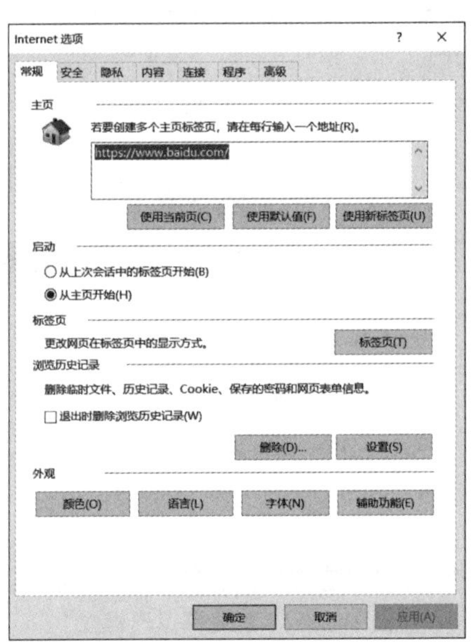

图 19-2　“Internet 选项”对话框

2. 查看历史记录并删除个人浏览记录

用户查看过的网页会被记录在 IE 浏览器中，通过单击历史记录中的相关网页链接，可以打开浏览过的网页。用户访问网站时的信息都下载到了 IE 缓冲区中，长期浏览网页会生成大量的临时文件，并且在浏览器中留下用户的浏览痕迹，用户可以根据需要将其删除。

19.1.4　屏蔽垃圾信息推送

用户使用电脑通过网页阅读目标信息时经常会弹出的一些无用的广告或者网页称之为垃圾信息，通过以下步骤可屏蔽这些垃圾信息的推送，优化用户电脑使用环境。

第一步：打开 IE 浏览器，单击工具栏上的“工具”按钮，在弹出的下拉列表中选择“Internet 选项”。

第二步：在弹出的“Internet 选项”对话框中选择“安全”，再选择“自定义级别”。

第三步：在弹出的“安全设置 -Internet 区域”对话框的“设置”列表中，找到“活动脚本”，选择“禁用”，然后单击“确定”按钮即可。

任务 19.2　认知 URL

URL（uniform resource locator，统一资源定位符）即网页地址，是用于完整地描述 Internet 上网页和其他资源地址的一种标识。一个完整的 URL 地址由协议名称、服务器名称或 IP 地址、路径和文件名 3 个部分组成。协议名称最常用的模式是超文本传输协议（hyper text transfer protocol，HTTP），除此之外还有 HTTPS、FTP 等；服务器名称或 IP 地址用于指定指向的位置，后面有时还跟一个冒号和一个端口号；路径和文件名用于打开指定地址的文件或文件夹，各具体路径之间用斜线“/”分隔。

微课 19-2

URL（统一资源定位符）

URL 的一般格式是：“协议名称 :// 服务器名称或 IP［: 端口号］/ 路径 / 文件名［? 上传的参数］”。

项目实施

1. 使用 IE 浏览器浏览网上重要信息

（1）直接输入网址访问网站，具体操作步骤如下。

① 打开 IE 浏览器窗口的地址栏中输入要打开的网址 www.icve.com.cn 或者在空白网页中直接输入“智慧职教”，单击右侧的“转至”按钮➔或按 Enter 键，如图 19-3 所示。

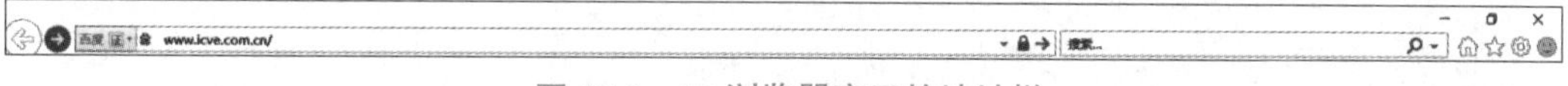

图 19-3　IE 浏览器窗口的地址栏

② 稍等片刻后，在网页浏览窗口中会出现该网页内容。单击资源库右边的倒立小三角形选择“专业”进入资源库专业群页面，如图 19-4 所示。

图 19-4　智慧职教资源库专业群页面

（2）使用超链接继续打开所需网页

① 在打开的资源库专业群页面搜索框中输入“电子工艺与管理”，单击搜索按钮，弹出搜索结果页面，如图 19-5 所示。

图 19-5　“电子工艺与管理”搜索结果页面

② 将鼠标指针放置在搜索到的资源图标图片超链接处，单击该图片，链接目标网页即在浏览器上打开，如图 19-6 所示。

③ 选择“电子技术”课程超链接图片进入该课程信息页面。

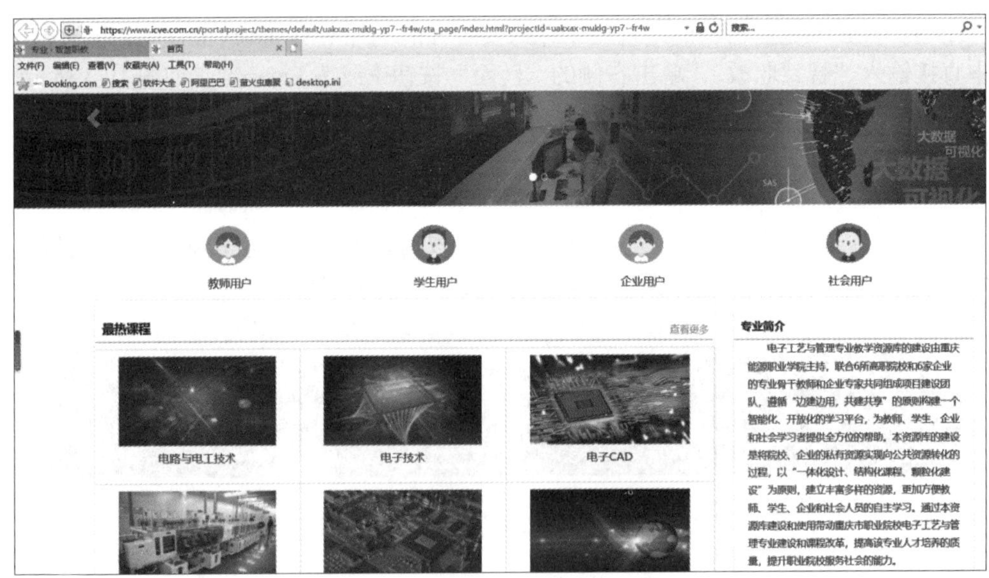

图 19-6　图片超链接的链接目标网页

2. 使用收藏夹

（1）进入“电子技术”课程信息页面后，单击“收藏夹”按钮。

（2）窗口右侧弹出“收藏夹”活动窗格，如图 19-7 所示，单击“添加到收藏夹”按钮。

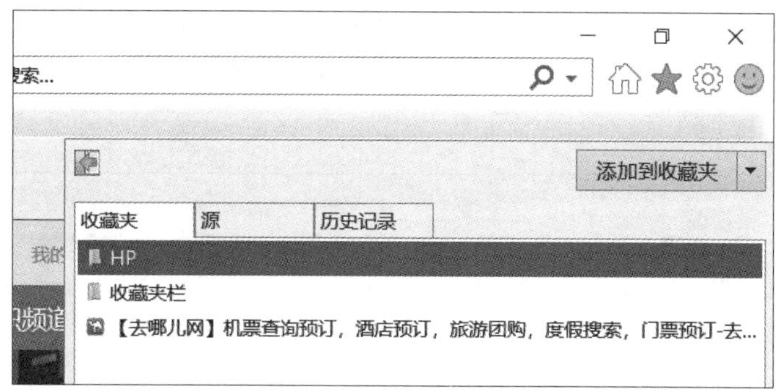

图 19-7　“收藏夹”活动窗格

（3）打开“添加收藏”对话框，如图 19-8 所示，在“名称”文本框中输入收藏网页的名称。

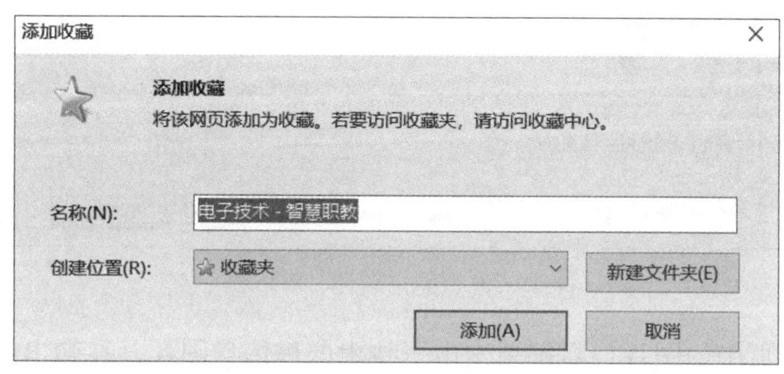

图 19-8　“添加收藏”对话框

（4）单击右侧的“新建文件夹”按钮，在打开的“创建文件夹”对话框中的“文件夹名”文本框中输入文件夹的名称，如“学习资源下载”，单击“创建”按钮，“创建位置”修改后如图 19-9 所示。

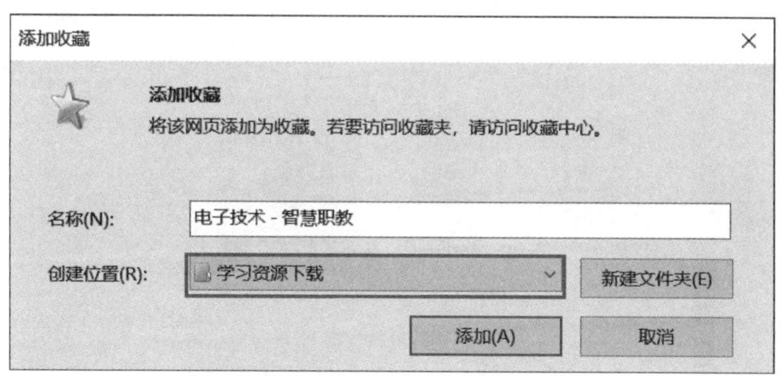

图 19-9　修改后的“创建位置”

（5）单击“添加”按钮，返回到 IE 窗口中，在菜单栏的“收藏夹”中，可以看到要收藏的页面已经被收藏在“学习资源下载”文件夹中，单击即可访问。

3. 保存网页中的信息

（1）保存整个网页：在打开的“电子技术”课程在线信息资源网页中，单击右上角锯齿轮状的“工具”图标在下拉列表中选择“文件”→“另存为”，弹出“保存网页”

对话框，如图 19-10 所示，在该对话框中选择网页要保存的路径、网页文件名及保存类型，并在“保存类型”下拉列表中选择“网页，全部（*.htm；*.Html）”，单击“保存”按钮即可。

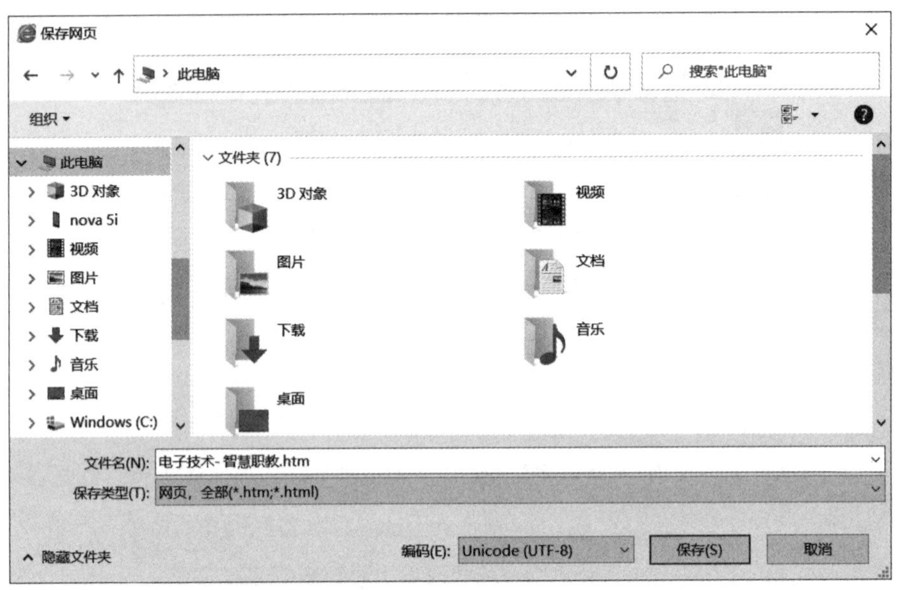

图 19-10 “网页保存”对话框

（2）保存网页中的图片：右键单击电子技术课程信息图片，在弹出的快捷菜单中选择“图片另存为”命令，打开“保存图片”对话框，然后输入“信息化仿真图片”文件名，如图 19-11 所示，选择保存类型“JPEG（*.jpg）”并选择保存路径，单击“保存”按钮即可。

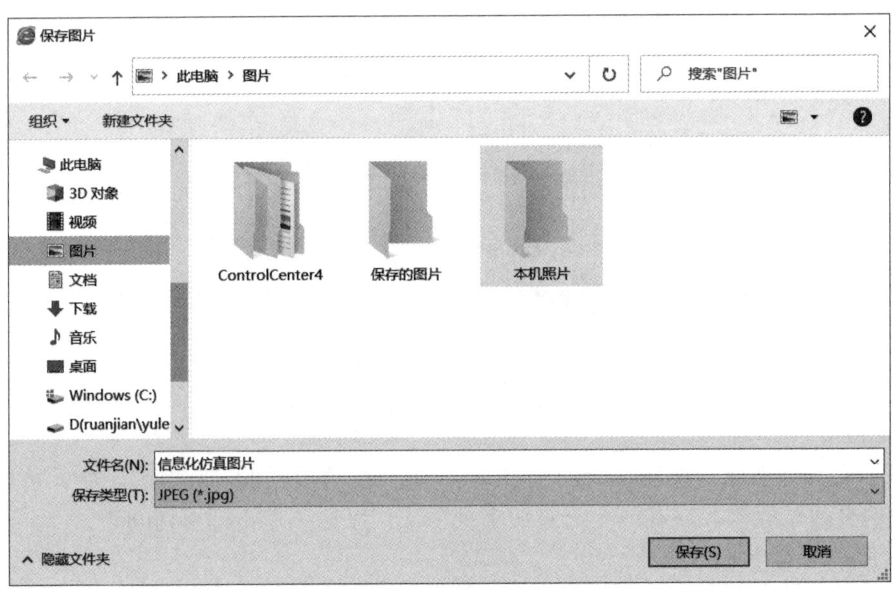

图 19-11 “保存图片”对话框

（3）保存网页文本信息：打开网页，使用鼠标选择电子技术课程中“教学大纲”文本内容，在已选择的文本区域上右击，在弹出的快捷菜单中选择“复制”命令或按Crtl+C组合键。启动“记事本”程序或WPS软件，选择“编辑”→“粘贴”命令或按“Ctrl+V”组合键，将复制的文本粘贴到文档中，选择“文件”→“保存”命令，即可将文本信息保存在计算机中。

4. 使用历史记录

使用历史记录查看今天浏览过的智慧职教网站步骤如下。

在IE浏览器窗口中单击“收藏夹”按钮★，在网页右侧打开“收藏夹”窗格，单击“历史记录”选项卡。在下方会以星期形式列出日期列表，选择“今天”选项，在展开的子列表中会列出今天浏览过的所有网页文件夹。选择一个网页文件夹，在下方显示出在该网站浏览过的所有网页列表。如图19-12所示，显示今天浏览过的智慧职教网页。

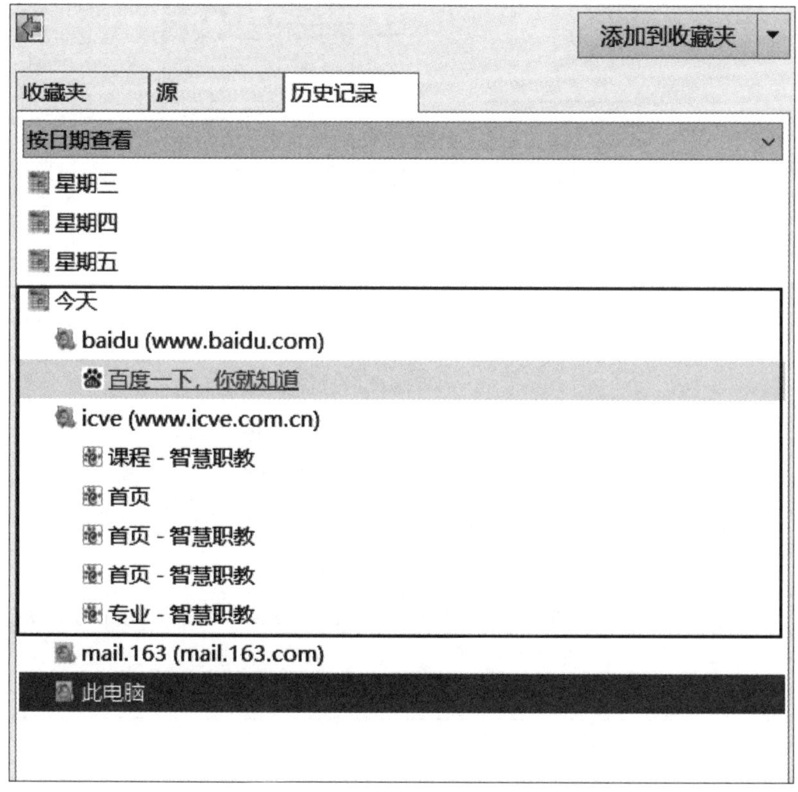

图19-12 显示今天浏览过的智慧职教网页

提示：在菜单栏中单击工具，在打开的下拉菜单中选择“Internet选项”命令，在打开的对话框中选择“常规”选项卡，单击“浏览历史记录”栏中的删除按钮，将删除现存的所有历史记录。单击“设置”按钮，可在打开的“网站数据设置”对话框中设置历史记录的保存时间，如图19-13所示。

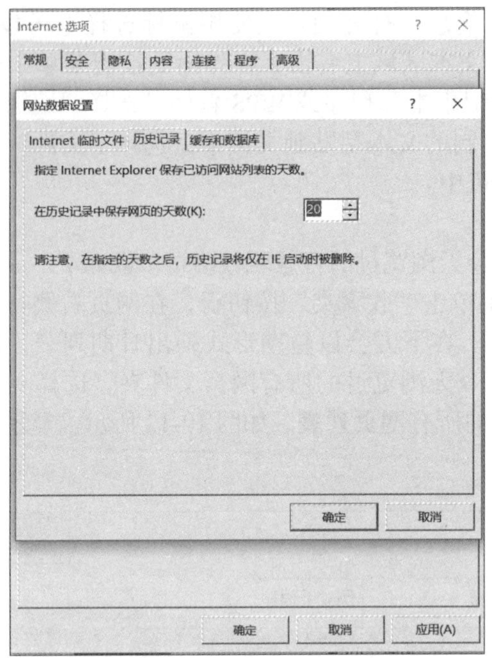

图 19-13　“网站数据设置”对话框

项目评价

项目名称	网页信息保存		
职业技能	Internet 应用能力、信息整合能力		
序号	知识点	评价标准	分数
1	浏览器的使用	能够熟练地使用常用的浏览器。（30 分）	
2	网页信息的保存	能够保存网页上需要的信息。（50 分）	
3	创新能力	具备创新艺术，勇于探索，主动寻求创新方法和创新表达式（10 分）	
4	学习态度	学习态度端正，主动解决问题，积极帮助别人（10 分）	

项目提升

1. 提升项目的项目要求

国庆长假即将来临，家住湖南长沙的小明想到张家界旅游，小明现在需要使用谷歌浏览器登录去哪儿网浏览张家界旅游景点信息、制定住店和行程计划，并保存需要的网页信息。

2. 实施步骤

（1）下载并安装谷歌浏览器软件。

（2）启动谷歌浏览器。

（3）输入网址 https://www.qunar.com/。

（4）浏览去哪儿网的九寨沟景区及其附近酒店等信息，制定行程计划。

（5）将查询到的有用信息进行收藏或者保存到电脑上。

项目 20　电子邮件非即时通信

项目概况

李明是某公司人事部的一名实习生，他平时需要搜集应聘者发来的简历信息并将其通过电子邮件发送给部门负责人。最近小明收到某高校李军老师统一推荐的应聘者简历信息，他要回复李军老师的电子邮件并发送一份最新的企业招聘信息附件，同时将此附件抄送给同一高校的王霞老师。

项目分析

李明要完成该项工作，需要熟悉电子邮件的相关知识及操作，包括电子邮箱的登录、电子邮件的接收和阅读、电子邮件的书写和发送、电子邮件的回复和转发、电子邮件的分类管理、常用通讯录的建立。

项目必知

任务 20.1　认知电子邮箱与电子邮件

电子邮件（E-mail）是指发送者和指定的接收者使用计算机通信网络传递信息的一种非即时交互式的通信方式，电子邮箱由用户名和电子邮件服务器域名两部分组成，中间由“@”连接，其格式为：用户名 @ 电子邮件服务器域名。例如，电子邮箱 qjj202101@163.com 中，其中“qjj202101”为用户名；“163.com”为电子邮件服务器域名，“@”（发音同 at）是连接符。

常见的电子邮件协议有以下几种：SMTP（简单邮件传输协议）、POP3（邮局协议）IMAP（Internet 邮件访问协议）。目前使用得较普遍的 POP 协议为第 3 版，故又称为 POP3 协议，这几种协议都是由 TCP/IP 协议簇定义的。

一封完整的电子邮件都是由信头和信体组成的。信头一般包括收件人、抄送、主题，其中抄送表示与收件人同时可以收到该邮件的其他人的电子邮件地址；收件人是主要的收信对象。信体是希望收件人看到的信件内容，有的信体还可以包含附件。

免费邮箱是大型门户网站常见的网络服务之一，网易（比如 126 邮箱、163 邮箱）、新浪、搜狐、腾讯等网站均提供免费邮箱申请服务。

任务 20.2　掌握电子邮件的基本操作

20.2.1　登录邮箱

发送或阅读电子邮件之前，需要先登录，在浏览器中输入邮箱首页地址，在登录窗口中输入用户名和密码，单击“登录”按钮，便可登录到邮箱界面。

20.2.2　邮件的书写和发送

微课 20

收发电子邮件

1. 切换到“首页”选项卡，单击“写信”按钮，将新建一封空白邮件。

2. 在新邮件窗口中输入一名或多名收件人邮件地址，抄件人的邮件地址（先单击“抄送”按钮，显示出“抄送人”行）使用“;”(英文状态）隔开输入每个邮箱地址，编辑主题和邮件内容，发送电子邮件。

3. 如果要添加附件，单击“附加文件”按钮，在打开的相应位置选定需要添加附件的内容，单击“打开”按钮，系统会自动上传该附件内容，返回新邮件窗口。

4. 单击“发送”按钮，开始自动向邮件服务器发送邮件，邮件发送到目的服务器后，在“已发送”中就可以看到发送过的邮件。

20.2.3　邮件的接收和阅读

每次登录邮箱时，邮箱都会自动帮用户接收电子邮件。登录邮箱主页后，可以在窗口左侧导航窗格中的“收件箱”旁边看到未读的邮件个数，单击“收件箱”文件夹，将会在收件列表中看到收件箱中所有收到的电子邮件。单击收件列表中的子邮件，将会在“阅读”窗格中查看收到邮件的内容、发送时间、标题、发件人、主题、大小和附件等邮件信息。

20.2.4　邮件的回复和转发

1. 回复邮件

收到对方邮件后，有时候需要回复邮件，邮件的回复有两种方法，具体如下。

（1）使用电子邮箱中的“回复”功能回复对方。如果需要对群发邮件进行全部回复，可单击“回复全部”按钮回复这封邮件的所有收件人。

（2）按撰写新邮件的方法回复对方。如果要回复给多人，可在“收件人”栏中输入多个邮件地址，用“;”隔开每个邮件地址，这样邮件就可以同时回复给多人。

2. 转发邮件

目前，几乎所有的电子邮箱都具有邮件转发的功能，利用此功能，可以快速地转发邮件。单击邮件上方的“转发”按钮，系统将自动打开邮件编辑窗口，在“主题”栏会自动出现“Fw:”的字样，在邮件的内容区会显示原邮件的内容，单击“发送”按钮即可转发邮件。

20.2.5　邮件的删除

打开“收件箱”文件夹，在相应的邮件列表中钩选要删除邮件前面的复选框，单击

“删除”按钮即可。

20.2.6　拒收垃圾邮件

在电子邮箱主界面上方选择“设置”→“邮箱安全设置”命令，在打开的“邮箱安全设置”界面中单击“反垃圾/黑白名单”选项卡，在该选项卡的右侧根据需要设置反垃圾规则，添加黑名单和白名单，完成后单击“保存”按钮。

项目实施

1. 使用免费电子邮箱

步骤1：登录邮箱。

在浏览器地址栏中输入网易邮箱的网址 http://mail.163.com（或直接在浏览器地址栏中输入“163邮箱”），按 Enter 键后将会显示“邮箱账号登录”界面，如图20-1所示。

图20-1　163“邮箱账号登录”界面

输入李明所在企业专门接收招聘简历信息的163邮箱的账号、密码，完成验证，单击“登录”按钮，进入163邮箱首页，如图20-2所示。

图20-2　进入163邮箱首页

步骤 2：查看收件箱信息。

邮箱窗口中显示了未读邮件的数量，可以据此判断是否有未读邮件。单击“收件箱”链接，窗口中显示了所有接收到的邮件，如图 20-3 所示。单击李军老师发来的“学生简历”主题的邮件，即可查看该邮件内容。

图 20-3　收件箱中接收到的邮件

步骤 3：回复并抄送带附件的邮件信息。

打开李军老师发来的邮件后单击“回复”按钮，切换到“写邮件”选项卡，原有的信件内容会出现在正文框中，在正文框中编辑要回复的内容为“李老师：您好！您发送的学生简历信息已收到，谢谢，我马上整理简历信息发送给领导看，有消息给您发信息通知。李明”，填写抄送人王霞老师的邮箱，添加“公司招聘简章”附件，如图 20-4 所示，然后单击“发送”按钮发送邮件。

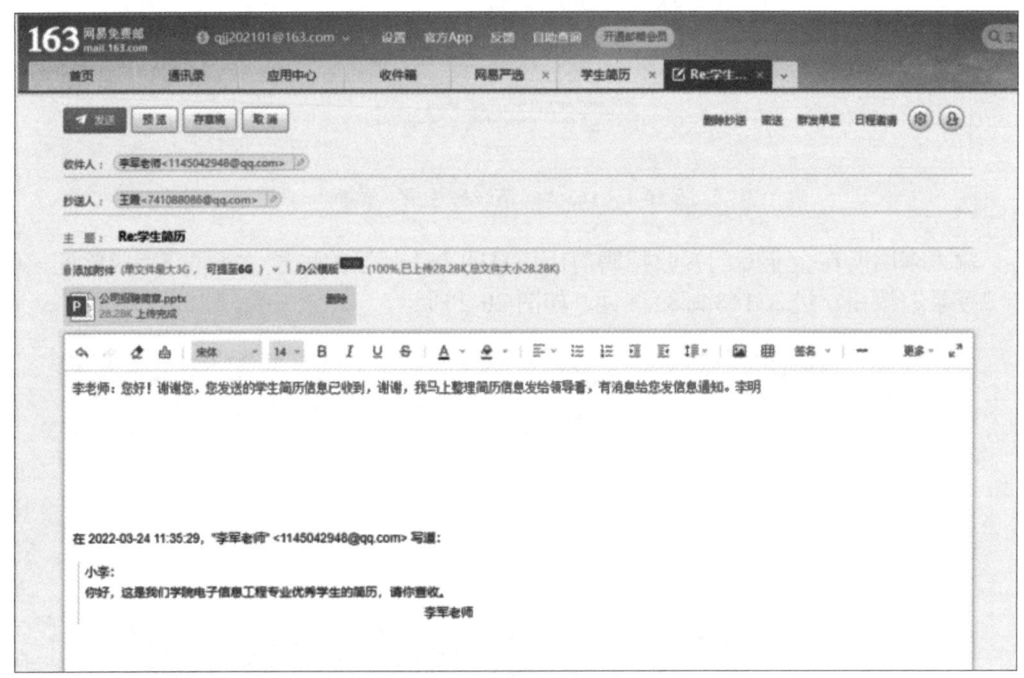

图 20-4　回复编辑邮件内容

步骤 4：将发件人添加到通讯簿中。

打开李军老师发送过来的邮件，鼠标指向发件人对应的电子邮箱，会出现提示选项对话框，单击“添加联系人”按钮，在弹出的“快速添加联系人”对话框中根据提示完成添加操作，如图 20-5 所示。

图 20-5　“快速添加联系人”对话框

步骤 5：新建一个联系人分组。

单击“通讯录”选项卡，选择“复制到组”右侧的三角形按钮，然后就会弹出一个窗口，选择“新建分组并复制”，输入分组名称为“高校优秀毕业生推荐人”，单击“确定”按钮，就能在通讯录左侧的分组中看到新建的这个分组名称了，然后将李军和王敏老师对应的邮件地址移入该分组即可。

步骤 6：下载整理邮件信息。

打开李军老师发送的电子邮件，鼠标指针移动到“学生简历”附件位置，显示出含“下载”的提示框，单击“下载”打开“新建下载任务”对话框，修改名称为“学生投聘简历 .zip”，下载保存到“企业招聘信息汇总”文件夹下，最后单击“下载”完成附件下载，如图 20-6 所示。

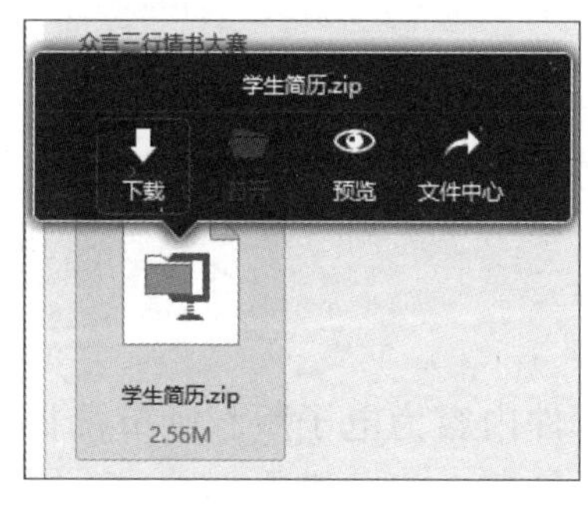

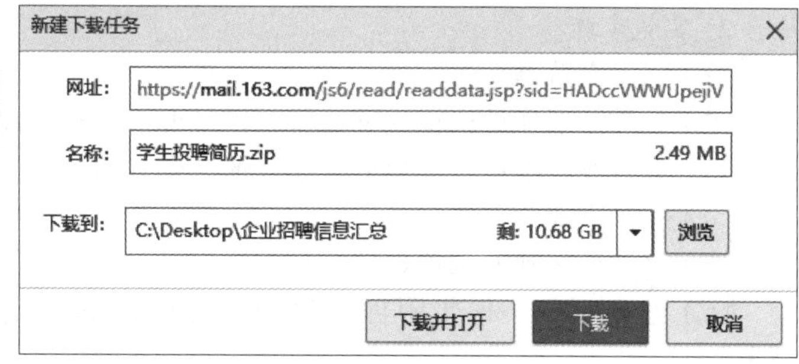

图 20-6　下载整理邮件信息

步骤 7：发送汇总的优秀毕业生简历给部门负责人。

切换到“首页”选项卡，单击“写信”按钮，将新建一封空白邮件，在新邮件窗口中快速添加已在通讯录中的领导邮箱地址，填写主题“× × 大学学生应聘简历”，将整理的学生应聘简历添加附件并发送给部门负责人。

项目评价

项目名称	电子邮件非即时通信		
职业技能	电子邮箱申请能力，使用电子邮箱书写、发送、阅读电子邮件能力		
序号	知识点	评价标准	分数
1	电子邮箱的申请	能够熟练地申请电子邮箱（10 分）	
2	电子邮箱的基本操作	能够通过电子邮箱书写、发送电子邮件（10 分）	
3		能够接收和阅读电子邮件（10 分）	
4		能够回复电子邮件（10 分）	
5		能够转发电子邮件（10 分）	
6		能够删除电子邮件（10 分）	
7		能够设置拒收垃圾邮件（10 分）	
8		能够管理电子邮箱（10 分）	
9	创新能力	具备创新艺术，勇于探索，主动寻求创新方法和创新表达式（10 分）	
10	学习态度	学习态度端正，主动解决问题，积极帮助别人（10 分）	

项目提升

1. 提升项目的项目要求

教师节快到了，小明用老师所教授的技能亲自做了一份漂亮的电子版教师节祝福贺卡，想在教师节当天通过电子邮件发送给老师，为此小明需要提前申请注册好免费电子邮箱，将几位老师的邮箱地址添加到通讯录。

2. 实施步骤

（1）启动浏览器。

（2）在浏览器地址栏输入网易邮箱网址 http://mail.163.com。

（3）在打开的邮箱登录界面申请注册一个邮箱。

（4）登录刚才注册的邮箱。

（5）将几位老师的邮箱地址添加到通讯录。

（6）给老师发一份带附件的教师节问候 E-mail，附件内容为电子版教师节祝福贺卡。

模块小结

本模块主要通过家庭网络接入互联网探究、冬奥会主题信息检索、网页信息保存、电子邮件非即时通信等 4 个项目的相关知识点讲解与案例实操使读者循序渐进地掌握计算机网络技术及其应用。

理论测试

一、单项选择题

1. 下列关于局域网拓扑结构的叙述中，不正确的是（　　）。

A. 环状结构网络上的设备是串在一起的。

B. 总线型结构网络中，若某台工作站故障，一般不影响整个网络的正常工作。

C. 树状结构的数据采用单级传输，故系统响应速度较快。

D. 星状结构的中心站发生故障时，会导致整个网络停止工作。

2. 一座建筑物内的几个办公室要实现联网，应该选择的方案属于（　　）。

A. PAN　　B. WAN　　C. MAN　　D. LAN

3. 以下正确的 IP 地址是（　　）。

A. 323.112.0.1　　B. 134.168.2.10.2　　C. 202.202.1　　D. 202.132.5.168

4. 以下选项中，不属于网络传输介质的是（　　）。

A. 同轴电缆　　B. 光纤　　C. 网桥　　D. 双绞线

5. 以下选项中，不能作为域名的是（　　）。

A. www.ryjiaoyu.com　　B. www.baidu.com

C. www.ryweike.com　　D. mail.ptpress.com.cn

6. 未来将会普遍使用的 IP 协议版本是（　　）。

A. IPv4　　B. IPv5　　C. IPv6　　D. IPv7

7. 以下（　　）IP 地址标识的主机数量最多。

A. D 类　　B. C 类　　C. B 类　　D. A 类

8. 为实现以 ADSL 方式接入 Internet，至少需要在计算机中内置或外置的一个关键硬设备是（　　）。

A. 网卡　　B. 集线器　　C. 服务器　　D. 调制解调器

9. IPv6 使用（　　）位数据来表示 IP 地址。

A. 256　　B. 128　　C. 96　　D. 32

10. 某单位在划分子网之后，子网之间的连接需要使用（　　）设备。

A. 集线器　　B. 网桥　　C. 交换机　　D. 路由器

11. 下面不属于应用层服务的协议是（　　）。

A. HTTP　　B. RARP　　C. DNS　　D. FTP

12. 有一域名为 bit.edu.cn，根据域名代码的规定，此域名表示（　　）。

A. 政府机关　　B. 商业组织　　C. 军事部门　　D. 教育机构

13. 接入因特网的每台主机都有一个唯一可识别的地址，称为（　　）。

A. TCP 地址　　B. IP 地址　　C. TCP/IP 地址　　D. URL

14. 计算机网络中，若划分子网，就需要子网掩码，C 类子网掩码的前 3 个字段均为（　　）。

A. 127　　B. 255　　C. 256　　D. 128

15. 下面是某单位主页的 URL，其中符合 URL 格式的是（　　）。

A. http//aaahziee.edubbb　　B. http:aaahziee.edubbb

C. http://aaahziee.edubbb　　D. http:/aaahziee.edubbb

16. 用 IE 浏览上网时，要进入某一网页，可在 IE 的地址栏中输入该网页的（　　）。

A. 只能是 IP 地址　B. 实际的文件名称　C. 只能是域名　D. IP 地址或域名

17. 计算机网络中 TCP 的主要功能是（　　）。

A. 保证可靠传输　B. 确定数据传输路径

C. 进行数据分组　D. 提高传输速度

18. 以 jpg 为扩展名的文件通常是（　　）。

A. 文本文件　B. 音频信号文件　C. 图像文件　D. 视频信号文件

19. 在电子邮箱“zhangsan@mail.hz.zibbb”中 @ 符号后面的部分是指（　　）的域名。

A. POP3 服务器　B. SMTP 服务器

C. 域名服务器　D. WWW 服务器

20. 当电子邮件在发送过程中有误时，一般（　　）。

A. 自动把有误的邮件删除

B. 邮件将丢失

C. 会将原邮件退回，并给出不能寄达的原因

D. 会将原邮件退回，但不给出不能寄达的原因

 技能测试

1. 查看机房中所用电脑的 IP 地址、子网掩码、默认网关、DNS 服务器地址，然后将自己查看的信息和其他同学的作比较，指出有什么相同和不同之处，并思考下原因。

2. 打开电脑上安装的浏览器，将 https://www.baidu.com 设置为网页主页，然后在百度主页搜索框内输入“杜甫代表作”进行检索，将检索到的相关网页打开，将该页面内容以文本文件的格式保存到自己的电脑上，命名为“DFDBZ.txt”。

3. 通过 Internet 检索招聘网站并获取招聘信息。选择并打开一家招聘网站的首页，浏览招聘信息，检索与保存所需的招聘信息。

4. 给教授信息技术课程的老师发一封电子邮件，并将自己做完的演示文稿作业作为附件一起发送，主题为“课后作业”，内容为“老师，您好！我信息技术课程的作业已经完成，请批阅。具体见附件邮件主题”。

模块七

新一代信息技术

模块概要

随着计算机技术的不断变化和创新，新技术及应用也随之不断出现。这些技术不仅给IT界带来重大影响，更对社会的发展起到积极的促进作用。新一代信息技术产业是国务院确定的七大战略性新兴产业之一，新一代信息技术是产业结构优化升级的最核心技术，已成为经济社会转型发展的主要驱动力，是建设创新型制造强国、网络强国、数字中国、智慧社会的基础支撑，推动了新一代移动通信、下一代互联网核心设备和智能终端的研发及产业化。

本模块通过六个新一代信息技术的项目带大家了解物联网技术、大数据技术、云计算技术、人工智能技术、区块链技术、虚拟现实技术和增强现实技术的基本知识和技能。

学习目标

知识目标	职业技能目标	思政素养目标
1. 了解物联网的概念和发展； 2. 了解大数据技术的概念和发展； 3. 了解大数据的相关技术； 4. 了解云计算的概念和发展； 5. 了解人工智能及其关键技术； 6. 了解区块链及其关键技术； 7. 了解虚拟现实技术的概念； 8. 了解增强现实技术的概念	1. 能够使用物联网技术连接智能设备； 2. 能够举例说明大数据在智慧城市中的应用； 3. 能够选购云主机； 4. 能够使用百度云地图并合成语音包； 5. 能够举例说明区块链的电子签名技术； 6. 能够初步使用新技术解决生活工作问题	1. 了解运用科技的力量助力全国人民众志成城抗击疫情； 2. 增强学生的科学自信、民族自信； 3. 培养学生用创新、理性的思维处理问题的能力； 4. 培养学生主动探索前沿科学和技术的能力，使学生具备格物致知精神

项目 21　走近万物互联的物联网技术

项目概况

物联网是新一代信息技术的重要组成部分，也是信息化时代的重要发展阶段。物联网让生活中普通的设备具有智能功能，进而给我们生活带来极大便利。智能可穿戴设备、智能家居、智能交通、智能汽车等，这些领域都是未来物联网发展的主要增量市场。物联网可能代表着信息和通信技术领域的下一个飞跃。嵌入式应用的大规模部署增加了现实世界和虚拟世界无缝融合的可能性，开辟了新的研究和商业方向。

本项目通过体验小米公司的智能家居，带领大家体验物联网技术对生活的改变和影响，在此过程中使大家了解物联网相关的知识与技能。

新技术体验

智能家居是物联网的典型应用，给人们的生活带来极大便利，提升人们生活的幸福感。在这里，带大家认识小米智能家庭 APP，体会物联网给生活带来的便捷与高效。

小米智能家庭 APP，是家庭智能设备的统一连接入口，实现多设备互联互通，并可实现家庭组多人分享管理，操作流程简单，小米 IoT 平台已接入超过 4 亿台智能设备。可通过其 APP 控制小米 IoT 平台设备，也可以控制其他 IoT 平台设备。比如通过小米智能音响可以让家中更多的蓝牙设备联网，并且和其他智能设备联动，营造更智能化的家居系统，米家 APP 界面如图 21-1 所示，其“智能”功能可将温度传感器、空调、加湿器进行关联，进而实现室内恒温、恒湿的自动调节，小米 IoT 平台可接入智能

图 21-1　米家 APP 界面

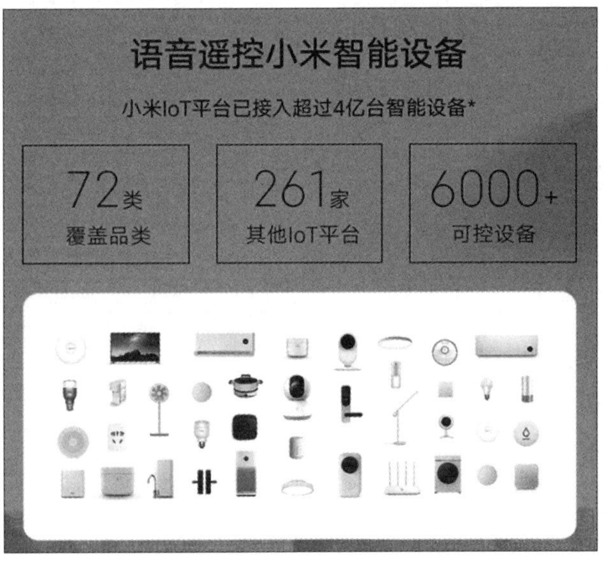

图 22-2　小米可接入智能设备

设备如图 21-2 所示，此外，智能家电也可通过小米智能触屏音箱进行接入，如图 21-3 所示。

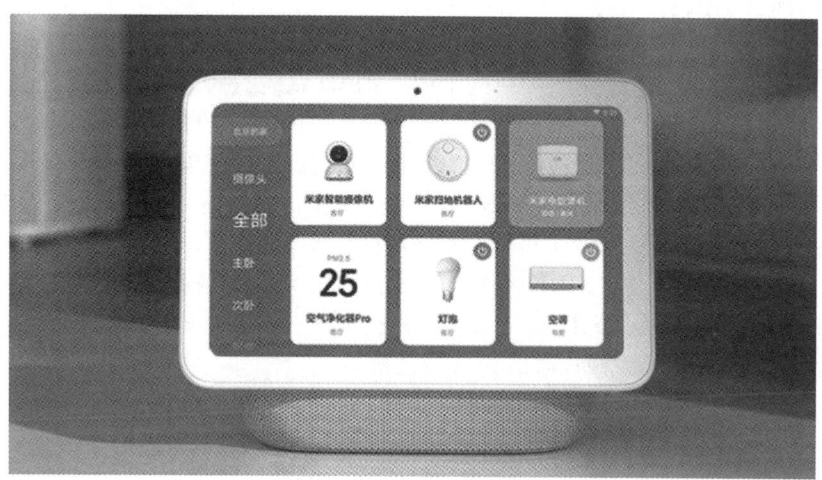

图 22-3　通过小米智能触屏音箱接入智能家电

各抒己见

1. 讨论一下自己和身边朋友使用过的智能家居，谈谈智能家居带来了哪些不一样的体验。
2. 以小组为单位畅想智能家居在生活场景中尽可能多的用途，并和他人分享。

项目必知

任务 21.1　了解物联网技术的概念及其关键技术

21.1.1　物联网技术的概念

微课 21

物联网技术

物联网（internet of things，IoT）是可以让所有具备独立功能的物体实现互联互通的网络。换言之，物联网就是把所有能行使独立功能的物品，通过信息传感设备与互联网连接起来并进行信息交换，以实现智能化识别和管理。

在物联网上，每个人都可以应用电子标签来连接真实的物体。通过物联网可以用中心计算机对机器、设备、人员等进行集中管理和控制，也可以对家庭设备、汽车等进行遥控。通过信息传感设备收集的数据，聚集成大数据，从而实现最终的“物物相连”。

21.1.2　物联网技术的关键技术

物联网是物与物相连的网络，通过为物体加装二维码、RFID（radio frequency identification，射频识别）标签、传感器等，就可以实现物体身份的唯一标识和各种信息的采集，再结合各种类型的网络连接，就可以实现人和物、物和物之间的信息交换。因此，物联网的关键技术主要有 RFID 技术、传感器技术、网络和通信技术等。

1. RFID 技术

RFID 技术用于静止或移动物体的无接触自动识别，具有全天候、无接触、可同时实现多个物体自动识别等特点。RFID 技术在生产和生活中得到了广泛的应用，大大推动了物联网的发展，日常生活中使用的公交卡、门禁卡、校园卡等都嵌入了 RFID 芯片，可以实现便捷的数据交换。从结构上讲，RFID 系统是种简单的无线通信系统，由 RFID 读写器和 RIFD 标签两个部分组成，如图 21-4 所示。RFID 标签是由天线、耦合元件、芯片等组成的，是一个能够传输信息、回复信息的电子模块；RFID 读写器也是由天线、耦合元件、芯片等组成的，用来读取（有时候也可以写入）RFID 标签中的信息。RFID 使用 RFID 读写器及附着于目标物的 RFID 标签，利用频率信号将信息由 RFID 标签传送至 RFID 读写器。以公交卡为例，市民持有的公交卡就是一个 RFID 标签，公交车上安装的刷卡设备就是 RFID 读写器，当进行刷卡操作时，就完成了一次 RFID 标签和 RFID 读写器之间的非接触式通信和数据交换。

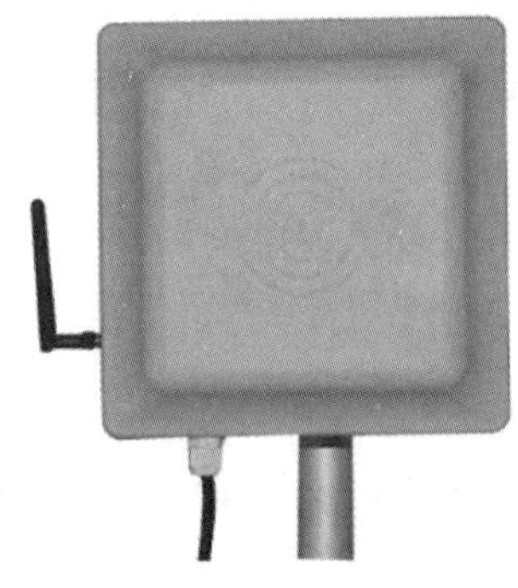

图 21-4　RFID 读写器

2. 传感器技术

传感器是一种能感受某个物理量，并按照一定的规律（数学函数运算法则）将其转换成可用信号的器件或装置，具有微型化、数字化、智能化、网络化等特点。人类需要借助于耳朵、鼻子、眼睛等器官感受外部物理世界，物联网也需要借助于传感器实现对物理世界的感知。物联网中常见的传感器类型有光敏传感器、声敏传感器、气敏传感器、化学传感器、压敏传感器、温敏传感器以及流体传感器等，可以用来模仿人类的视觉、听觉、嗅觉、味觉和触觉。

传感器技术的难点在于恶劣自然环境的考验，自然环境中温度、湿度等因素均会引起传感器零点漂移和灵敏度的变化。

3. 网络和通信技术

物联网中的网络和通信技术包括短距离无线通信技术和远程通信技术。短距离无线通信技术包括 ZigBee、NFC、蓝牙、Wi-Fi、RFID 等；远程通信技术包括互联网、移动通信网络、卫星通信网络等。

任务 21.2　了解物联网的体系架构

物联网的体系架构有三个层次，底层是用来感知数据的感知层，第二层是数据传输的网络层，第三层是应用层，如图 21-5 所示。

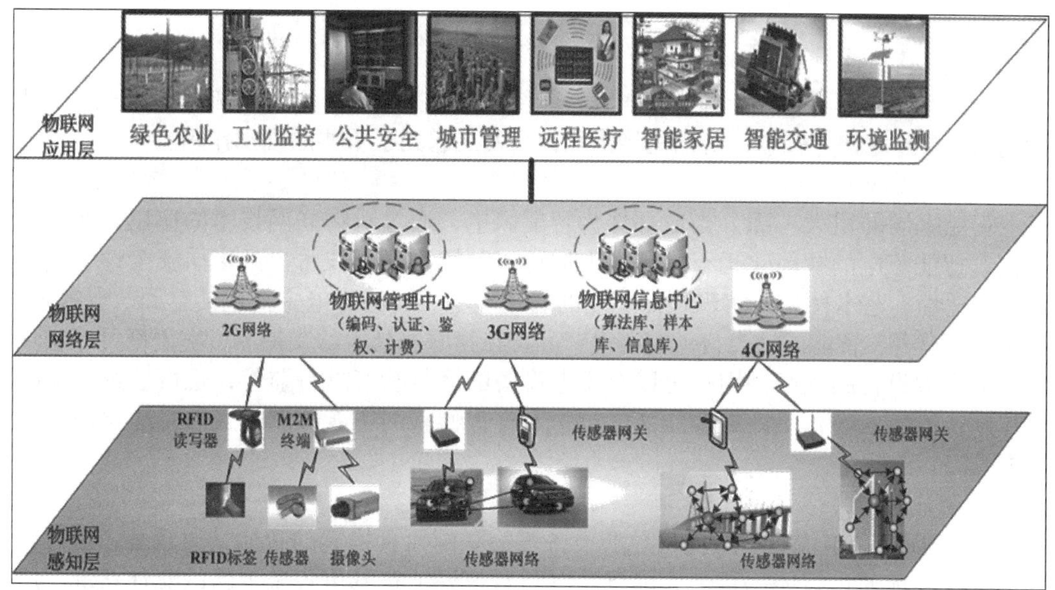

图 21-5　物联网体系架构

1. 感知层

感知层包括传感器等数据采集设备，包括数据接入到网关之前的传感器网络。

对于目前关注和应用较多的 RFID 网络来说，张贴在设备上的 RFID 标签和用来识别 RFID 信息的扫描仪、感应器等均属于物联网的感知层。电子标签被检测的信息即是 RFID 标签内容。高速公路不停车收费系统、超市仓储管理系统等都是基于这一类结构的物联网应用。

2. 网络层

物联网的网络层建立在现有的移动通讯网和互联网基础上。物联网通过各种接入设备与移动通讯网和互联网相连，如手机付费系统中由刷卡设备将内置于手机的 RFID 信息采集并上传到互联网，网络层完成后台鉴权认证并从银行网络划账。

网络层也包括信息存储、查询，网络管理等功能。网络层中的感知数据管理与处理技术是实现以数据为中心的物联网的核心技术。感知数据管理与处理技术包括传感网数据的存储、查询、分析、挖掘、理解以及基于感知数据决策和行为的理论和技术。云计算平台作为海量感知数据的存储、分析平台，将是物联网网络层的重要组成部分，也是应用层众多应用的基础。在产业链中，通讯网络运营商将在物联网网络层占据重要的地位，而正在高速发展的云计算平台将是物联网发展的又一助力。

3. 应用层

物联网应用层利用经过分析处理的感知数据，为用户提供丰富的特定服务。物联网的应用可分为监控型、查询型、控制型、扫描型等。应用层是物联网发展的目的，软件开发、智能控制技术将会为用户提供丰富多彩的物联网应用。目前已经有不少物联网范畴的应用，比如高速公路不停车收费系统（ETC），基于 RFID 的手机钱包付费软件等。

任务 21.3　熟悉物联网的应用场景

物联网已经广泛应用于智能家居、智能交通、智慧医疗、智慧物流、智慧安防、智慧电网、智慧零售等领域，对国民经济和社会发展起到了重要的推动作用。

1. 智能家居

智能家居的很大一部分构成部件为智能家电，通过对物联网技术的应用，能够显著提升智能家电的智能化运行水平。人们可以利用物联网技术提升家居安全性、便利性、舒适性、艺术性，并实现环保节能的居住环境。智能家电主要包括空调、电饭煲、摄像头、电视、智能门锁、自动窗帘等产品，在物联网技术的支持下，它们都可以实现与移动终端设备的互联，用户可以对家电设备的运行状态进行监控，也可通过移动终端控制智能家居设备。针对智能家电设备而言，物联网还能够满足人们智能化娱乐的需要。

2. 智能交通

利用 RFID、摄像头、线圈、导航设备等物联网元素构建的智能交通系统，可以让人们随时随地通过智能手机、大屏幕、电子站牌等了解城市各条道路的交通状况、所有停车场的车位情况、每辆公交车的当前位置等信息，以便合理安排行程，提高出行效率。

3. 智慧医疗

医生利用平板电脑、智能手机等手持设备，通过无线网络，可以随时连接访问各种诊疗仪器，实时掌握每个病人的各项生理指标数据，科学、合理地制订诊疗方案，甚至可以进行远程诊疗。

4. 智慧物流

智慧物流指的是以物联网、人工智能、大数据等信息技术为支撑，在物流的运输、仓储、配送等各个环节实现系统感知、全面分析和处理等功能。它在物联网领域的应用主要体现在 3 个方面，包括仓储、运输监测和快递终端，例如，可通过物联网技术实现对货物以及运输车辆的监测，包括货物车辆位置、状态以及货物温湿度、油耗及车速等。

5. 智慧安防

传统安防对人员的依赖性比较大，非常耗费人力，而智能安防能够通过设备实现智能判断。目前，智能安防最核心的部分是智能安防系统，该系统能对拍摄的图像进行传输与存储，并对其进行分析与处理。

一个完整的智能安防系统主要包括门禁、报警和监控 3 大部分，监控的方式有很多，在行业应用中以视频监控为主。

6. 智慧电网

智能电表不仅可以免去抄表工作人员的大量工作，还可以实时获得用户用电信息，提前预测用电高峰和低谷，为合理设计电力需求响应系统提供依据。

7. 智慧零售

行业内将零售按照距离分为远场零售、中场零售、近场零售这 3 种，分别以电商、超市和自动售货机为代表。物联网技术可以用于近场和中场零售，且主要应用于近场零售，即无人便利店和自动（无人）售货机。

智能零售通过对传统的售货机和便利店进行数字化升级和改造，打造了无人零售模

式。通过数据分析，智能零售系统可充分运用门店内的客流和活动数据，为用户提供更好的服务。

项目 22　走近处理海量数据的大数据技术

项目概况

由于互联网和计算机技术的迅速发展，一个规模生产、分享和应用数据的时代正在开启，大数据（big data）越来越受到人们的关注，并已经引发信息技术行业颠覆性的“技术革命”。我国已将大数据发展确定为国家战略，强调要瞄准世界科技前沿，集中优势资源突破大数据核心技术，加快构建自主可控的大数据产业链、价值链和生态系统。大数据技术已经在如电子商务、政务、通信、民生、金融、工业、医疗等多个领域中被广泛应用。

本项目通过体验大数据技术在通信行业的应用，让同学们深刻认识到大数据、云计算、人工智能等新一代信息通信技术正加速与交通、医疗、教育等领域进行深度融合，通过为防疫赋能，疫情防控的组织和执行更加高效。

新技术体验

运用大数据、人工智能、云计算等数字技术，可在疫情监测分析、病毒溯源、防控治理、资源调配等方面发挥支撑作用，探索整合数字资源，不断提升大数据治理能力，在保护公民信息安全的同时，实现大数据治理统一指挥、多元实施、精准防控、快速反应。

新冠疫情期间乘坐飞机、高铁、大巴等交通工具时都需要提供通信大数据行程卡，如图 22-1 所示，通信大数据行程码（简称行程码），是由中国信通院联合中国电信、中国移动、中国联通三家基础电信企业利用手机“信令数据”，通过用户手机所处的基站位置来获取的。行程码的工作原理就是通过检测用户使用过的手机基站信号，然后通过大数据将用户使用过的基站信号按照时间排序来形成每个人的行程。得到行程后，即可通过为行程码赋不同的颜色来制定当地的防疫政策。例如某市规定：行程码显示绿码者，市内亮码通行，进出扫码通行；显示红码者，要实施 14 天的集中或居家隔离，在连续申报健康打卡 14 天后，将转为绿码；显示黄码者，要进行 7 天以内的集中或居家隔离，在连续申报健康打卡 7 天后转为绿码。

为了进一步提升疫情防控的精准性，加强疫情溯源和监测，更好地保障广大人民群众的生命安全和身体健康，重庆市使用的“渝康码”又增加了出入场所登记功能，即“场所码”，如图 22-2 所示。

图 22-1　通信大数据行程卡

图 22-2　场所码

各抒己见

请举例说明在生活中用到大数据技术的案例。

项目必知

任务 22.1　了解大数据技术的概念和特点

22.1.1　大数据技术的概念

微课 22

大数据技术

大数据是指无法在一定时间范围内用常规软、硬件工具进行捕捉、管理、处理的数据集合。对大数据进行分析不仅需要采用集群的方法获取强大的数据分析能力，还需研究面向大数据的新数据分析算法。

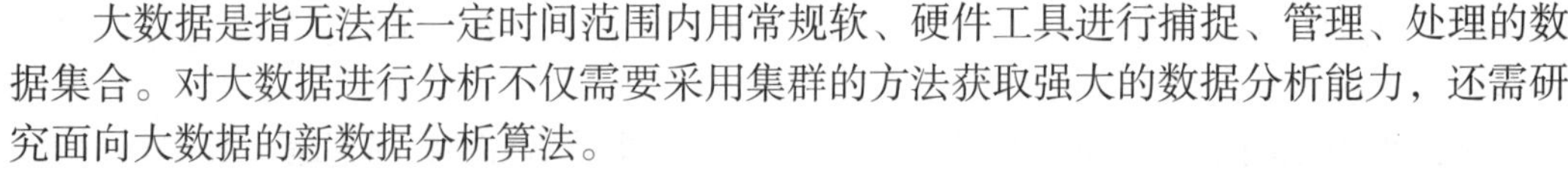

大数据技术是指为了传送、存储、分析和应用大数据而采用的软件和硬件技术，也可将其看作面向数据的高性能计算系统。从技术层面来看，大数据与云计算的关系密不可分，大数据必须采用分布式架构对海量数据进行分布式数据挖掘，这使它必须依托云计算的分布式处理、分布式数据库、云存储和虚拟化技术等。

22.1.2　了解大数据技术的基本特征

麦肯锡在《大数据：创新、竞争和生产力的下个前沿领域》中提及大数据指的是规模超过现有数据库工具获取、存储、管理和分析能力的数据集，并同时强调并不是超过某一个特定数量级的数据集才是大数据。美国的 NIST（national institute of standards and technology，国家标准与技术研究院）在《大数据白皮书》中提及大数据是具备海量、高速、多样、可变等特征的多维数据集，需要通过可伸缩的体系结构实现高效的存储、

处理和分析。

大数据的基本特征包括数据量大（volume）、数据种类多（variety）、数据价值密度低（value）以及数据产生和处理速度快（velocity）。

1. 数据量大

传感器、物联网、工业互联网、车联网、手机、平板电脑等，无一不是数据来源或者承载的方式。当今的数字时代，人们日常生活（如微信、QQ、上网搜索与购物等）每时每刻都在产生着数量庞大的数据。大数据不再以 GB 或 TB 为单位来衡量，而是以 PB（1 000 多个 TB）、EB（100 多万个 TB）或 ZB（10 亿多个 TB）为计量单位，从 TB 跃升到 PB、EB 乃至 ZB 级别，数据存储单位之间的换算关系见表 22-1。因此，大数据的首要特征即是数据量大。

表 22-1　数据存储单位之间的换算关系

单位简写	英文单位	中文单位	换算关系
B	Byte	字节	1 B=8 bit
KB	KiloByte	千字节	1 KB=1 024 B=2^{10} Byte
MB	MegaByte	兆字节	1 MB=1 024 KB=2^{20} Byte
GB	GigaByte	吉字节	1 GB=1 024 MB=2^{30} Byte
TB	TeraByte	太字节	1 TB=1 024 GB=2^{40} Byte
PB	PetaByte	拍字节	1 PB=1 024 TB=2^{50} Byte
EB	ExaByte	艾字节	1 EB=1 024 PB=2^{60} Byte
ZB	ZettaByte	泽字节	1 ZB=1 024 EB=2^{70} Byte

2. 数据种类多

大数据不仅体现在量的急剧增长，数据类型亦是多样，可分为结构化、半结构化和非结构化数据。结构化数据存储在多年来一直主导着 IT 应用的关系型数据库；半结构化数据包括电子邮件、文字处理文件以及大量的网络新闻等，其以内容为基础，这也是谷歌和百度存在的理由；非结构化数据随着社交网络、移动计算和传感器等新技术应用不断产生，广泛存在于社交网络、物联网、电子商务之中。

3. 数据价值密度低

大数据的重点不在于其数据量的增长，而是在信息爆炸时代对数据价值的再挖掘，如何挖掘出大数据的有效信息，才是至关重要的。价值密度的高低与数据总量的大小成反比。虽然价值密度低是日益凸显的一个大数据特性，但是对大数据进行研究、分析挖掘仍然是具有深刻意义的，大数据的价值依然是不可估量的，毕竟，价值是推动一切技术研究和发展的内生决定性动力。

4. 数据产生和处理速度快

大数据时代的数据产生速度非常快，遍布世界各地的传感器，每一秒都产生大量数据，这就要求能及时、快速的响应变化，快速对数据做出分析。业界对大数据的处理能力有一个称谓——“一秒定律”，意思就是在这一秒有用的数据，下一秒可能就失效。数据价值除了与数据规模相关，还与数据处理速度成正比关系，也就是，数据处理速度越快、越及时，其发挥的效能就越大、价值就越大。

任务 22.2　了解大数据的关键技术

大数据技术是 IT 领域新一代的技术与架构，是从各种类型的数据中快速获得有价值信息的技术。大数据本质也是数据，其关键技术依然不外乎数据处理的相关技术，主要包括：大数据采集和预处理，大数据存储与管理，大数据分析和挖掘，大数据可视化，其各自的功能见表 22-2。

表 22-2　大数据关键技术及其功能

关键技术	功　能
大数据采集和预处理	利用 ETL 工具将分布的、异构数据源中的数据进行清洗、转化并加载到数据仓库或数据集中，成为数据分析处理的基础；利用网页爬虫程序在互联网中爬取数据
大数据存储与管理	利用分布式文件系统，非关系数据库等，实现对结构化、半结构化和非结构化的海量数据的存储和管理
大数据分析和挖掘	利用分布式计算框架和并行编程模型，实现海量数据的处理和分析
大数据可视化	对数据或分析结果进行可视化分析展现，帮助用户更好的理解数据、分析数据

1. 大数据采集和预处理

大数据技术的意义确实不在于掌握规模庞大的数据信息，而在于对这些数据进行智能处理，从中分析和挖掘出有价值的信息，但前提是得拥有大量的数据。

采集是大数据价值挖掘最重要的一环，一般通过传感器、通信网络、智能识别系统及软硬件资源接入系统，实现对各种类型海量数据的智能化识别、定位、跟踪、接入、传输、信号转换等。为了快速分析处理，大数据预处理技术要对多种类型的数据进行抽取、清洗、转换等操作，将这些复杂的数据转化为有效的、单一的或者便于处理的数据类型。

就算是大数据服务企业也很难就“哪些数据未来将成为资产”这个问题给出确切的答案。但可以肯定的是，谁掌握了足够的数据，谁就有可能掌握未来，现在的数据采集就是将来的流动资产积累。

2. 大数据存储与管理

数据有多种分类方法，可分为结构化、半结构化、非结构化；也可分为元数据、主数据、业务数据；还可以分为 GIS、视频、文本、语音、业务交易类等各种数据类型。传统的关系型数据库已经无法满足数据多样性的存储要求。除了关系型数据库，还有两种存储类型，一种是以 HDFS（hadoop distributed file system，分布式文件系统）为代表的可以直接应用于非结构化文件存储的分布式存储系统，另一种是 NoSQL 数据库，可以存储半结构化和非结构化数据。大数据存储与管理就是要用这些存储技术把采集到的数据存储起来，并进行管理和调用。

在一般的大数据存储层，关系型数据库、NoSQL 数据库和分布式存储系统三种存储方式都可能存在，业务应用中应根据实际的情况选择不同的存储模式。为了提高业务的存储和读取便捷性，存储层可能封装成为一套统一访问的数据服务——DaaS（data as a service，数据即服务）。DaaS 可以实现业务应用和存储基础设施的彻底解耦，用户并不需要关心底层存储细节，只要关心数据的存取即可。

3. 大数据分析和挖掘

大数据分析和挖掘就是从大量的、不完全的、有噪声的、模糊的、随机的实际应用数据中提取隐含在其中的、有用的信息和知识的过程。大数据分析和挖掘涉及的技术方法很多。根据挖掘任务可分为分类或预测模型发现、关联规则发现、依赖关系或依赖模型发现、异常和趋势发现等；根据挖掘方法可分为机器学习、统计方法、神经网络等，其中，机器学习又可细分为归纳学习、遗传算法等；统计方法可细分为回归分析、聚类分析、探索性分析等；神经网络可细分为前馈网络、反馈网络等。

面对不同的分析或预测需求，所需要的分析挖掘算法和模型是完全不同的。上面提到的各种技术方法只是一个处理问题的思路，面对真正的应用场景时，都得按需求来调整这些算法和模型。

4. 大数据可视化

大数据的使用对象远远不只是程序员和专业工程师，如何将大数据技术的分析成果展现给普通用户或者公司决策者，这就要看数据展现的可视化技术了，它是目前解释大数据最有效的手段之一。在数据可视化中，数据结果以简单、形象的可视化、图形化、智能化的形式呈现给用户，供其分析使用。常见的大数据可视化技术有标签云、历史流、空间信息流等。

数据可视化工具主要分三类：底层程序框架，如 OpenGL、Java2D 等；第三方库如 ECharts、D3.JS、DavaV 等；软件工具如 Tableau、Gephi 等。目前常用的工具是第三方库，可以方便进行二次开发。

Echarts 也是 JavaScript 库，可支持 PC 端和移动端设备运行，兼容大部分浏览器，提供大量交互式可视化组件，如图 22-3 所示。

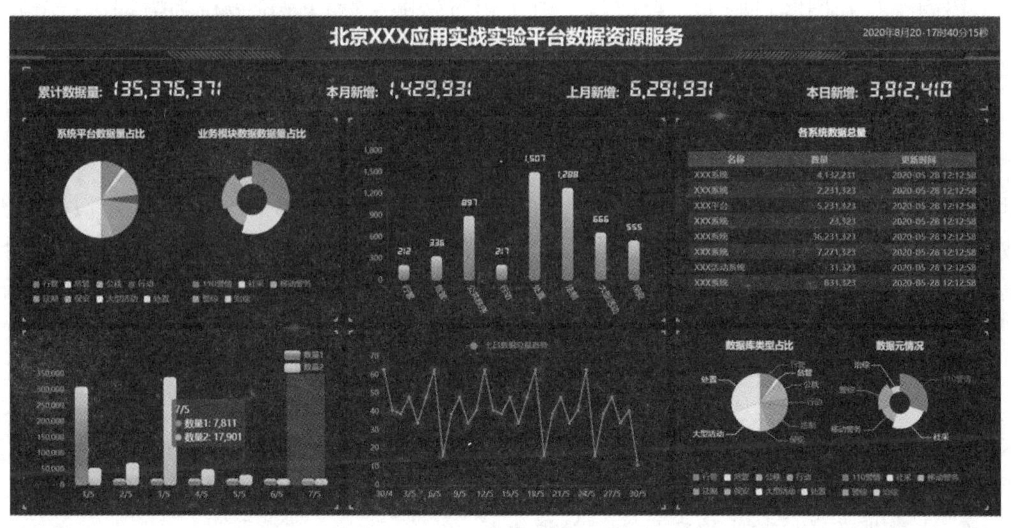

图 22-3　Echarts 可视化库

任务 22.3　熟悉大数据的应用场景

大数据无处不在，包括通信、金融、食品、零售、交通、能源、电商、医疗、政府等在内的社会各行各业都已经被大数据改变。

1. 大数据在通信行业的应用——精准防控

新冠疫情发生后，工业和信息化部第一时间成立了电信大数据支撑服务疫情防控领导小组，统筹协调部门之间、部省之间的联动共享。通过电信大数据用户位置轨迹数据多元场景分析，能够统计全国的疫情情况，特别是重点地区的人员流动情况，分析预测确诊、疑似患者及密切接触人员等重点人群的流动情况，支撑服务疫情态势研判、疫情防控部署以及对流动人员的监测统计。

2. 大数据在医疗行业的应用——高效诊疗

医疗行业是让大数据分析最先发扬光大的传统行业之一。医疗行业拥有大量的病例、病理报告、治愈方案、药物报告等，如果这些数据可以被整理和应用将会极大地帮助医生和病人。数量及种类众多的病菌、病毒，以及肿瘤细胞，都处于不断的进化的过程中。在发现诊断疾病时，疾病的确诊和治疗方案的确定是非困难的。

在未来，借助于大数据平台，我们可以收集不同病例和治疗方案以及病人的基本特征，用来建立针对疾病特点的数据库。如果未来基因技术发展成熟，还可以根据病人的基因序列特点进行分类，建立医疗行业的病人分类数据库。在医生诊断病人时可以参考病人的疾病特征、化验报告和检测报告，参考疾病数据库来快速帮助病人确诊，明确定位疾病。在制定治疗方案时，医生可以依据病人的基因特点，调取相似基因、年龄、人种、身体情况相同的有效治疗方案，制定出适合病人的治疗方案，帮助更多人及时进行治疗。同时这些数据也有利于医药行业开发出更加有效的药物和医疗器械。

3. 大数据在金融行业的应用——理财顾问

大数据在金融行业应用范围较广，比如花旗银行利用 IBM 沃森电脑为财富管理客户推荐产品；平安银行利用客户点击数据集为客户提供特色服务，如有竞争的信用额度等；招商银行利用客户刷卡、存取款、电子银行转账、微信评论等行为数据进行分析，每周给客户发送针对性广告信息，里面有顾客可能感兴趣的产品和优惠信息。

4. 大数据在零售行业的应用——最懂消费者

零售行业大数据应用有两个层面，一个层面是零售行业可以了解客户消费喜好和趋势，进行商品的精准营销，降低营销成本；另一层面是依据客户购买的产品，为客户提供可能购买的其他产品，扩大销售额，也属于精准营销范畴。另外零售行业可以通过大数据掌握未来消费趋势，有利于热销商品的进货管理和过季商品的处理。零售行业的数据对于产品生产厂家是非常宝贵的，零售商的数据信息将会有助于有效利用资源、降低产能过剩，厂商依据零售商的信息按实际需求进行生产，减少不必要的生产浪费。

未来考验零售企业的不再只是零供关系的好坏，而是挖掘消费者需求，以及高效整合供应链满足其需求的能力，因此信息科技技术水平的高低成为获得竞争优势的关键要素。不论是国际零售巨头，还是本土零售品牌，要想顶住日渐微薄的利润率带来的压力，在这片红海中立于不败之地，就必须思考如何拥抱新科技，并为顾客们带来更好的消费体验。

5. 大数据在交通行业的应用——畅通出行

交通作为人类行为的重要组成和重要条件之一，对于大数据的感知也是最急迫的。近年来，我国的智能交通已实现了快速发展，许多技术手段都达到了国际领先水平。但是，问题和困境也非常突出，从各个城市的发展状况来看，智能交通的潜在价值还没有得到有效挖掘，对交通信息的感知和收集有限，对存在于各个管理系统中的海量的数据无法共享运用、有效分析，对交通态势的研判预测乏力，对公众的交通信息服务很难满足需求。这虽然有各地在建设理念、投入上的差异，但是整体上智能交通的现状是效率

不高，智能化程度不够，使得很多先进技术设备发挥不了应有的作用，也造成了大量资金投入上的浪费。

目前，交通的大数据应用主要在两个方面，一方面可以利用传感器获得的数据进行分析来了解车辆通行密度，合理进行道路规划，如单行线路规划；另一方面可以利用大数据来实现即时信号灯调度，提高已有线路运行能力。

6. 大数据在食品行业的应用——舌尖上的安全

民以食为天，食品安全问题一直是国家的重点关注问题，关系着人们的身体健康和国家安全。

随着科学技术和生活水平的不断提高，食品添加剂及食品品种越来越多，传统手段难以满足当前复杂的食品监管需求，从不断出现的食品安全问题来看，食品监管成了食品安全的棘手问题。此刻，通过大数据管理将海量数据聚合在一起，将离散的数据需求聚合形成数据长尾，从而满足传统食品监管手段难以实现的需求。在数据驱动下，采集人们在互联网上提供的举报信息，食品安全相关部门可以掌握部分乡村和城市的死角信息，挖出不法加工点，提高执法透明度，降低执法成本；食品安全相关部门可以参考医院提供的就诊信息，分析出涉及食品安全的信息，及时进行监督检查，第一时间进行处理，降低已有不安全食品的危害；可以参考个体在互联网的搜索信息，掌握流行疾病在某些区域和季节的爆发趋势，及时进行干预，降低其流行危害；食品安全相关部门可以提供不安全食品厂商信息，不安全食品信息，帮助人们提高食品安全意识。

7. 大数据在政府调控中的应用——高效和精细化的管理

政府利用大数据技术可以了解各地区的经济发展情况，各产业发展情况，消费支出和产品销售情况，依据数据分析结果，科学地制定宏观政策，平衡各产业发展，避免产能过剩，有效利用自然资源和社会资源，提高社会生产效率。大数据还可以帮助政府进行监控自然资源的管理，无论是国土资源、水资源、矿产资源、能源等，大数据通过各种传感器的运用来提高其管理的精准度。同时大数据技术也能帮助政府进行支出管理，透明合理的财政支出将有利于提高公信力和监督财政支出。

大数据及大数据技术带给政府的不仅仅是效率提升、科学决策、精细管理，更重要的是数据治国、科学管理的意识改变，未来大数据将会从各个方面来帮助政府实施高效和精细化管理。政府运作效率的提升、决策的科学客观、财政支出合理透明都将大大提升国家整体实力，成为国家竞争优势。

项目 23 走近使信息自由的云计算技术

项目概况

云计算（cloud computing）从提出到如今的广泛应用离不开技术的支持，如硬件技术、虚拟化技术、分布式存储、分布式计算以及移动互联网技术等。云计算不仅仅是一项技术，同时也可以被看作一种全新的交付模式。全球数字经济背景下，云计算成为企业数字化转型的必然选择，以云计算为核心，融合人工智能、大数据等技术实现企业信息技术相关软硬件的改造升级，创新应用开发和部署工具。从经济的角度出发，云计算可以理解为“按需即用，按需应变”。

本项目通过体验京东云服务器，让大家体会云计算为人们生活所带来的便利，了解云计算的服务模式、云计算的关键技术和解决方案以及常用的云平台。

新技术体验

随着云计算的持续成熟，云计算在产业界的虹吸效应开始显现，并给软件架构、新技术融合、算力服务、管理模式、安全体系、数字化转型等带来深刻变革。

春晚红包互动，是国家富强、人民安乐的体现，同时也是一部中国云计算的成长史，从微信、支付宝、淘宝到快手、抖音，每年春晚的官方合作伙伴都为用户带来了越来越多样的玩法。从近三年的数据看，2020 年春晚直播期间，全球观众参与红包互动量累计达到 639 亿次，2021 年春晚红包互动量累计达到 703 亿次，2022 年春晚红包互动量累计达到 691 亿次，均未出现宕机、刷新延迟或无法支付等影响交易和配送体验的故障。

京东云成功保障了全球华人红包互动的“丝滑”体验。以数字基建的强大技术实力，在零增加计算资源的前提下，为春晚红包互动活动快速搭建了一套超高弹性、高效敏捷的数字底座。

各抒己见

使用手机在百度云注册云盘账号，体会云盘功能的便捷。

项目必知

任务 23.1　了解云计算的概念和服务模式

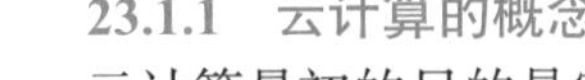

23.1.1　云计算的概念

微课 23

云计算技术

云计算最初的目的是实现对资源的灵活管理，它基于互联网的相关服务的使用和交付模式，通常涉及通过互联网来提供动态、易扩展且经常是虚拟化的资源。

“云”比喻网络、互联网。过去绘图者往往用云来表示电信网，后来云也用来表示互联网和底层基础设施的抽象。云计算可以让用户体验每秒 10 万亿次的运算能力，这么强大的运算能力可以模拟核爆炸、预测气候变化和市场发展趋势。

“云”实质上就是一个网络，狭义上讲，云计算就是一种提供资源的网络，使用者可以随时获取“云”上的资源，按需求量使用，并且可以看成是无限扩展的，只要按使用量付费就可以，“云”就像自来水厂一样，我们可以随时接水，并且不限量，按照自己家的用水量，付费给自来水厂就可以。

从广义上说，云计算是与信息技术、软件、互联网相关的一种服务，这种计算资源共享池叫做“云”。云计算把许多计算资源集合起来，通过软件实现自动化管理，只需要很少的人参与，就能让资源被快速提供。也就是说，计算能力作为一种商品，可以在互联网上流通，就像水、电、煤气一样，可以方便地取用，且价格较为低廉。

23.1.2 云计算的服务模式

在了解云计算的关键技术前，需要对云计算的服务模式有初步的认识，对于选择合适的云计算服务至关重要。只有了解云计算服务的内容并理解每种服务的含义，才能做出最佳的选择或组合。云计算有三种服务模式，分别是基础设施即服务（infrastructure as a service，IaaS）、平台即服务（platform as a service，PaaS）、软件即服务（software as a service，SaaS），云计算服务模式示意图如图 23-1 所示。

图 23-1 云计算服务模式示意图

1. IaaS

IaaS 提供给消费者的服务是对所有计算基础设施的利用，包括处理 CPU、内存、存储、网络和其他基本的计算资源；用户能够部署和运行任意软件，包括操作系统和应用程序。

消费者不必参与管理或控制任何云计算基础设施，但能控制操作系统的选择、存储空间、部署的应用，也有可能获得有限制的网络组件（如路由器、防火墙、负载均衡器等）的控制。其优点是能够根据业务需求灵活配置所需，扩展伸缩方便；其缺点是开发维护需要投入较多人力，专业性要求较高。

2. PaaS

PaaS 提供给消费者的服务是开发语言和工具（例如 Java、python、.Net 等）或收购的应用程序部署到供应商的云计算基础设施上去，供用户选择使用。

客户不需要管理或控制底层的云基础设施，包括网络、服务器、操作系统、存储等，但客户能控制部署的应用程序，也可能控制运行应用程序的托管环境配置。其优点是无需开发中间件，所需及所用，能够快速试错，部署迅速，实现 DevOps，减少人力投入；其缺点是灵活通用性较低，过度依赖平台。

3. SaaS

SaaS 提供给客户的服务是运营商运行在云计算基础设施上的应用程序，用户可以在各种设备上通过客户端界面访问，如浏览器。消费者不需要管理或控制任何云计算基础设施，包括网络、服务器、操作系统、存储等。其优点是所见即所得，无需开发；其缺点是需定制，无法快速满足个性化需求。

23.1.3　云计算的部署模式

1. 公用云

公用云服务简而言之，可通过网络及第三方服务供应者，开放给客户使用。公用云并不表示用户数据可供任何人查看，公用云供应者通常会对用户实施使用访问控制机制。公用云作为解决方案，既有弹性，又具备成本效益。

2. 私有云

私有云具备许多公用云服务的优点，例如弹性、适合提供服务，两者差别在于私有云服务中，数据与程序皆在组织内管理，且与公用云服务不同，不会受到网络带宽、安全疑虑、法规限制影响；此外，私有云服务让供应者及用户更能掌控云基础架构、改善安全与弹性，因为用户与网络都受到特殊限制。

3. 社区云

社区云由众多利益相仿的组织掌控及使用，例如特定安全要求、共同宗旨等。社区成员共同使用云数据及应用程序。

4. 混合云

混合云结合了公用云及私有云，在这个模式中，用户通常将非企业关键信息外包，并在公用云上处理，但同时掌控企业关键服务及数据。

任务 23.2　了解云计算的关键技术

云计算的关键技术包括编程模型、海量数据分布存储技术、海量数据管理技术、虚拟化技术、云计算平台管理技术等。

1. 编程模型

MapReduce 是 Google 公司开发的 java、Python、C++ 等语言的编程模型，它是一种简化的分布式编程模型和高效的任务调度模型，用于大规模数据集（大于 1TB）的并行运算，严格的编程模型使云计算环境下的编程十分简单。MapReduce 模式的思想是将要执行的问题分解成 Map（映射）和 Reduce（化简）的方式，先通过 Map 程序将数据切割成不相关的区块，分配（调度）给大量计算机处理，达到分布式运算的效果，再通过 Reduce 程序将结果汇整输出。

2. 海量数据分布存储技术

云计算系统由大量服务器组成，同时为大量用户服务，因此云计算系统采用分布式存储的方式存储数据，用冗余存储的方式保证数据的可靠性。云计算系统中广泛使用的数据存储系统是 Google 公司的 GFS 和 Hadoop 团队开发的 GFS 的开源实现 HDFS（Hadoop 分布式文件系统）。

GFS（google file system，Google 文件系统）是一个可扩展的分布式文件系统，用于大型的、分布式的、对大量数据进行访问的应用。GFS 的设计思想不同于传统的文件系统，是针对大规模数据处理和 Google 应用特性而设计的。它运行于廉价的普通硬件上，但可以提供容错功能，可以给大量的用户提供总体性能较高的服务。

HDFS 是一个适合运行在通用硬件（commodity hardware）上的分布式文件系统，为 Hadoop 的核心子项目，它是基于流数据模式访问和处理超大文件的需求而开发的。该系统仿效了谷歌文件系统，是 GFS 的一个简化和开源版本。

3. 海量数据管理技术

云计算需要对分布的、海量的数据进行处理、分析，因此，数据管理技术必需能够高效的管理大量的数据。云计算系统中的数据管理技术主要是 Google 公司的 BT（BigTable）数据管理技术和 Hadoop 团队开发的开源数据管理模块 HBase。

BT 是建立在 GFS、Scheduler、Lock Service 和 MapReduce 之上的一个大型的分布式数据库，与传统的关系型数据库不同，它把所有数据都作为对象来处理，形成一个巨大的表格，用来分布存储大规模结构化数据。

Google 公司的很多项目使用 BT 来存储数据，包括网页查询，Google Earth 和 Google 金融。这些应用程序对 BT 的要求各不相同：数据大小（从 URL 到网页，再到卫星图像）不同，反应速度不同（从后端的大批处理到实时数据服务）。对于不同的要求，BT 都成功的提供了灵活高效的服务。

HBase 是一个分布式、可扩展、支持海量数据存储的 NoSQL 数据库。底层物理存储是以 Key-Value 的数据格式存储的，HBase 中的所有数据文件都存储在 Hadoop HDFS 文件系统上。

4. 虚拟化技术

通过虚拟化技术可实现软件应用与底层硬件相隔离，它包括将单个资源划分成多个虚拟资源的裂分模式，也包括将多个资源整合成一个虚拟资源的聚合模式。虚拟化技术作为云计算最重要的核心技术之一，为云计算服务提供基础架构层面的支撑，如图 23-2 所示，虚拟化技术涵盖两种应用模式，应用对象包括服务器虚拟化、网络虚拟化、桌面虚拟化和存储虚拟化。

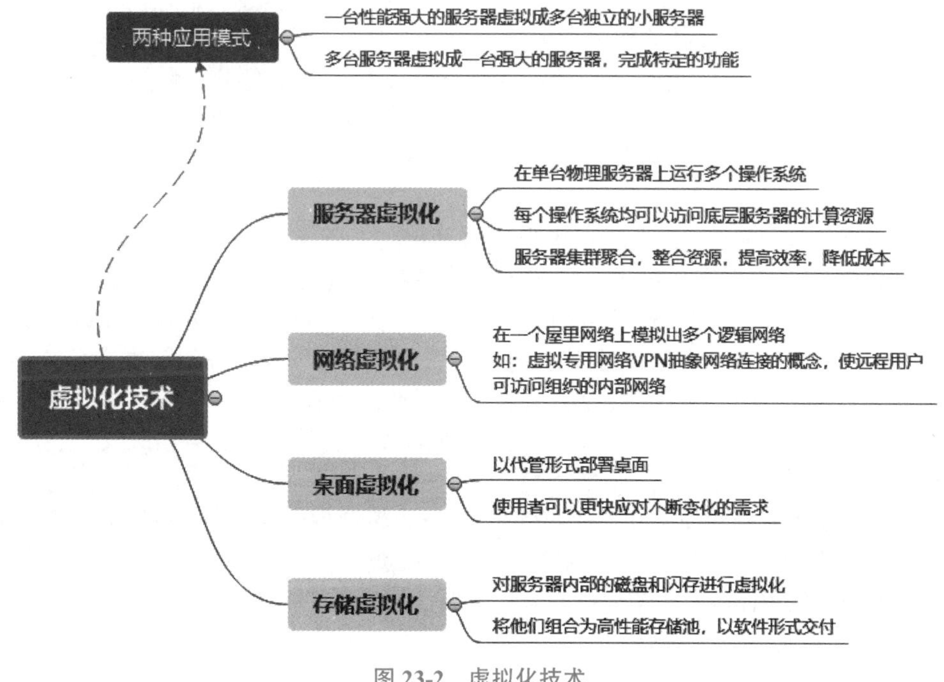

图 23-2　虚拟化技术

5. 云计算平台管理技术

云计算资源规模庞大，服务器数量众多并分布在不同的地点，同时运行着数百种应用，如何有效的管理这些服务器，保证整个系统提供不间断的服务是巨大的挑战。

云计算系统的平台管理技术能够使大量的服务器协同工作，方便的进行业务部署和开通，快速发现和恢复系统故障，通过自动化、智能化的手段实现大规模系统的可靠运营。

任务 23.3　了解云计算的解决方案

云计算在电子政务、医疗、卫生、教育、企业等领域的应用不断深化，对提高政府服务水平、促进产业转型升级和培育发展新兴产业等都起到了关键作用。为了在云计算时代继续保持领先优势，国内知名 IT 行业公司持续不断地推出自己的云计算解决方案，这些方案的应用场景各不相同，解决方案的多样化与持续性反映了云计算蓬勃发展的态势，也为日益增长的用户提供了不同的选择。下面将简要介绍国内的腾讯云、京东云、华为云、百度云这四家公司的云计算解决方案。

1. 腾讯云

腾讯云，腾讯集团倾力打造的云计算品牌，面向全世界各个国家和地区的政府机构、企业组织和个人开发者，提供全球领先的云计算、大数据、人工智能等技术产品与服务，以卓越的科技能力打造丰富的行业解决方案，构建开放共赢的云端生态，推动产业互联网建设，助力各行各业实现数字化升级。

腾讯云产品体系包括云服务器、云数据库、CDN、云安全、万象图片和云点播等产品。

2. 京东云

京东云是更懂产业的数智化解决方案提供商，致力于为企业、金融机构、政府等各类客户提供以供应链为基础的数智化解决方案。依托公、专、混的全栈式云产品矩阵，同时融合了人工智能、大数据、物联网等前沿科技，东京云在零售、物流、健康、智能城市、金融科技等行业领域为客户提供了丰富的产品与数字化解决方案，帮助客户降低成本、提升效率，是值得信赖的产业数字合作伙伴。

3. 华为云

华为云成立于 2005 年，隶属于华为公司，专注于云计算中公有云领域的技术研究与生态拓展，致力于为用户提供一站式云计算基础设施服务。华为云立足于互联网领域，提供包括云主机、云托管、云存储等基础云服务，超算，内容分发与加速，视频托管与发布，企业 IT，云电脑，云会议，游戏托管，应用托管等服务和解决方案。

华为云产品和服务严格按照行业规范，在行业固有技术的基础上也做了改进和创新，引入了多项华为独有的新技术，通过以降低成本、弹性灵活、电信级安全、高效自助管理等优势惠及用户。

华为云围绕场景构建面向开发者的行业 aPaaS，聚合行业领域的开放能力，提供全流程一站式开放平台，以应用和数据的维度沉淀行业资产，统一应用分发及运营，提升应用构建、开发与使用体验。其主要产品有：弹性计算、存储服务、桌面云、云云协同。

4. 百度智能云

百度智能云于 2015 年正式对外开放运营，以“云智一体”为核心赋能千行百业，

致力于为企业和开发者提供全球领先的人工智能、大数据和云计算服务及易用的开发工具。凭借先进的技术和丰富的解决方案，全面赋能各行业，加速产业智能化。

百度智能云为金融、制造、能源、城市、医疗、媒体等众多领域的领军企业提供服务，百度智能云作为中国AI的先行者，在深度学习、自然语言处理、语音技术和视觉技术等核心AI技术领域优势明显，百度大脑、飞桨深度学习平台则是AI产业基础设施。

百度全球AI专利申请量位列中国第一，并在语音识别、自然语言处理、知识图谱和自动驾驶四个细分领域排名国内第一，展示出AI新基建领军者深厚的技术底蕴和敏捷的创新能力。主要产品有：云基础、人工智能、智能视频、智能大数据、企业智能应用等。

项目24　走近延伸人类感官的人工智能技术

项目概况

随着信息时代的到来，人工智能的应用也逐渐渗透到人们的生活中，人工智能是一门正在发展中的综合性交叉学科，它由计算机科学、控制论、信息论、神经生理学、心理学、哲学、语言学等多种学科相互渗透而发展起来，是一门新思想、新观念、新理论、新技术、新应用不断涌现的新兴前沿学科。人工智能是引领未来的战略性技术，正在对经济发展、社会进步和人类生活产生深远影响。我国高度重视人工智能技术进步与行业发展，人工智能已上升为国家战略。随着科研机构的大量涌现，科技巨头的大力布局，新兴企业的迅速崛起，人工智能技术开始广泛应用于各行各业，展现出可观的商业价值和巨大的发展潜力。

本项目通过体验在百度地图中制作自己的语音包，在进行道路导航时，使用自己的语音进行导航，让学生了解人工智能的知识及操作技能。

新技术体验

科技在进步，时代在发展，人工智能也逐渐渗透到了生活的各个角落。比如出行使用地图的时候，你是否想象过，能让家人的声音时刻陪伴？旅游还能用自己的声音听景区解读？百度地图在"'音'为有你，更有'AI'"发布会上正式发布语音定制功能，它是全球首个地图语音定制产品。

定制专属语音包的流程，打开百度地图APP，唤醒"小度小度"后说"录制我的语音"，或单击百度地图首页的"出行助手"后进入"语音定制"，便可开启语音定制之旅，百度地图语音定制界面如图24-1所示。

在 AI 技术的深度加持下，百度地图语音定制功能背后，是百度大脑语音技术的赋能。

图 24-1　百度地图语音定制界面

各抒己见

请举例说明你在日常生活中体验过的人工智能技术。

项目必知

微课 24

人工智能技术

任务 24.1　了解人工智能技术的定义

人工智能（artificial intelligence，AI）是指由人工制造的计算系统所表现出来的智能，可以概括为研究智能程序的一门科学。其主要目标在于研究用机器来模仿和执行人脑的某些智力功能，探究相关理论、研发相应技术，如判断、推理、识别、感知、理解、思考、规划、学习等思维活动。

任务 24.2　了解人工智能的关键技术

人工智能是当前全球最热门的话题之一，是 21 世纪引领世界未来科技领域发展和生活方式转变的风向标，人们在日常生活中其实已经在很多方面运用到了人工智能技术，如网上购物的推荐系统、人脸识别门禁系统、人工智能导航系统、人工智能写作助手、人工智能语音助手等。其技术和功能的组合非常复杂，人工智能的关键技术，以及

每项技术的简要描述和应用示例见表 24-1。

表 24-1　人工智能关键技术、简要描述及应用示例

技　术	简要描述	应用示例
统计机器学习	自动化训练过程并将模型拟合到数据	利用大数据进行高度精细的市场分析
神经网络	使用人工“神经元”加权输入并将它们与输出关联	识别信用欺诈、天气预报
深度学习	具有多层变量或特征的神经网络	图像和语音识别，从文本中提取含义
自然语言处理	分析和“理解”人类的语音和文本	语音识别、聊天机器人、智能座席
基于规则的专家系统	一组源自人类专家的逻辑规则	保险承保、信贷审批
物理机器人	自动完成一个物理动作	工厂和仓库中的相关任务
机器人流程自动化	自动执行结构化的数字任务并与系统对接	更换信用卡、验证在线凭证

24.2.1　机器学习

机器学习的基本思想是通过计算机对数据的学习来提升自身性能的算法。机器学习中需要解决的最重要的 4 类问题是预测、聚类、分类和降维。

机器学习按照学习方法分类可分为：监督学习、无监督学习、半监督学习和强化学习。

1. 监督学习

监督学习指的是用打好标签的数据训练预测新数据的类型或值。根据预测结果的不同可以分为 2 类：分类和回归。监督学习的典型方法有 SVM 和线性判别。

回归问题指预测出一个连续值的输出，例如可以通过房价数据的分析，根据样本的数据输入进行拟合，进而得到一条连续的曲线用来预测房价。

分类问题指预测一个离散值的输出，例如根据一系列的特征判断当前照片是狗还是猫，输出值就是对应的 1 或者 0。

2. 无监督学习

无监督学习是在数据没有标签的情况下做数据挖掘，无监督学习主要体现在聚类。简单来说是将数据根据不同的特征在没有标签的情况下进行分类。无监督学习的典型方法有 k- 聚类及主成分分析等。

k- 聚类的一个重要前提是数据之间的区别可以用欧氏距离度量，如果不能度量的话需要先转换为可用欧式距离度量。

主成分分析是一种统计方法。通过使用正交变换将存在相关性的变量转换为不存在相关性的变量，转换之后的变量叫做主成分。其基本思想就是将最初具有一定相关性的指标，替换为一组相互独立的综合指标。

3. 半监督学习

半监督学习根据字面意思可以理解为监督学习和无监督学习的混合使用。事实上是学习过程中有标签数据和无标签数据相互混合使用。一般情况下无标签数据比有标签数据量要多得多。半监督学习的思想很理想化，但是在实际应用中不多。一般常见的半监督学习算法有自训练算法、基于图的半监督算法和半监督支持向量机。

4. 强化学习

强化学习的基础来源于行为心理学。在 1911 年桑代克（Thorndike）提出了效用法则，即在环境中让人或者动物感到舒服的动作，人或者动物就会不断强化这一动作。反之，如果人或者动物感觉到不舒服的动作，人或者动物就会减少这种动作。强化学习换言之是强化得到奖励的行为，弱化受到惩罚的行为。通过试错的机制训练模型，找到最佳的动作和行为获得最大的回报。它模仿了人或者动物学习的模式，并且不需要引导智能体向某个方向学习。智能体可以自主学习，不需要专业知识的引导和人力的帮助。

基础的强化学习算法有使用表格学习的 Q-learning 和 Sarsa、使用神经网络学习的 DQN、直接输出行为的 PolicyGradients 和 Actor Critic 等。强化学习算法应用到游戏领域取得了不错的成果，在星际和潮人篮球的 AI 训练方面都取得了不错的成果。

24.2.2　计算机视觉

计算机视觉是使用计算机模仿人类视觉系统的科学，让计算机拥有类似人类提取、处理、理解和分析图像以及图像序列的能力，具有速度快、精度高、成本低等优点。一般来说，计算机视觉系统由图像采集、图像处理及分析、图像显示输出等组成，按实现结构分类，可分为图像数据处理层、图像特征描述层、图像知识获取层等；计算机视觉系统按研究方向分类，可分为图像分类、目标检测、目标跟踪和语义分割等。

24.2.3　自然语言处理

自然语言处理（natural language processing，NLP）是指计算机拥有识别、理解人类文本语言的能力，是计算机科学与人类语言学的交叉学科。自然语言是人与动物之间的最大区别，人类的思维建立在语言之上，所以自然语言处理也就代表了人工智能的最终目标。机器若想实现真正的智能，自然语言处理是必不可少的一环。自然语言处理分为语法语义分析、信息抽取、文本挖掘、信息检索、机器翻译、问答系统和对话系统等 7 个研究方向。自然语言处理主要有 5 类技术，分别是分类、匹配、翻译、结构预测及序列决策过程。

24.2.4　语音识别

现在人类对机器的运用已经到了一个极高的状态，所以人们对于机器运用的便捷化也有了依赖，采用语言支配机器的方式是一种十分便捷的形式。语音识别技术是将人类的语音输入转换为一种机器可以理解的语言，或者转换为自然语言的一种技术。

任务 24.3　熟悉人工智能的应用场景

随着人工智能技术的进步，人工智能在环保、交通、司法等社会治理领域和医疗、教育、金融等民生需求领域的应用不断地拓展。人工智能行业协会认为，在社会治理领域，大数据、机器学习、智能传感器等人工智能技术将被用于环境监测、交通管理、司法审判等场景；在民生需求领域，智能语音交互、计算机视觉、知识图谱等人工智能技术将被用于辅助诊断、自主学习、风险管理等场景，人工智能与实体经济将实现深度融合。

1. 智能语音交互

随着国家的高度重视和人工智能产业的飞速发展，现在我们已经进入人工智能时

代，各行各业都开始被人工智能渗透，语音助手是一款智能型的手机应用，通过智能对话与即时问答等智能交互方式，实现帮助用户解决问题，其主要是帮助用户解决生活问题等，如 siri、Cortana、米卡迪电销机器人、百度语音识别等产品。百度语音识别采用国际领先的流式端到端语音语言一体化建模算法，将语音快速准确识别为文字，支持手机应用语音交互、语音内容分析、机器人对话等多个场景。

2. 智能环保

随着社会经济的不断发展，环境保护也越来越受到重视，传统的环境管理方式逐渐难以满足环保需求，利用新技术的智能环保应运而生。基于智能传感器、计算机视觉等人工智能技术的智能环境感知系统，能够随时随地感知、测量、捕获及传递环境参数，实现对污染源、环境质量等环境情况的透彻感知；基于大数据、云计算等人工智能技术的智能环境信息平台，可以整合、存储、挖掘、处理和分析海量的跨空间、跨时间环境信息，实现对污染源、环境质量等环境情况的自动监控。建立智能环境监测体系，实时采集和分析污染源数据、环境质量数据等环境信息，对重点区域、重点主体进行智能化远程监测与预警，有助于环保部门提高监管效率，增强环保效果；有助于相关企业提高管理水平，承担社会责任；有助于社会公众知悉环境状况，提高环保意识。

3. 智能交通

随着城镇化进程和科学技术的不断发展，结合互联网、大数据、云计算、数据通讯以及人工智能等技术的智能交通系统逐渐成为交通运输管理的重要方式。基于大数据、云计算、计算机视觉、智能语音等技术的智能驾驶系统，实时提供各种与出行、停靠相关的重要信息，指导最佳出行方案，交通出行者可以据此选择高效的出行路线及安全的驾驶方式；基于大数据、云计算、机器学习、智能传感器等技术的智能交通系统，不断采集、处理、传达关键信息，使交通运输部门能够实时监测道路的交通情况、气象状况，并对交通系统进行高效疏导和协调指挥，实现区域路网信息共享与联动管理。新一代人工智能技术与交通运输深度融合发展，将方便公众出行、降低交通延误、提高运输效率、节约人力资源、减少交通事故、增进交通安全。

4. 智能医疗

随着科技的不断进步和社会的持续发展，医疗行业的运行模式有望从传统医疗向智能医疗转变，实现医疗卫生体系的全面升级。基于智能语音识别、自然语言处理等人工智能技术的智能虚拟助手，通过将患者的病症情况与医学证据、指南等进行合理参照，可协助医生及患者完成问诊、导诊、自诊等工作，进行常见病筛查以及重大疾病的监测与预警；基于深度学习、图像识别等人工智能技术的智能影像系统，通过大量的影像数据和诊断数据，可实现医学影像的自动分析和辅助诊断，联合多种检查手段提高诊断的准确性。在医疗资源数量、质量不足的情况下，利用人工智能技术辅助诊断，可以提高医疗诊断速度与准确性、增加患者自诊率、减少医生工作量；可以实现疾病早诊早筛、快诊易诊，提升医疗领域的技术能力和服务水平。

5. 智能教育

随着新一代人工智能技术发展和教育转型变革持续推进，人工智能与教育行业将进行深度融合，不断衍生智能化应用场景。基于 AR/VR、机器学习、计算机视觉等技术的智慧课堂，让学生拥有沉浸式和主动式的学习体验，使枯燥乏味的学习过程变得生动有趣，从而激发学生的学习兴趣，调动学生学习积极性；基于大数据智能、知识图谱、计算机视觉等技术的远程教育，既可以让学生遍览海量网络教学资源、随时随地开始学习，又可以督促学生完成学习任务、达到学习目标；基于人机交互、智能语音等技术的智能设备，培养学生自主解决问题的能力，使其成为具备自主意识和探索精神的学习者。智能教育引导学生自主学习，将学习的主动权完全交给学生，让学生自己掌握学习的内容和进度，有助于学生培养良好的学习习惯，成为具备主动意识和创新思维的人才。

项目 25　走近可溯源的区块链技术

项目概况

互联网通过 TCP/IP 协议等实现了文本、图像、音频、视频等信息的传输，区块链则实现了不依赖于中心机构的价值传输，比如数字货币的流通和交易、数字资产的转让等，这使得信息互联网向价值互联网的转变成为可能。我国区块链产业基础、产业链条、产业环境和产业生态日益完善，区域级、行业级区块链基础设施不断涌现，产业和商业模式在业务运营联盟化、技术应用开放化中寻找新机遇。与此同时，我国区块链开源社区蓬勃发展，生态体系加速形成。

原笔迹电子签名是采用生物特征识别技术的电子签名，它利用 AI 智能识别、国密加密算法、区块链技术，构建完整证据链逻辑闭环。通过原笔迹电子签名技术的应用让大家了解区块链技术的概念、关键技术及其应用场景。

新技术体验

移动信息时代，在国家政策指引与倡导下，“无纸化”已成为一种趋势，手写电子签名技术正快速在各行各业推行，通过手写电子签名来实现个人信息确认已普遍应用在银行营业厅自助办理储存卡、信用卡的办理个人业务机器上，移动营业厅自助办理通讯卡、缴费业务的智能机上。在政务服务大厅自助办理个人证件等的信息确认都可以体验手写电子签名的便利。

重庆市整合各类审批系统，推出一体化在线政务服务平台，让市民从线下跑转向网上办、从分头办转向协同办。“渝快办”政务服务线上快速办理的前提是可靠的技术保障，特别是一些需要签名、签章的业务。从线下纸质签字盖章转变到线上电子签名盖章时，其签署文档的法律效力必须得到保障。“渝快办”平台接入在线原笔迹电子签名技术，不仅解决了移动端线上资料电子化签署、在线报送等全程无纸化问题，还解决了行政大厅面签无纸化、行政后台审核、电子化归档等问题，“渝快办”APP 签字区如图 25-1 所示，原笔迹电子签名示例如图 25-2 所示。

图 25-1 “渝快办”APP 签字区

图 25-2 原笔迹电子签名示例

项目必知

微课 25

区块链技术

任务 25.1　了解区块链技术的概念

目前，对于区块链的定义尚未有一个统一的说法。关于区块链的技术描述最早出现在中本聪所撰写的论文《比特币：一种点对点的电子现金系统》中。该文重点讨论比特币系统及实现该系统所采用的技术手段，但并没有明确提出与区块链相关的术语。在比特币系统运行几年后，金融领域意识到，比特币的底层技术实际上就是一个设计非常巧妙的去中心化的分布式公共账本技术，这一技术对未来金融乃至对其他各领域的潜在影响将不亚于沿用至今的复式记账法，因此区块链慢慢地脱离比特币成为重要的研究对象。

狭义上讲，区块链是一个开放的分布式账本或分布式数据库，也就是一个不断增长的列表，这个列表是由一个个区块按照时间先后顺序、以加密的方式连接而成的，每个区块都记录了一系列交易信息，并且每一个区块都包含了前一个区块的哈希值、时间戳和交易数据等。广义上讲，区块链技术是利用块链式存储结构来验证和存储数据，利用分布式节点共识算法来生成和更新数据，利用密码学的方式保证数据传输和访问的安全性，利用自动化脚本代码组成的智能合约来编程和操作数据的一种全新的分布式基础架构与计算范式。

任务 25.2　了解区块链架构

区块链的独特的 4 大核心技术分别是数据结构、分布式存储、密码学和共识机制，可以将区块链系统分为六个层级结构，分别是数据层、网络层、共识层、激励层、合约层、应用层。

区块链技术的数据层、网络层、共识层三者构成了区块链层级的底层基础，也是区块链必不可少的 3 个元素，缺少任何一个都无法称之为真正的区块链技术，如图 25-3 所示。区块链的拓展元素有激励层、合约层、应用层。

共识层（PoW 、PoS 、DPoS等）
网络层（P2P、数据传播机制、数据验证机制）
数据层（随机数、时间戳、公钥私钥等）

图 25-3　区块链数据层、网络层、共识层

1. 数据层

数据层（data layer）相当于区块链 4 大核心技术中的数据结构，即“区块 + 链”的结构。从还没有记录交易信息的创世区块起，直到现在仍一直在新添加的区块，构成的链式结构，里面包含了哈希值、随机数、认证交易的时间戳、交易信息数据、公钥和私钥等，是整个区块链技术中最底层的数据结构。

2. 网络层

网络层（network layer）则类似于 4 大核心技术中的分布式存储，主要包括点对点机制、数据传播机制和数据验证机制。分布式算法以及加密签名等都在网络层中实现，区块链上的各个节点通过这种方式来保持联系，共同维护整个区块链账本，比较熟知的有闪电网络、雷电网络等第二层支付协议。

3. 共识层

共识层（consensus layer）则相当于 4 大核心技术中的共识机制，主要包括共识算法机制。此外，目前还包括工作量证（proof of work，PoW）、权益证明（proof of stake，PoS）、委托权益证明（delegated proof of stake，DPoS）、拜占庭容错（byzantine fault tolerance，BFT）、燃烧证明、重要性证明等十几种共识机制。

4. 激励层

激励层（actuator layer）包括激励机制和分配制度。在区块链中一般指挖矿奖励，通过奖励一部分数字资产从而激励矿工去验证交易信息、维持挖矿活动以及区块链账本更新的持续进行。另外，还会制定一些相关制度来激励记账节点，惩罚恶意节点。

5. 合约层

合约层（contract layer）自然就和我们最常听到的智能合约有关。把代码写到合约里，就可以自定义约束条件，不需要第三方信任背书，到时间立即实时操作。当然除了智能合约是区块链作为信任机器的重要层级，还有一些别的脚本代码、侧链应用等。

6. 应用层

应用层（application layer）就很简单了，类似于手机上的各种 APP，即区块链的各种应用场景。例如比特币、以太坊等就是区块链的应用项目，这个层面包括未来区块链应用落地的各个方面。

任务 25.3　了解区块链类型

比特币协议及其相关软件的创造者中本聪巧妙地将几个成熟的技术和理论组合在一起，并以此为基础构建区块链技术。区块链技术中一般包括如下 4 点要素。

（1）基于去中心化的分布式算法而建立起点对点对等网络。

（2）基于非对称加密算法进行数据加密和隐私保护。

（3）基于分布式一致性算法。

（4）基于博弈论而精心设计的奖励机制，实现了纳什均衡，确保整个系统的安全和稳定运行。

如果同时具有上述 4 点要素，就可以认为这是一种公共区块链技术，简称“公有链”；如果只具有前 3 点要素，我们将其称为私有区块链技术，简称“私有链”；而“联盟链”则介于两者之间，可视为联盟成员内的一种“私有链”。

1. 公有链（public blockchains）

公有链是指全世界任何人都可读取的、任何人都能发送交易且交易能获得有效确认的、任何人都能参与其共识过程的区块链，共识过程决定哪个区块可被添加到区块链中和明确当前状态。作为中心化或者准中心化信任的替代物，公有链的安全由“加密数字经济”维护。“加密数字经济”采取工作量证明机制或权益证明机制等方式，将经济奖励和加密数字验证结合起来，并遵循着一般原则，即每个人从中可获得的经济奖励，与对共识过程做出的贡献成正比。这些区块链通常被认为是“完全去中心化”的。

2. 私有链（fully private blockchains）

私有链是指其写入权限仅在一个组织手里的区块链。读取权限或者对外开放，或者被任意程度地进行了限制。相关的应用囊括数据库管理、审计，甚至一个公司的完整业务。尽管在有些情况下希望它能有公共的可审计性，但在很多的情形下，公共的可读性并不是必需的。其中，R3CEV Corda 平台及超级账本项目（hyperledger project）等都是私有链项目，对交易效率、隐私保障和监管控制有着更高要求的场景，私有链的应用是其主要方向。

3. 联盟链（consortium blockchains）

联盟链是指其共识过程受到预选节点控制的区块链。例如，不妨想象一个由 15 家金融机构组成的共同体，每个机构都运行着一个节点，而且为了使每个区块生效，需要获得其中 10 家机构的确认。区块链或许允许每个人都可读取、或者只受限于参与者、或走混合型路线，例如区块的根哈希及其 API 对外公开，可允许外界用来做有限次的查询和获取区块链状态的信息。这些区块链可视为“部分去中心化”。

任务 25.4　熟悉区块链的应用场景

1. 银行业务

区块链技术分布式和去中心化的两大特征大大冲击了现有金融体系的支付、交易、清结算流程。区块链具有能够创建大型的、低成本的共享网络，针对那些无法获得银行账户但是能够接触到互联网的客户，可以进行小额的贷款支付活动；区块链可编程特性能够提高证券交易与金融服务的效率、节约交易成本、简化交易流程；区块链即时到账的特点可使银行实现比 SWIFT 代码体系更快捷、经济和安全的跨境转账；区块链数据信息的公开、透明、不可篡改以及高度共享与可追踪的特点，对账户的数据信息进行严格的审核，在降低成本的同时达到规避风险的目的。

2. 供应链管理

传统供应链管理面临信息不对称导致的效率低下、协调困难等问题，在流程追踪和统筹安排方面困难重重。区块链能够使交易网络信息公开化、透明化，可以在很大程度上减少信息不对称、提高供应链周转效率。同时，区块链数据不可篡改和交易可追溯的特征能够有效遏制供应链管理中的假冒伪劣产品问题，并有助于形成完整的供应链闭环。

3. 公证/鉴证确权

利用区块链技术能将公民财产、数字版权相关的所有权证明存储在区块链账本中，这样可以大大优化权益登记和转让流程，减少产权交易过程中的欺诈行为。

在身份验证方面，可以将身份证、护照、驾照、出生证明等存储在区块链账本中，实现不需要任何物理签名即可在线处理烦琐的流程，并能实时控制文件的使用权限。

在知识产权保护方面，将区块链技术嵌入创作平台和工具中，利用其防伪造、防篡改特性，可客观记录作品的创作信息，低成本和高效率地为海量作品提供版权存证。在此基础上，还可支持版权资产化与快速交易，以帮助解决数量巨大、流转频率高的数字作品的确权、授权和维权等难题。

4. 数字身份

基于区块链的数字身份，主要涵盖身份自主权、数据安全、个人隐私、资产性四个重要维度。区块链的非对称加密、分布式存储可以有效保障用户的隐私和数据安全，并且把用户信息的决定权留在用户手上，使之成为数字化资产的一种。区块链的不可篡改、可追溯特性，能保障个人信息的有效性，提高数字身份的可信度。在使用个人信息时，区块链的非对称加密技术和零知识证明技术可以极大限度地保证个人信息的隐私安全。同时，区块链具有去中心化、可溯源等特性，能把生活中的一切都进行数字化，包括个人身份、个人资产等。区块链的运转方式，可改变人们“数字身份”的应用。

项目 26　虚拟现实和增强现实技术

项目概况

作为新一代信息技术融合创新的典型领域，虚拟现实关键技术日渐成熟，在大众消费和垂直行业中应用前景广阔，产业发展正逢其时。我国发布了多项关于虚拟现实行业的相关政策，主要集中于虚拟现实的深度应用和产业结合，推动虚拟现实行业进一步发展。

本项目通过体验虚拟现实技术全景看校园，使用虚拟现实技术进行 720 度全景观

看，可以随意调节方向从不同角度来进行观看，让观看校园风景变得更简单，真实感、交互性、便携性更强。通过体验虚拟现实技术全景看校园的应用，让大家了解虚拟现实技术的概念、发展历程、应用场景。

新技术体验

VR 全景校园是基于 3D 全景和 VR（virtual reality，虚拟现实）技术等高新技术的发展，以虚拟现实场景界面的形式直观表现现实校园的景观及设施，并可上传到互联网提供远程用户访问和虚拟漫游，促进校园建设和教育发展的一种全新的技术。采用全景虚拟校园展示制作系统软件来展示校园风光、重点实验室、教学环境、图书馆、校园文化、国际教育学院、网络中心等场地。全景技术提供 720° 的视角范围，学校信息部门可以应用全景软件制作“虚拟校园”，让老师、学生、家长等仅需要通过电脑、手机和网络，就能身临其境的感受优美的校园风光、良好的教学环境和丰富的教学资源，如图 26-1 所示。

图 26-1 VR 全景校园

项目必知

任务 26.1 了解虚拟现实技术的概念及特征

26.1.1 虚拟现实技术的概念

虚拟现实技术是利用三维图形生成技术、多传感交互技术以及高分辨显示技术，生成逼真的三维虚拟环境，使用者戴上特殊的头盔、数据手套等传感设备，或利用键盘、鼠标等输入设备，便可以进入虚拟空间，成为虚拟环境中的一员，进行实时交互，感知和操作虚拟世界中的各种对象，从而获得身临其境的感受和体会。

微课 26

虚拟现实技术

26.1.2　虚拟现实技术的特征

虚拟现实技术的特征包括沉浸性、交互性和构想性。虚拟现实技术是根据人类的视觉、听觉上的生理及心理特点，由电脑产生逼真的三维立体图像，使用者戴上头盔显示器和数据手套等交互设备，与虚拟环境中的各种对象相互作用，例如，当使用者移动头部时，虚拟环境中的图像也会实时地跟随变化，拿起物体可使物体随着手的移动而运动，而且还可以听到三维仿真声音。

任务 26.2　熟悉虚拟现实技术的应用场景

随着技术的飞速发展和更新迭代，VR 虚拟现实技术被广泛应用于游戏、直播、娱乐、购物、汽车、房地产、医疗保健、教育、军事、工程等行业，加上最近元宇宙概念的火爆，VR 将成为前所未有的具有广阔发展前景的技术。

1. VR 智慧教室

VR 技术为学生创造互动和有趣的学习环境，通过软硬件一体化教学方案支撑多设备同步教学，通过云平台将各类教学内容同步到 VR 眼镜，实现沉浸式虚拟教学的效果，全新的课堂教学模式能激发学生的学习兴趣，如图 26-2 所示。让教学管理系统真正实现教、学、练、考四位一体的新模式。

图 26-2　智慧教室

2. VR 展厅

VR 展厅运用云端 VR 技术、全景技术等，在有限的空间内为用户提供虚拟场景搭建，提供空间无限、全方位、高沉浸式的产品或知识展示，把重大事件、重大活动、重要人物的事迹在同一个空间中真实还原，打破时空的限制，让远在他方的事物近在眼前，让一切变得触手可及，带给用户一种真实的、多视角的体验。

3. VR 军事训练

在军事上，虚拟现实的最新技术成果往往被率先应用于航天和军事训练，利用虚拟现实技术可以模拟新式武器的操纵和训练，以取代危险的实际操作。利用虚拟现实仿真实际环境，可以在虚拟的或者仿真的环境中进行大规模的军事演习的模拟。虚拟现实的模拟场景如同真实战场一样，操作人员可以体验到真实的攻击和被攻击的感觉。这将有利于从虚拟武器及战场环境顺利地过渡到真实武器及战场环境，这对于各种军事活动的影响将是极为深远的。迄今，虚拟现实技术在军事中正发挥着越来越重要的作用。

任务 26.3 了解增强现实技术的概念及其应用场景

26.3.1 增强现实技术的概念

增强现实（augmented reality，AR）又称为扩增现实，增强现实技术是促使真实世界信息和虚拟世界信息内容之间综合、叠加在一起的较新的技术，其将原本在现实世界的空间范围中比较难以进行体验的实体信息在计算机等科学技术的基础上，实施模拟仿真处理、叠加，将虚拟信息内容在真实世界中加以有效应用，并且在这一过程中能够被人类感官所感知，从而实现超越现实的感官体验。真实环境和虚拟物体之间重叠之后，能够在同一个画面以及空间中同时存在。

26.3.2 增强现实技术的应用场景

1. 军事领域

部队在利用增强现实技术后，可以对作战环境进行方位的识别，实时获得所在地点的地理数据等重要军事数据，也可以利用其进行军事演习。

2. 古迹复原和数字化文化遗产保护

要想保护文化古迹的同时也让人们了解实体物品，可以利用增强现实的方式提供给参观者，参观者不仅可以通过头戴式显示器看到古迹的文字解说，还能看到遗址上残缺部分的虚拟重构，一举两得。

3. 娱乐游戏领域

增强现实游戏可以让位于全球不同地点的玩家，共同进入一个真实的自然场景，以虚拟替身的形式，进行网络对战。增强现实的游戏有下象棋、打球、插花等。

模块小结

本模块主要介绍了新一代信息技术中的物联网技术、大数据技术、云计算技术、人工智能技术、区块链技术、虚拟现实技术，通过“新技术体验”“各抒己见”等栏目，展示了新一代信息技术的应用实例，让读者在掌握相关知识点的同时，对新一代信息技术有了感性的认识。

理论测试

1. 物联网的英文名称是（　　）。

A. internet of matters　　B. internet of things

C. internet of theorys　　D. internet of clouds

2. 射频识别系统中真正的数据载体是（　　）。

A. 读写器　　B. 电子标签　　C. 天线　　D. 中间件

3. 目前无线传感器网络没有广泛应用的领域有（　　）。

A. 人员定位　　B. 智能交通　　C. 智能家居　　D. 书法绘画

4. 利用 RFID、传感器、二维码等随时随地获取物体的信息，指的是（　　）。

A. 可靠传递　　B. 全面感知　　C. 智能处理　　D. 互联网

5. 三层结构类型的物联网不包括（　　）。
A. 感知层　B. 网络层　C. 应用层　D. 会话层
6. 云计算分层架构不包括（　　）。
A. IaaS　B. PaaS　C. SaaS　D. YaaS
7. 云计算的特点不包括（　　）。
A. 高性价比　B. 服务可计算　C. 服务可租用　D. 低使用度
8. 当今社会时代步入了一个信息化助力社会全方位创新的重要时期，具体包括（　　）。
A. 云计算　B. 物联网
C. 移动互联和人工智能　D. 以上都是
9. 大数据的最明显特点是（　　）。
A. 数据类型多样　B. 数据规模大
C. 数据价值密度高　D. 数据处理速度快
10. 云计算部署模式包括（　　）。
A. 公有云、私有云、应用云　B. 基础设施云、平台云、混合云
C. 公有云、私有云、混合云　D. 基础设施云、平台云、应用云
11. 从研究现状上看，不属于云计算特点的是（　　）。
A. 超大规模　B. 虚拟化　C. 私有化　D. 高可靠性
12. 在区块链的某个节点中，删除一个或多个区块，下列说法正确的是（　　）。
A. 删除的区块会在区块链网络中丢失
B. 删除的区块只是影响本节点，对别的节点的区块没影响
C. 删除区块后，区块链不能稳定运行
D. 删除的区块，别的节点也会获取到通知，一起删除对应区块
13. 以下哪个不属于区块链公有链的特性（　　）。
A. 匿名性　B. 不可篡改　C. 自治性　D. 需许可
14. 以太坊智能合约的开发语言是（　　）。
A. java　B. Solidity　C. C　D. C++
15. 以下哪类不是现在的区块链模式（　　）。
A. 公有链　B. 联盟链　C. 私有链　D. 企业链
16. 从大量数据中提取知识的过程通常称为（　　）。
A. 数据挖掘　B. 人工智能　C. 数据清洗　D. 数据仓库
17. 大数据的起源是（　　）。
A. 金融　B. 电信　C. 互联网　D. 公共管理
18. 智能健康手环的应用开发，体现了（　　）的数据采集技术的应用。
A. 统计报表　B. 网络爬虫　C. API 接口　D. 传感器
19. 人工智能是一门（　　）。
A. 数学和生理学学科　B. 心理学和生理学学科
C. 语言学学科　D. 综合性的交叉学科和边缘学科
20. 家用扫地机器人具有自动避障、自动清扫等功能，这主要体现了（　　）。
A. 数据管理技术　B. 人工智能技术　C. 网络技术　D. 多媒体技术